国家级新区发展报告 2018

国家发展和改革委员会　编

中国计划出版社

图书在版编目（CIP）数据

国家级新区发展报告. 2018 / 国家发展和改革委员会编. -- 北京 : 中国计划出版社, 2018.11
ISBN 978-7-5182-0947-7

Ⅰ. ①国… Ⅱ. ①国… Ⅲ. ①经济开发区－区域经济发展－研究报告－中国－2018 Ⅳ. ①F127.9

中国版本图书馆CIP数据核字(2018)第249284号

国家级新区发展报告 2018
国家发展和改革委员会 编

中国计划出版社出版
网址：www.jhpress.com
地址：北京市西城区木樨地北里甲 11 号国宏大厦 C 座 3 层
邮政编码：100038 电话：(010) 63906433（发行部）
新华书店经销
北京汇瑞嘉合文化发展有限公司印刷

787mm×1092mm 1/16 22 印张 314 千字
2018 年 11 月第 1 版 2018 年 11 月第 1 次印刷

ISBN 978-7-5182-0947-7
审图号：GS（2018）6152 号
定价：89.00 元

目 录

CONTENTS

2 新区巡礼篇 创新发展成效

2017 年国家级新区创新发展成绩和 2018 年工作展望

3 特色亮点篇 典型案例展示

2017 年国家级新区体制机制创新典型案例

4 附 录

附表

附图

有关文件目录

序言

FOREWORD

国家级新区（以下简称“新区”）是经国务院批准设立，承担国家重大发展和改革任务的国家级综合功能区。自20世纪90年代初上海浦东新区设立，经过近30年的建设发展，新区数量逐步增加、规模不断壮大，创造了新区速度，激发了新区活力，塑造了新区形象，取得了显著成效。2017年4月，以习近平同志为核心的党中央作出设立河北雄安新区的重大历史性战略抉择，明确了“世界眼光、国际标准、中国特色、高点定位”的要求，提出要建设标杆工程，打造城市建设的典范，将雄安新区努力打造成为贯彻新发展理念的创新发展示范区，这是千年大计、国家大事。至此，国家级新区数量达到19个，其中，东部地区8个，中部地区2个，西部地区6个，东北地区3个。

2017年以来，各新区深入学习贯彻习近平新时代中国特色社会主义思想和党的十九大精神，认真对标对表中央各项要求，主动作为，真抓实干，防控风险，提质增效，在深入贯彻新发展理念、推动经济高质量发展方面取得了新成效。新区经济发展继续呈现稳中向好态势，2017年，18个新区（河北雄安新区暂不纳入本报告数据统计）实现地区生产总值约4万亿元，约占全国经济总量的4.8%。

2018年，各新区要以习近平新时代中国特色社会主义思想为指导，全面贯彻党的十九大和十九届二中、三中全会精神，坚持稳中求进工作总基调，坚持新发展理念，紧扣我国社会主要矛盾变化，坚持以供给侧结构性改革为主线，坚决打好防范风险、精准扶贫和污染防治三大攻坚战，实施区域协调发展战略，突出高起点规划、高标准建设、高质量发展和高水平开放，用新思路、新举措、新机制，大力培育新动能、激发新活力、塑造新优势，努力将新区建设成为推动高质量的排头兵、践行新发展理念的先行区、培育现代化经济体系的新典范，建设高水平社会主义现代化城市的新示范，为全国其他地区创造经验、提供范例。

本报告由国家发展改革委地区经济司会同各新区管委会、中国国际工程咨询有限公司撰写。在报告编写过程中，得到了中国测绘科学研究院、天津滨海综合发展研究院和有关省（自治区、直辖市）发改委的大力支持，在此一并表示感谢。

编　者

2018年8月

新区概览篇
发展成绩与展望

1

承载新时代新使命　开启高质量发展新征程

——国家级新区 2017 年建设发展总体情况

2017年，各新区深入贯彻落实以习近平同志为核心的党中央决策部署，不断增强“四个意识”，认真对标对表中央各项要求，牢固把握我国经济由高速增长阶段转向高质量发展阶段的时代特征和现实要求，主动作为，真抓实干，防控风险，提质增效，供给侧结构性改革扎实推进，新动能新活力持续激发，开放合作水平稳步提升，经济平稳发展的态势更加巩固，一批特色鲜明、操作性强的好经验好做法不断积累并有序推广，新区正努力打造成为贯彻新发展理念、推动高质量发展的排头兵和示范样本。

一、2017年新区经济社会发展总体情况

（一）工作进展

2017年4月，以习近平同志为核心的党中央作出设立河北雄安新区的重大历史性战略选择，明确了“世界眼光、国际标准、中国特色、高点定位”的要求，提出要建设标杆工程，打造城市建设的典范，将雄安新区努力打造成为贯彻新发展理念的创新发展示范区，这是千年大计、国家大事。中央关于河北雄安新区建设的部署和要求为新区高质量发展指明了方向。各新区、有关部门主动对标对表，不断加大新区高质量发展的工作力度。

1.加强统筹指导，进一步增强新区制度供给

国家发展改革委会同有关部门持续加强对新区的指导支持，加强规划引导，完善政策体系，健全跟踪监测和工作推进机制，完善新区高质量发展的顶层设计。2017年，国家发展改革委在浙江舟山群岛新区组织召开第三次国家级新区工作经验交流会暨新区工作推动会，总结新区发展成效和经验做法，明确下一步工作思路和重点任务。2017年3月，国家发展改革委印发了《2017年国家级新区体制机制创新工作要点》，鼓励新区围绕1～2个重点领域先行探索，支持新区进一步扩大改革开放。研究制定新区发展评估评价办法，探索建立规范、科学、有效的评估评价体系；指导有关方面拓展提升新区经济运行监测与沟通交流平台系统功能，进一步加强对新区建设发展情况的动态监测；及时总结新区体制机制创新典型做法，通过国家发展改革委门户网站、官方微博微信等渠道予以宣传推广。科学技术部支持有条件的新区建设国家自主创新示范区，积极推动天津滨海国家自主创新示范区和天津滨海新区融通发展，为京津冀协同发展提供重要战略支撑。住房和城乡建设部系统推进新区海绵城市、地下综合管廊建设，推动新区高品质建设城市市政公用设施，全面提升城市品质。海关总署支持青岛西海岸、福州新区等建设保税物流中心，支持甘肃兰州、贵州贵安等新区新设综合保税区，支持云南滇中、江西赣江等新区整合设立综合保税区，加强对外开放的平台支撑，培育外贸增长新优势。经国务院批准，由国家发展改革委、财政部、工业和信息化部牵头发起，在河北雄安新区设立了首期规模为100亿元人民币的京津冀产业协同发展投资基金，是当前国内唯一的以区域协同为主题、政府参与的产业投资基金，是推动京津冀协同发展，助力河北雄安新区建设的重要举措。国家开发银行等金融机构加大对新区重大基础设施建设的资金支持力度，帮助新区制定个性化的投融资支持方案等。国家统计局组织研究完善国家级新区统计用分类编码规则，完善

专项统计体系。社会各界对新区关注度日益提升，中央电视台财经频道《经济半小时》策划播出系列报道“国家级新区行”，对19个新区进行了深度报道。

图 1-1　第三次国家级新区工作经验交流会暨新区工作推动会在浙江舟山群岛新区召开

制定法律法规、规划政策，支持新区健康平稳发展。山东省人民代表大会常务委员会审议通过《山东省青岛西海岸新区条例》，山东省人民政府批复实施《青岛西海岸新区发展总体规划》。辽宁省委、省政府出台《关于推进金普新区建设发展的实施意见》，从8个方面提出了30条重点内容。江西省人民政府批复实施《赣江新区土地利用总体规划（2015—2020年）》，《赣江新区总体规划纲要（2017—2035年）》正抓紧编制。《云南滇中新区总体规划》编制完成并报省人民政府审批，《昆明—滇中新区远景空间发展规划》等编制完成，《云南滇中新区促进发展办法（草案）》已完成社会公开征求意见。陕西省委、省政府在2014年制定出台的支持西咸新区发展的政策文件基础上，印发《关于促进西咸新区进一步加快发展的意见》，明确西咸新区由西安市委、市政府整体代管，并托管辖区内西安市和咸阳市所属街道行政和社会管理职能。

2.锐意改革创新，持续提升新区建设管理效能

深入推进“放管服”改革，进一步理顺管理体制和组织架构，大力提升政府服务和管理效能。坚持深化重点领域关键环节改革，着力破除体制机制弊端，不断创新要素保障和项目推进机制，努力增强发展活力。上海浦东新区进一步提高投资贸易便利化程度，2017年版的外商投资负面清单减少到95条，上线运行国际贸易“单一窗口”3.0版。广州南沙新区形成101项创新成果（累计310项），创新开展“企业专属网页”政务服务模式。兰州新区全面推行全员聘用制、全员绩效考核、全员绩效工资。陕西西咸新区编制了政府权力、责任、行政许可、中介服务事项、财政专项资金管理、行政事业收费“六项清单”，实现“一口受理、同步审批、统一收件、统一发证，清单之外无权力，大厅之外无审批”，加快了行政审批速度。青岛西海岸新区45项改革列入国家和省市试点，15项改革形成具有全国影响的创新经验。大连金普新区进一步建立机构精简、职能综合、结构合理、运行高效的行政管理体制，制定了《金普新区开展企业投资项目承诺制工作方案》，不再审批企业投资项目，转向必要的事中事后监管，以“审批事项最少、办事效率最高、政务环境最优”的国际化营商环境，充分吸引、激发和释放资本活力，建立“褒扬诚信、惩戒失信”的信用体系。南京江北新区把国家级南京高新区、南京化工园整建制并入新区，同时划定了直管区、共建区和协调区。福州新区全面承接121项省级经济管理权限，成立福州新区审批窗口和滨海新城代批窗口，启用福州新区管委会审批专用2号章，在全省首创审批权限代批模式，实现省级下放权限的高效运行。长春新区全年完成56项改革任务，形成80项改革成果，推进政务服务“一门式、一张网”综合改革，开展“百户企业大走访”活动，全面启动“最多跑一次”改革。

图1-2　上海浦东新区城市运行综合管理中心

3.转换发展动能，大力推进供给侧结构性改革

各新区立足本地资源禀赋和产业基础，以提高质量和核心竞争力为主要目标，聚焦建设现代化经济体系，在大力发展新经济、培育新增长点、形成新动能，推动经济发展在质量变革、效率变革、动力变革中取得新进展。上海浦东新区以服务业为主体，以战略性新兴产业为引领，以先进制造业为支撑，努力抢占价值链中高端，制造业和服务业分别增长10.5%和8.3%，规模以上工业总产值增长8.4%，战略性新兴产业占工业产值比重达40.9%。南京江北新区努力营造“创新江北”优质生态系统，率先发布“创新活力指数”，首创国家级新区创新评价体系，组织完成首批奖励政策兑现，共向400家高新技术企业、研发机构、孵化器等兑现资金和科技创新券近9000万元，启动实施“灵雀计划”，促进新区科技企业快速成长。浙江舟山群岛新区积极打造先进制造业重点产业集群，拓展海洋电子信息、新能源新材料等新兴产业，中船工业集团等一批央企和行业龙头企业注册落户，林东大型海洋潮流能发电机组首套1兆瓦模块并网发电。贵州贵安新区深入实施“大数据”发展战略，加快移动三大运营商及华为、苹

果、腾讯等“6+N”大中型数据中心建设，推进国家大数据综合试验区建设，计算机、通信和其他电子设备制造业产值比上年增长1380%，进出口额比上年增长1345.8%。青岛西海岸新区突出海洋经济主题，出台海洋经济发展三年行动计划，着力推动海洋传统产业走向远海、海洋新兴产业走向深海、海洋服务业走向陆海统筹，海洋生产总值年均增长19%，从590亿元上升到1019亿元。大连金普新区积极推进与华信、海航、宝能等大型企业集团的战略合作，建设金石滩国家旅游度假区、金渤海岸服务业发展区、小窑湾国际商务区和渔业加工园区等产业聚集群。四川天府新区突出壮大电子信息、汽车制造、新能源、新材料等产业集群，加快中航成都科技文化博览中心、中电科成都科研基地等重点项目建设，中国首条柔性AMOLED生产线——京东方成都第6代柔性显示屏生产线实现量产。

扎实推进“三去一降一补”，新区通过改善供给环境、优化供给机制、改革供给制度，大力激发实体经济发展活力。天津滨海新区盘活空置楼宇137万平方米，工业企业资产负债率逐月下降，清退直属国企中的空壳、低效企业254户。重庆两江新区通过债务置换、跨境融资，节约财务费用2.3亿元；开展涉企收费清理，生产性工业用地项目审批费用平均降

图1-3 天津滨海新区高新区

低47%；在全市率先开展工业用地供地制度改革试点，以“先租后让”方式开展项目合作供地。湖南湘江新区规划建设20万平方米租赁房和限价商品房，降低实体经济成本；充分利用1.37万亩储备土地，盘活存量土地资源。

4.坚决防控风险，着力促进新区稳健有序发展

按照党中央国务院关于坚决打好防范化解重大风险攻坚战的要求，各新区积极做好政府债务风险防范工作，多措并举、合理分工，化解债务风险，进一步强化地方债务风险防控；建立健全空间规划体系，提升国土空间治理能力和效率，推动集约高效利用土地和稳妥有序开发建设。重庆两江新区按照“强制度、控限额、防风险、降成本、重管控”的思路做好全区政府债务管理工作，2017年底政府债务余额较上年减少16%，完成13家融资平台机构的清理整合，将2017年以来因举借政府债务形成的资产纳入更新的系统管理，实现了“债务—资产”模式的动态对应管理，把资产负债率、逾期债务率等纳入企业负责人经营业绩考核，以刚性指标促优化管理。贵州贵安新区制定了《贵安新区开展涉金融领域失信问题专项治理工作方案》，着重针对新区涉金融经营异常企业和非法集资预警企业开展专项治理，加快政府债务置换进度，逐步化解和规范公司借款，支持公司市场化实体化转型升级。哈尔滨新区成立政府性债务管理领导小组，制定地方政府债券风险应急预案，做好债务置换，降低债务成本，优化债务结构，处置闲置国有资产偿还债务，化解一类债务70%，政府存量债务的总体置换率达到80%以上。兰州新区建立健全统计监测机制，加强政府性债务的动态监测，做好财政承受能力评估工作，加强事前审核和监控；对可能导致债务风险的事项进行预估研判，通过采取控制建设项目规模、减少支出、处置资产、引入社会资本等措施，多渠道筹措资金偿还债务，逐步降低政府债务风险。青岛西海岸、大连金普等新区启动“多规合一”改革和空间规划编制、空间基础数据一张图及信息平台建设工作，统筹各类空

间规划，合理配置城市资源。陕西西咸新区建立规划动态管理信息系统，推进控制性详细规划和城市设计“全覆盖”，控规覆盖面达到建设用地面积的90.4%，形成了“总规—分区规划—控规—专项规划—专题研究”五级规划体系；按照百年不落后的原则，制定了严格的建设项目质量管控标准，把高品质、低密度、高绿化率要求落实到每一个项目上。云南滇中新区坚持市区融合发展，与昆明市共同构建完善优势互补、要素联动、资源共享、发展互促的市区融合新体制，有序推进一体化建设。

图 1-4 重庆两江新区两江全景

5.融入重大战略，努力拓展开放合作新空间

各新区遵循政策沟通、设施联通、贸易畅通、资金融通、民心相通的发展理念，坚持对外开放，对接“一带一路”倡议，融合自由贸易试验区建设，打造国际合作新平台，推进更深层次、更高水平的双向开放。福州新区组织举办第三届海丝（福州）国际旅游节旅游高峰论坛、第十九届海交会、2017年世界城地组织（UCLG）亚太区执行局和理事会会议暨“海洋经济与城市发展”研讨会等重大活动，利用各类平台提升对外开放水平。青岛

西海岸新区加快中德、中英、中法、中俄等国际合作园区建设，举办东亚海洋合作平台、世界海洋大会、金砖国家协调人会议等论坛，向“一带一路”沿线国家和地区出口总额达到47.5亿美元，在境外设立非金融类投资项目191个、总投资达48亿美元。湖南湘江新区建设长沙高新区保税仓，组建进出口服务公司、贸易融资担保公司等，深化与长沙国际友好城市的交流合作，提升对外开放能力。南京江北新区不断深化与日、韩等周边国家的服务贸易合作，加强与“一带一路”沿线国家的服务贸易往来，依托全球服务贸易大会、世界智能制造大会、“金洽会”“软博会”等重大经贸活动，充分展示新区服务贸易发展的优质环境。哈尔滨新区不断扩大对俄合作，促成“特种耐火材料”等俄罗斯科研成果落地转化，引进中俄金融产业联盟，搭建了中俄本币结算、跨境电商在线支付和对俄投资融资等三个平台，设立投贷联动中心并筹建新区科技专业支行。2017年新获批的大连金普、浙江舟山群岛、重庆两江、四川天府、陕西西咸5个新区自由贸易试验区开局良好，获批自由贸易试验区的9个新区努力构建具有自身特色的政策体系，共同打造富有吸引力的投资目的地。青岛西海岸、哈尔滨等新区积极复制推广自由贸易试验区改革事项，为其他区积累了经验。

图1-5　青岛西海岸新区局部

各新区主动融入服务京津冀协同发展、长江经济带发展、粤港澳大湾区建设等，提升优势区域整体实力和竞争力，努力打造区域协调协同、共同发展的良好局面。天津滨海新区认真落实京津冀协同发展战略，加快推进滨海–中关村科技园等平台载体建设，加强与河北沧州市、唐山市合作建设滨唐、滨沧产业示范区，京津冀首个海铁联运综合性集装箱铁路枢纽——中铁天津集装箱中心站开通，国际班列常态化运营。重庆两江、湖南湘江、江西赣江等新区围绕长江经济带发展，加强改革创新战略统筹规划引导，统筹生态环境保护和经济发展，打造沿江重要节点。广州南沙新区围绕构建粤港澳大湾区“半小时交通圈”，加快轨道、高快速路、市政路网建设，强化与市中心及珠江口东西两岸的交通联系，提升面向国际的交通、信息服务能力。长春新区紧紧围绕打造新一轮东北振兴重要引擎、图们江区域合作开发重要平台和体制机制改革先行区的战略定位，着力推进跨区域整合创新要素，推动一批符合产业转型发展需求的重大科技成果转化与推广应用。

各新区加强与周边地区合作对接，促进协同协调发展，发挥辐射带动作用。河北雄安新区与北京市签署了《共同推进河北雄安新区规划建设战略合作协议》，在协同推进创新驱动发展、推进交通基础设施直连直通、开展生态环境联防联治等七个方面明确了合作内容，建立健全对接协调工作机制。福州新区推动与平潭一体化发展，加快福平铁路、长平高速、福建省平潭及闽江口水资源配置等项目建设，构建互联互通的大交通格局，充分发挥岛区各自优势，积极探索以产业园区为载体的合作发展模式。贵州贵安新区高标准规划建设打造的与贵阳、安顺、黔南州等地市（州）连接的“五横五纵”互联互通一体化骨干路网，由1小时交通圈逐步转变成1小时经济圈。

6.建设美丽新区，坚决打好污染防治攻坚战

各新区牢固树立“绿水青山就是金山银山”理念，把生态文明建设和绿色发展作为经济和社会发展的重要内容，统筹规划实施，围绕绿色、智

慧、人文、宜居新区建设目标，不断巩固提升生态环境水平，全方位提升城市功能品质。河北雄安新区认真贯彻落实习近平总书记“一定要把白洋淀修复好、保护好，绝不能因城废淀”的重要指示要求，深入实施白洋淀生态修复工程，依法推进“铁腕治污”，着力打造优美生态环境，守住新区建设生命线。贵州贵安新区扎实推进“绿色贵安三年会战”，森林覆盖率增长3个百分点，地表水主要河流断面均达到或优于Ⅲ类水质标准，环境空气质量优良率达98.1%，入选2017年全球避暑名城。青岛西海岸新区以“四抓四促”坚决打好污染防治攻坚战，落实“削煤、降尘、控车、治味”四项重点措施，推动环境空气质量持续改善。大连金普新区制定并印发了《金普新区环境保护职责规定》，明确了各部门在三大行动中的工作职责、任务分工和工作要求，形成合力，共同打好污染防治攻坚战。四川天府新区强化环境监管和执法，制定了《成都天府新区直管区网格化环境监管实施方案》，提出重点污染源、一般污染源和特殊污染源名单，随机抽选，重点对被抽查单位防治设施运行情况、污染物排放情况、环评及排污许可证执行情况等进行抽查。长春新区实施煤锅炉淘汰与升级改造工程，提升大气环境质量，淘汰79台10吨及以下燃煤小锅炉，20吨以上的8

图1-6　贵州贵安新区北斗湾小镇

台燃煤锅炉已全部采用高效除尘和脱硫装置，并安装自动在线检测。江西赣江新区将绿色发展理念运用于新城建设，着力构建交通慢行系统、滨水生态系统、地下城市系统和智慧能源系统，打造生活空间宜居适度、生态空间山清水秀、人与自然和谐共生的美丽城区。

7.加强社会治理，夯实民生改善保障基础

各新区把人民对美好生活的向往作为建设发展的主要目标，着力补齐公共服务短板，下大力气改善民生，切实解决与人民群众的日常生活和切身利益息息相关的主要问题，千方百计引进人才，不断提高社会治理水平，保障新区安全稳定和长远发展。天津滨海新区电子市民中心上线运营，以用户需求为导向、以用户体验为核心、以用户办事便捷为目标，为市民提供政务在线服务和水、电、气、热、有线电视等公共服务在线办理，以及为解决群众办事难、审批难、跑腿多、证明多等问题提供了重要载体。广州南沙新区引进一批名校项目和优质医疗项目，获批国家级健康旅游示范基地，加快建设粤港澳大湾区教育医疗高地。四川天府新区把乡村发展纳入全域规划，从产业、形态、制度等多个维度推进实施“大美乡村建设行动”，积极构建城乡深度融合的产业生态共同体和人居生态共同体，让大美乡村与精彩城市交相辉映。江西赣江新区推出招才引智的“赣江海智”“赣江创新”和“赣江创业”计划，设立人才发展专项资金及江西人才服务银行，以“培养赣鄱工匠、助推江西制造”为目标，启动金蓝领职业培训园（永修职教园）建设。福州新区实施榕台技能工种“一考双证”，推动榕台职业资格互认；挂牌成立在榕台湾居民任职资格评审（试点）办公室，开辟台湾地区人才职称评聘绿色通道。大连金普新区全面实施外国人来华工作许可制度，为外国高端人才来华工作开辟“绿色通道”。云南滇中新区保障性安居工程有序推进，完成年度投资38.8亿元，8870套棚改项目全部开工建设，已基本建成4198套。兰州新区累计投入资金1.92亿元推进精准扶贫、精准脱贫，贫困发生率从2.02%降至1.24%，新增城

镇化就业1万余人，城镇登记失业率控制在2%以内，城乡居民养老和医疗保险参保率分别达95.4%、98.8%。

图1-7 广州南沙新区南沙明珠湾起步区

（二）发展成效

面对错综复杂的经济环境，各新区建设发展稳步推进，各项工作取得新进展，经济实力显著增强，引领带动作用持续发挥。18个新区（河北雄安新区暂不纳入本报告数据统计）实现地区生产总值4万亿元，约占全国经济总量的4.8%，固定资产投资总量达2.52万亿元，一般公共预算收入总量达4180亿元，总体呈现稳中向好态势，释放积极信号。

1.经济保持平稳较快增长

2017年，新区地区生产总值持续较快增长，绝大多数新区经济增速领先于所在地区平均水平，近半数新区经济增幅较高，其中，上海浦东新区地区生产总值总量最大，达9651亿元，比上年增长8.7%，占上海市经济总量的31.4%，高于上海市经济增速1.5个百分点。1990—2017年，上海浦东新区地区生产总值从60亿元增长到9651亿元，增长了160倍，年均增长20.7%。天津滨海新区调整统计口径后，地区生产总值为7106亿元，比上年增长6.0%，占天津市经济总量的37.6%，高于天津市经济增速2.8个百分点。2006—2017年，天津滨海新区地区生产总值从1983 亿元增长到7106 亿元，增长了近3倍，年均增长12.3%。青岛西海岸新区地区生产总值达3213亿元，比上年增长11.0%，占青岛市经济总量的29%，高于青岛市经济增速3.8个百分点。重庆两江新区地区生产总值达2533亿元，比上年增长10.2%，占重庆市经济总量的12.8%，高于重庆市经济增速1.2 个百分点。2010—2017年，重庆两江新区地区生产总值从1002亿元增长到2533 亿元，增长了1.5倍，年均增长14.2%。

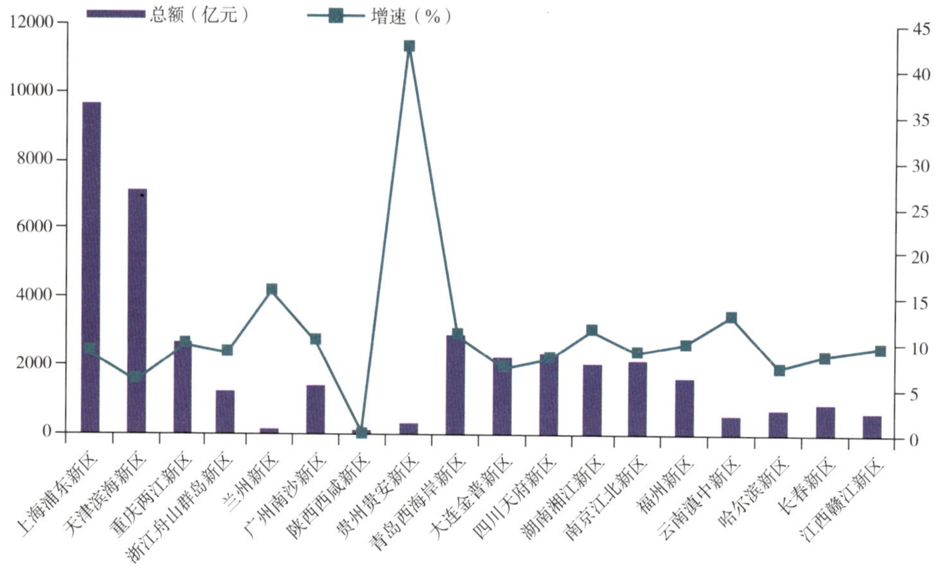

图1-8　2017年国家级新区地区生产总值及增速

贵州贵安新区地区生产总值增速最快，比上年增长42.6%，高于贵州省经济增速32.4个百分点。兰州、云南滇中、湖南湘江、青岛西海岸、广州南沙、福州等新区地区生产总值比上年分别增长15.6%、12.8%、11.2%、11%、10.5%、10.1%。

表 1-1 2017 年国家级新区地区生产总值占比

新 区 名 称	占所在省（市）比重（%）
上海浦东新区	31.4
天津滨海新区	37.6
重庆两江新区	12.8
浙江舟山群岛新区	2.6
兰州新区	6.9
广州南沙新区	1.6
陕西西咸新区	3.9
贵州贵安新区	2.6
青岛西海岸新区	4.4
大连金普新区	9.2
四川天府新区	5.7
湖南湘江新区	6.4
南京江北新区	2.6
福州新区	4.8
云南滇中新区	3.5
哈尔滨新区	5.0
长春新区	5.4
江西赣江新区	3.0

各新区固定资产投资实现稳中较快增长，18个新区（不包括河北雄安新区）固定资产投资总量约占全国的4%。其中，总量最大的是湖南湘江新区固定资产投资达2313亿元，比上年增长16.3%。四川天府新区固定资产投资达2301亿元，比上年增长42.3%。天津滨海新区固定资产投资达

2297.8亿元，与2016年持平。2/3的新区固定资产投资保持较快增长，其中广州南沙、大连金普等新区固定资产投资均保持20% 以上增速，分别达到24.2%、21.9%。新区对社会投资总体具有较强吸引力，部分新区民间投资增长较快。上海浦东新区民间投资增长20.2%；陕西西咸新区民间投资139亿元，占比达59%；湖南湘江新区完成民间投资达1296亿元，比上年增长16.0%，占比达56.0%。但也有个别新区投资增长出现波动或增长乏力。

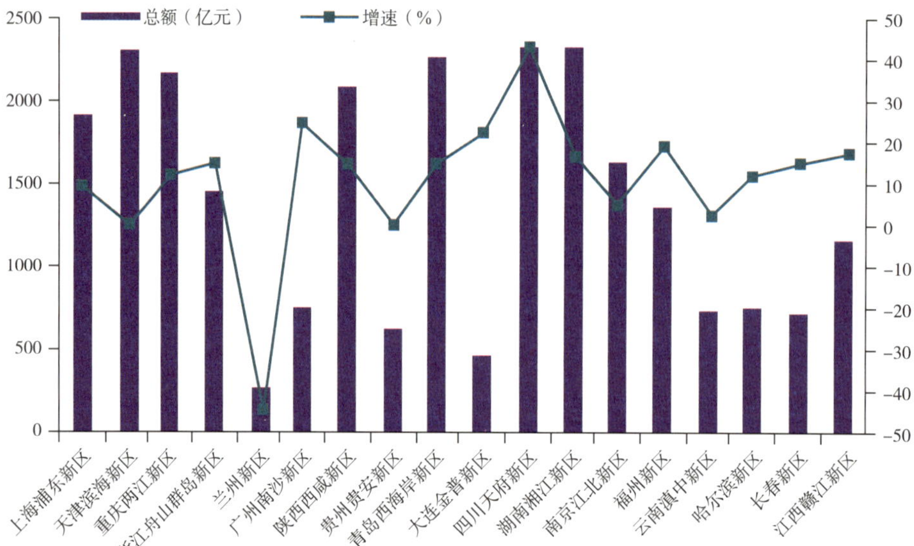

图1-9　2017年国家级新区固定资产投资总额及增速

新区财政实力进一步增强。2017年天津滨海新区一般公共预算收入达1060亿元。上海浦东新区一般公共预算收入达996亿元，比上年增长8.5%。湖南湘江新区一般公共预算收入总量达346亿元，比上年增长10.8%。10个新区一般公共预算收入保持两位数增长，增长最快的是陕西西咸新区，增速达40.6%，贵州贵安新区和哈尔滨新区增长势头也比较强劲，分别增长38.6%和26.7%。福州、青岛西海岸、重庆两江、上海浦东等新区一般公共预算收入增速分别达到9.9%、9.1%、9.0%、8.5%。

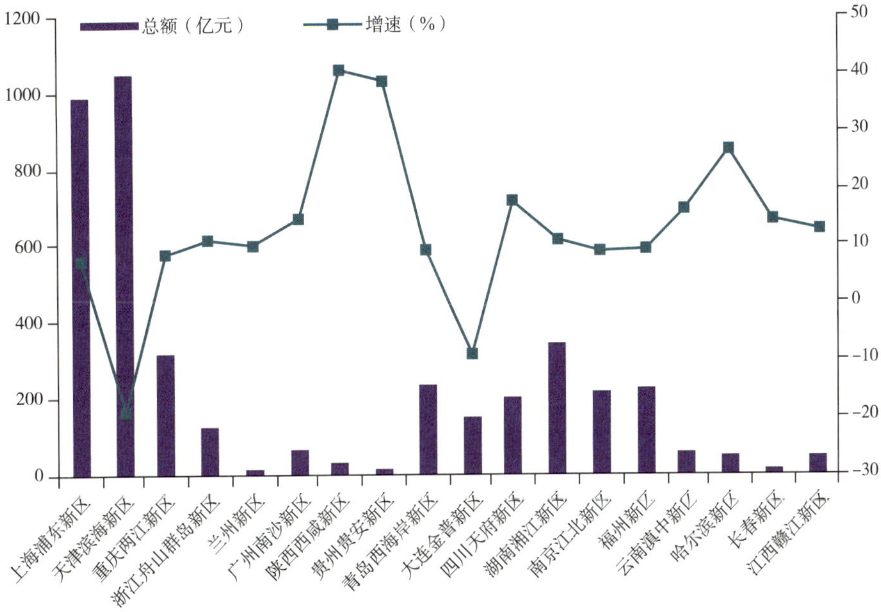

图 1-10　2017 年各国家级新区一般公共预算收入及增速

2.发展特色进一步彰显

各新区紧紧围绕国家赋予的使命，依据自身的发展阶段和发展情况，制定各具特色的发展战略，提升区域发展质量，国家级新区差异化发展格局逐步形成。浙江舟山群岛新区突出海洋经济发展，加快推进江海联运服务中心，累计完成投资501.72亿元，江海联运运量完成1.91亿吨，江海直达运输规范管理体系基本形成，填补了国内空白。青岛西海岸新区着力推进军民融合，集聚总投资近千亿元的126个军民融合产业项目，引进了中国科学院青岛科教园、哈尔滨工程大学青岛校区等一批涉海涉军高校。福州新区深化对台交流合作，成功举办海峡两岸青年节，建成海峡两岸青年交流营地等项目，设立“台湾青年榕城圆梦”行动基金和台湾青年创业基地，已入驻台湾青创企业300余家，吸引台湾青年700余人创业就业。哈尔滨新区进一步发挥区位优势，推动实施了“四季冰雪”“全季全时”发展模式，探索破解冰雪旅游“季节限制”方式，有效扩大了冬季旅游规模，服务业零售总额增长12%。

3.营商环境持续优化

各新区深化改革释放发展活力，以加强管理促效能提高，“放管服”改革始终走在全国前列，营商环境不断优化。上海浦东新区探索形成的全面负面清单等一系列制度，已在全国复制推广。天津滨海新区成立行政审批局，形成单一窗口、全项受理，专业审查、团队支撑，严格把控、终身负责的审批运行模式，在天津市推广实施。浙江舟山群岛新区公布了952项“最多跑一次”清单，探索建立“最多跑一次”监督评价机制，逐步形成的“项目中心制”、排污许可证“一证式”管理等改革举措在浙江省得以推广。广州南沙新区有13项改革创新成果在全国推广，56项在广东省推广。贵州贵安新区“放管服”改革扎实推进，“先照后证”等商事制度改革落地见效，精简行政审批事项239项，审批提速75%以上，投资项目审批时限压缩85%以上，新增市场主体5521户，比上年增长34%。青岛西海岸新区率先取消社会投资类项目前置审批，实行市场准入“多证合一”、土地“一地多用”，市场主体由6万户增长到23万户。福州新区探索形成的“一照一码”登记制度、原产地签证管理等4项创新举措在全国推广。云南滇中新区将工作机构从21个精简为5个，所有人员实行岗位管理和全员聘用，审批时限提速50%以上。

各新区基础设施建设取得新进展，区内基础设施不断完善，区域承载能力有所增强。重庆两江新区果园港获批国检综合试验区，铁水、水水联运辐射范围进一步拓展，集装箱吞吐量增长27%。大连金普新区智慧城市建设不断推进，移动、电信、联通4G网络实现“村村通”，宽带网络达到全覆盖。四川天府新区成都直管区“五横八纵”骨干道路基本建成。云南滇中新区启动三年路网规划建设项目180个、847公里，完成投资417亿元，累计通车里程达341公里，新区“两横两纵”高速路网和“两横三纵”城市骨干路网初步形成。

4.发展新动能加快培育

各新区主动适应新时代高质量发展要求，加快培育发展新动能，有力推进动能转换，注重发展实体经济，相继推动一批重大项目落地，强化了新区发展的产业和项目支撑。浙江舟山群岛新区引入波音公司除美国本土以外体量最大的工业合作项目之一的波音737完工和交付中心。广州南沙新区形成年产4台（套）百万千瓦级核电核岛主设备生产能力，向欧洲出口了我国首台完全自主设计及制造的核电低压热器。兰州新区引进中科曙光先进计算机中心、华为云计算、北科维拓“万支付”等一批重点项目。世界最大吨位级海上浮式生产储卸油装置（FPSO）、俄罗斯亚马尔LNG项目核心模块等一批高端装备在青岛西海岸新区建成交付，国内首个CIDM集成电路项目、中国科学院海洋大科学研究中心等启动建设，国家海洋基因库实验室、东方影都投入运行。大连金普新区引进各类跨境电商企业1100多家，运营线下体验店200多家。四川天府新区引进紫光IC国际城、中电子8.6代液晶面板、中国科学院光电所、海康威视成都研发基地等重大高端产业项目落户。湖南湘江新区岳麓山国家大学科技城建设全面展开，“两山一湖”双创基地正式运行，中电软件园二期、湖南航天麓谷产业园、长沙信息港军民融合产业园等重点项目加快建设，双创空间或基地达到80余个。南京江北新区正式投产总投资为73亿元的上汽桥林基地依维柯项目。

各新区创新资源要素加快集聚，创新引领发展的势头持续增强，助推新区加快实现转型升级。继2016年天津滨海、重庆两江、贵州贵安、陕西西咸、福州和湖南湘江新区入选全国首批双创示范基地之后，2017年6月，四川天府、哈尔滨、长春、江西赣江新区入选第二批双创示范基地。上海浦东新区张江核心区研究与试验发展经费支出占地区生产总值比重超过12%，获得专利授权17000件，其中发明专利5900件，经认定的企业研发机构547家，创新效应持续显现。重庆两江新区引进重点科技项目43个，德国大陆集团、NXP、中国科大、同济大学等高端研发平台落户，新获批国家级众创空间1家、国家级孵化器1家。江西赣江新区新增2个国家级众创空间，荣获国家科技进步奖、国家自然科学奖二等奖各1项，与中国科学院、中关村科技园区、北京理工大学等科研机构和单位深度合作，与省内20所高校签订战略合作框架协议。广州南沙新区举办人才工作大会暨粤港澳大湾区人才发展战略峰会，集聚诺贝尔奖获得者1名、院士10名、国家“千人计划”专家20名、重点发展领域急需人才2300余名。青岛西海岸新区在美国、德国等发达国家设立海外引才引智工作站，出台“梧桐树”聚才计划20条新政，人才总量48万人，获评国家引智示范区。南京江北新区累计引进领军型科技创业人才、高层次创业人才近500名。长春新区扎实推进“人才管理改革试验区”建设，1人入选第13批国家“千人计划”创业人才，4人入围第3批国家“万人计划”科技创业领军人才。

5.对外开放步伐加快

各新区积极参与和融入“一带一路”建设，对外开放的层次和水平不断提升。2017年，上海浦东新区实际利用外资78.26亿美元，比上年增长11.2%，外贸进出口总额占上海市的46%；累计吸引跨国公司地区总部245家，认定内地大企业总部和区域性总部153家。天津滨海新区5年累计实际利用外资达555亿美元，世界500强外企中有140家投资新区，天津口岸与25个内陆无水港一体化发展加快推进，京津冀首个海铁联运综合性集装箱铁路枢纽开通运营，平行进口汽车业务约占全国的80%。重庆两江新区利用地处“一带一路”和长江经济带Y字形联结点的区位优势，建设水港+空港+铁路港的立体对外交通枢纽，着力打造西部内陆融入全球经济一体化的重要窗口。广州南沙新区与陕西西咸新区携手合作，按照“一园三地”的模式建设中俄丝路创新园，进出口总额比上年增长15.2%，实际利用外资比上年增长66.8%。贵州贵安新区以“七道加法题”深入推进服务贸易试点工作，进出口贸易总额完成25.1亿美元，增长13.5倍，进出口规模位列全省第二；实际利用外资3.5亿美元，增长17.3%。青岛西海岸新区前湾港建成亚洲首个自动化集装箱码头，董家口港获批国家一类开放口岸，完成港口吞吐量5.1亿吨、集装箱吞吐量1830万标箱，分别居世界第七位、第八位。大连金普新区成立跨境电商综合实验区暨中韩贸易合作区，打造对韩服务业合作先行区。福州新区搭建开放合作平台，拓展发展空间，新区保税区由单一功能区向综合开发区成功转型。长春新区正式开通长春国际港，长春至德国汉堡中欧班列实现首发。

6.风险防控成效显现

各新区纷纷成立政府性债务管理领导小组，陆续出台政府债务风险应急处置等管理办法，加强日常政府债务信息监测、分析，促进新区经济健康快速发展。兰州新区累计争取政府债券资金148.14亿元，支持公益性项目建设，减轻地方政府负担和短期偿债压力；偿还政府性债务112亿元，累计减少政府性债务308亿元。大连金普新区拨付资金6044.8万元用于偿还企业工程款、政府采购款和保证金等款项，偿还政府性债务中的工程拖欠款334万元；认真落实应急处置、食品药品监管等责任，加强社会治安综合治理，深入推进平安平稳新区建设。四川天府新区完善和落实安全生产“四链”管理责任，建好用好“安全云”，完善应急救援处置体系，加强应急应对能力建设。哈尔滨新区化解一类债务70%，政府存量债务的总体置换率达到80%以上。

7.生态环境不断改善

各新区贯彻落实新发展理念，积极推动建设产城融合、生态绿色、宜居宜业的现代化城区，让老百姓切实享受新区发展的红利。陕西西咸新区持续植树增绿，2015年以来新增城市绿化面积600多万平方米，空气优良天数持续增加。四川天府新区兴隆湖建成使用，形成环湖生态走廊。湖南湘江新区核心区新建绿色建筑覆盖率达95%，梅溪湖国际新城、洋湖生态新城分获联合国全球人居环境奖、中国人居环境范例奖。南京江北新区实施107项环境整治项目，加快推进绿水湾湿地公园、7.5公里青龙绿带等重大生态工程。哈尔滨新区依托独有的“万顷松江湿地、百里生态画廊”城市湿地景观，大力发展湿地体验游、健康休闲游等特色旅游。江西赣江新区重点打造儒乐湖新城，推动新区建设与山脉水系相融合。浙江舟山群岛新区努力建设海上花园城市，建成综合管廊6.5公里，建成城市公园、街头游园5个，新增绿色游步道140公里，河岸绿化等40万平方米，嵊泗县创建美丽乡村示范县。

8.民生保障大幅提升

各新区坚持以人为本，不断加大民生投入，基本公共服务能力持续提升，居民生活、生产条件稳步改善，民生福祉不断提高。上海浦东新区已成立20个学区、6个教育集团，参与学校229所；积极探索多种形式医疗联合体改革，试点建立北部医疗联合体，儿科医联体扩容至30家成员单位；就业和保障力度不断加大，居民人均可支配收入超过6万元。广州南沙新区民生和社会事业支出占一般公共预算支出的86.4%，城乡居民人均可支配收入分别增长9.2%、10%。大连金普新区惠民实事项目扎实推进，投资7300万元，完成老城区居民燃气入户改造工程、老年人免费体检等10个惠民实事项目，城乡居民低保标准统一提高到670元/月。

二、新时代新区建设发展的总体环境

（一）面临新形势新机遇

综合分析国内外形势，我国发展面临的机遇和挑战并存。国家级新区作为国家重大改革发展任务的承载者、区域发展排头兵和先行军，必须科学判断形势，才能在新时代把握新机遇、创造新优势、承载新使命。

1.世界政治经济形势变化为新区开放合作带来了新机遇

从2017年开始，全球经济提速，由弱复苏逐步走向复苏，预计2018年和2019年全球经济增长幅度将进一步加大。全球新旧动能正加快转换，新技术、新经济、新业态不断涌现并蓬勃发展，创新战略已经成为世界各国的共同需求，这将为全球经济增长带来新动力。新一轮科技革命和产业革命正孕育崛起，国际分工体系加速演变，全球价值链深度重塑，为经济全球化赋予新的内涵。我国在全球经济中占据越来越重要的地位，成为激发世界经济活力、完善全球经济规则的重要力量。新区作为我国推进全方位对外开放的重要平台，要以“一带一路”建设为统领，树立国际眼光，对标先进规则，依托自由贸易试验区等平台，更加积极主动地参与国际竞争，抢抓新一轮科技革命和产业变革的历史性机遇，打造开放层次更高、合作领域更广、营商环境更优、辐射作用更强的开放新高地。

2.中国特色社会主义进入新时代为新区全面发展提供了新指引

中国特色社会主义进入了新时代，这是党的十九大作出的一个重大政治判断。这一判断，明确了我国发展新的历史方位，赋予党的历史使命、理论遵循、目标任务以新的时代内涵。我国社会主要矛盾已经转化为人民日益增长的美好生活需要和不平衡不充分的发展之间的矛盾，这是关系全局的历史性变化，对党和国家工作提出了新要求。各新区应科学认识和全面把握中国特色社会主义新的发展阶段和当代中国发展变革的新特征，主动适应新时代中国特色社会主义的发展要求，以新的思想武装、新的理念举措、新的精神面貌，从新的历史方位、新的时代坐标来思考与谋划新区的发展。

3.我国经济进入高质量发展阶段对新区加快动能转换提出了新要求

我国经济已由高速增长阶段转向高质量发展阶段。推动高质量发展，是保持经济持续健康发展的必然要求，是适应我国社会主要矛盾变化和全面建成小康社会、全面建设社会主义现代化国家的必然要求，是遵循经济规律发展的必然要求。推动高质量发展，也是我国当前和今后一个时期确定发展思路、制定经济政策、实施宏观调控的根本要求，国家正在加快形成推动高质量发展的指标体系、政策体系、标准体系、统计体系以及绩效评价和政绩考核体系，创建和完善制度环境。新区的高质量发展要有更高要求，要更进一步、再上层楼。在标准上更高一层，在优势领域上要更体现特色，始终在质量和效益上走在全国前列；在时间上要先行一步，主动探索新机制、出台新政策、尝试新方法，形成一批具有影响力和带动力的高质量发展新样本；在路径上更加优化，在总结吸收我国改革开放40年来的经验成果基础上，以更高的要求，探索形成比其他地区更先进、更高效的推进路径，始终发挥引领示范作用。

4.国家重大战略深入实施为新区发展拓展了新空间

党的十九大报告提出，要以疏解北京非首都功能为“牛鼻子”带动京津冀协同发展，高起点、高标准规划建设河北雄安新区；以共抓大保护、不搞大开发为导向推动长江经济带发展；以“一带一路”建设为重点，坚持引进来和走出去并重，遵循共商共建共享原则，加强创新能力开放合作，形成陆海内外联动、东西双向互济的开放格局；建设粤港澳大湾区，全面推进内地同香港、澳门互利合作；坚持陆海统筹，加快建设海洋强国；解决好“三农”问题，实施乡村振兴战略；坚定实施军民融合发展战略，形成军民融合深度发展格局，等等。党的十九大作出的一系列重大战略部署，为新区建设发展拓展了新空间、指明了新方向，为新区更好地融入国家重大战略提供了新路径。各新区应围绕国家重大发展战略要求和自身区位定位，把握机遇、探索创新，一方面主动对接融入，不断丰富新区发展内涵、拓展发展空间；另一方面切实发挥引领示范作用，服从服务于重大战略实施。

5.雄安新区规划发布实施为新区高水平规划建设树立了新标杆

2017年4月，党中央国务院决定设立雄安新区。2018年4月，《河北雄安新区规划纲要》获得党中央国务院批复，进一步明确了河北雄安新区规划建设的指导思想、功能定位、建设目标、重点任务和组织保障，为高起点规划、高标准建设河北雄安新区提供了根本遵循方针。设立河北雄安新区是以习近平同志为核心的党中央作出的一项重大历史性战略选择，习近平总书记亲自谋划、亲自决策、亲自推动，为河北雄安新区规划建设指明了方向。各新区应主动对标雄安新区建设要求，认真学习、科学借鉴雄安模式，坚持世界眼光、国际标准、中国特色、高点定位，努力创造“新区质量”，培育现代化经济体系，实施创新驱动战略，打造贯彻落实新发展理念的创新发展示范区，建设高水平的社会主义现代化城区。

（二）应对新挑战新问题

在充分肯定成绩的同时，更要清醒地认识到，当前新区发展仍然面临许多挑战，部分新区发展还存在困难和问题，需要在今后建设发展中下大力气加以解决。

1.区域比较优势有待进一步提升

部分新区由于受区位条件、发展基础、建设时间等约束，在所在地区经济发展全局中的分量尚显不足，在引领和支撑区域发展方面的作用还不够突出，以点带面的发展格局有待强化。个别新区尚存在产业结构不均衡，创新能力不足，高新技术产品自主研发和转化能力较弱等问题。

2.新旧动能转换有待进一步加快

部分新区经济增长任务压力大，新发展理念还没有完全贯彻到位，在产业选择上仍然固守老路子，高新技术产业和具有引领性的新兴产业总体发展水平偏低、规模偏小。个别新区缺少实力强、潜力大、成长性好的重大项目和龙头企业，没有形成相对完整的产业链条和产业集群。有的新区一定程度上存在重项目数量、搞项目堆砌，轻项目质量和产业生态培育的现象。

3.重大改革创新有待进一步深化

部分新区在改革探索和制度创新等方面与国家的要求还存在一定差距，改革重点不突出，问题导向不明确，主体责任不清晰，不善于啃“硬骨头”，能在全国层面推广的含金量高的改革成果不足。部分新区因规划范围与行政区域不一致，统计范围不清晰、统计指标体系不完整、统计数据缺乏科学性，在一定程度上影响了国家级新区发展质量评估的准确性和可比性。

4.集约开发水平有待进一步提高

部分新区远离老城区，城市功能不完善，公共服务设施供给不足，人口数量增长缓慢，工作在新区、住在老城区的情况还普遍存在。个别新区在一定程度上存在土地集约利用水平低、内部功能片区划分细、企业项目落地分散等问题，这种大规模、粗放式的开发建设模式给新区发展带来了融资风险和环境压力。

（三）承载新使命新任务

未来5～10年是新区发展的重要机遇期，各新区要以习近平新时代中国特色社会主义思想为指导，紧扣我国社会主要矛盾变化，坚持以供给侧结构性改革为主线，深入实施区域协调发展战略，突出高起点规划、高标准建设、高质量发展、高水平开放，明确新思路、探索新机制、推出新举措，大力培育新动能、激发新活力、塑造新优势，推动经济发展质量变革、效率变革、动力变革，努力把新区建设成为高质量发展、建设现代化经济体系的排头兵和示范样本。

1.高质量发展的创新引领区

党的十九大报告指出，我国经济已由高速增长阶段转向高质量发展阶段。中央经济工作会议强调，推动高质量发展是当前和今后一个时期确定发展思路、制定经济政策、实施宏观调控的根本要求。大部分新区已经在经济总量和人均收入水平上有了大幅提升，在工业化、城镇化进程中也取得了突破性进展，完全有能力、有条件在高质量发展上先行一步。各新区要积极探索新一轮科技产业革命带来的新技术、新产业、新业态、新模式，提升供给体系的水平与效益，发展新经济、培育新动能，加快构建现代化经济体系，着力在深化供给侧结构性改革、推动科技创新、防范化解重大风险、污染防治、保障和改善民生等方面率先取得新进展，真正实现结构优化和动力转换，努力将新区建设成为新经济产业的集聚区。

2.区域协调发展的重要引擎

党的十九大报告明确提出了区域协调发展战略的主要任务和战略方向，“一带一路”“京津冀协同发展”“长江经济带”等一系列重大战略正深入实施，这些重大战略需要统筹谋划，全面推进；需要有条件的地区和平台在重点领域、关键环节先行先试，形成引领示范；需要重点地区率先突破，形成支撑。各新区要更加积极主动地融入服务重大战略，牢牢把握重大战略实施带来的新机遇，积极打造示范平台，不断提高对所在地区经济发展的贡献度，与周边地区形成产业、资源等良性互动，成为完善区域经济发展新格局的重要支撑和引领转型发展的关键节点，为保持国民经济持续健康发展做出新贡献。

3.全方位扩大开放的重要窗口

近年来，以习近平同志为核心的党中央总揽战略全局，推进对外开放理论和实践创新，确立开放发展新理念，实施共建“一带一路”倡议，加快构建开放型经济新体制，倡导发展开放型世界经济。各新区要发挥在沿海、沿江、沿边开放中的区位优势，以“一带一路”建设为统领，积极融入全球经济合作与竞争，提升商贸流通、产业投资、服务外包、跨境电商、合作研发等领域的开放合作水平。已经叠加自贸试验区战略的新区，要着眼于提高自贸试验区建设质量，对标国际先进规则，强化改革举措系统集成，大胆试、大胆闯、自主改，形成更多的制度创新成果。有条件的新区要积极探索建设中国特色自由贸易港，打造开放层次更高、营商环境更优、辐射作用更强的开放新高地。

4. 深化改革创新的试验田

2018年是我国改革开放40周年。新时代，全面深化改革的决心决不能动摇，勇气决不能减弱。在符合中央全面深化改革部署要求的前提下，各新区要坚持问题导向，加强形势分析和研判，抓住机遇、赢得主动，深化重要领域和关键环节改革，大胆先行先试，积极争取更大自主发展权、改革权和创新权，统筹推进经济社会改革和科技体制改革，继续深化放管服改革，加强政策体系创新，探索出一系列可复制、可推广的成功经验，为国家的全面改革发展探索新途径、积累新经验。

5. 生态文明建设的示范样板

党的十九大报告将生态文明建设提到了更高的战略地位，指出“建设生态文明是中华民族永续发展的千年大计”。各新区要深入贯彻全国生态环境保护大会精神，根据自身资源禀赋和生态基础，坚持人与自然和谐共生，坚持“绿水青山就是金山银山”，坚持生态惠民、生态利民、生态为民，践行绿色可持续发展，加快构建生态文明体系，建立健全以生态价值观念为准则的生态文化体系、以产业生态化和生态产业化为主体的生态经济体系、以改善生态环境质量为核心的目标责任体系、以治理体系和治理能力现代化为保障的生态文明制度体系、以生态系统良性循环和环境风险有效防控为重点的生态安全体系。

三、2018年推动新区高质量发展的主要任务

2018年新区发展的指导思想是：以习近平新时代中国特色社会主义思想为指导，深入贯彻党的十九大和十九届二中、三中全会精神，认真落实中央经济工作会议和《政府工作报告》的重大部署，坚持稳中求进工作总基调，坚持新发展理念，紧扣我国社会主要矛盾变化，坚持以供给侧结构性改革为主线，深入实施区域协调发展战略，打好防范化解金融风险、精准脱贫、污染防治三大攻坚战，突出高起点规划、高标准建设、高质量发展、高水平开放，用新思路、新举措、新机制，大力培育新动能、激发新活力、塑造新优势，努力把新区建设成为高质量发展和建设现代化经济体系的排头兵和示范样本。按照上述思路，应重点抓好以下工作：

（一）坚持高点定位，不断提升规划建设水平

1.高水平规划确保经得起历史的检验

深入贯彻习近平总书记对河北雄安新区建设的重要指示精神，注重新区规划的科学性、系统性和引领性，坚持谋定而后动，大力提升新区规划水平。要综合考虑新区的功能定位、文化特色、建设管理等因素制定发展规划，坚持以资源环境承载能力为刚性约束条件，坚持生态优先，严格控制建设用地规模，严守生态保护红线，严格保护永久基本农田，科学确定新区开发边界、人口规模、用地规模和开发强度，形成规模适度、空间有序、用地节约集约的城乡发展新格局。规划经过批准后要严格执行，坚持一张蓝图绘到底。

2.高标准建设打造精品工程

切实贯彻落实中央经济工作会议、中央城市工作会议精神，结合地区实际，对标河北雄安新区的规划建设方向和总体要求，建设标杆工程和精品建筑，弘扬中华优秀传统文化，不留历史遗憾。保持历史耐心，坚持集约节约发展，合理把握开发节奏，分区分步滚动开发，避免新区规模过度扩张。

3.先行先试发挥引领带动作用

坚持世界眼光、国际标准、中国特色、高点定位，广泛吸收借鉴全球优秀的城市设计成果，适度超前，优先采用现代信息、环保技术、海绵城市、智慧城市、绿色建筑、地下综合管廊等先进建设理念，率先实施城市品质提升行动，建设绿色低碳、智能高效、环保宜居且具备优质公共服务的新型城区，打造绿色生态、协调发展的示范区和全国领先的城市建设样板。

（二）坚持稳健发展，坚决打好三大攻坚战

1.打好防范化解重大风险攻坚战

坚持底线思维，坚持稳中求进，抓住主要矛盾，下大力气打好防范化解金融风险攻坚战。要以结构性去杠杆为基本思路，新区和所辖企业特别是国有企业要尽快把杠杆降下来，努力实现宏观杠杆率稳定和逐步下降。推动高质量发展，提高全要素生产率，在改革发展中解决问题。集中力量，优先处理好可能威胁经济社会稳定和引发系统性风险的问题。严格按照所在地区政府下达的债务余额限额，控制政府债务规模，确保不突破核定的限额。制定债务风险应急处置预案，区分不同债务类型，实施分类处置措施和适时启动责任追究机制，建立新区债务风险识别和预警机制，有

效防范和处置地方债务风险，维护地方财政和金融稳定。不断完善市场监管和企业信用信息平台，制定实施事中事后监管体系方案，以引入信用监管和综合执法改革为抓手，构建“信用依托、企业自律、业界自治、社会监督、政府监管”的多元共治事中事后监管体系。探索区域金融风险防控工作创新，依托各地方金融风险监测防控平台，建设区域金融安全网，打造地方金融风险防控机制。

2.打好精准脱贫攻坚战

要率先完成脱贫攻坚任务，结合实际探索有效脱贫路径。严格坚持现行扶贫标准，严格按照“两不愁、三保障”要求，整合创新扶持政策，深入推进精准施策，通过实施扶持贫困地区农产品产销对接、着力加强产业配套和就业安置、解决劳务组织化程度低问题、突出提升义务教育质量、降低贫困人口就医负担等措施，扎实做好产业扶贫、就业扶贫、危房改造、教育扶贫、健康扶贫、生态扶贫等重点工作。完善督战机制，压实责任，改进考核监督，整顿脱贫攻坚作风，加强一线力量，做好精准脱贫。

3.打好污染防治攻坚战

细化打好污染防治攻坚战的重大举措，尊重规律，坚持底线思维，围绕使主要污染物排放总量大幅减少、生态环境质量总体改善的目标任务，打赢蓝天保卫战，打好柴油货车污染治理、城市黑臭水体治理、海域综合治理、河流保护修复、水源地保护、农业农村污染治理攻坚战，确保生态环境质量实现明显改善。把污染防治放在各项工作的重要位置，层层抓落实，动员社会各方力量，群防群治。坚持源头防治，调整“四个结构”，做到“四减四增”。调整产业结构，减少过剩和落后产业，增加新的增长动能；调整能源结构，减少煤炭消费，增加清洁能源使用；调整运输结构，减少公路运输量，增加铁路运输量；调整农业投入结构，减少化肥农药使用量，增加有机肥使用量。

（三）坚持创新引领，建设现代化产业体系

1.加快培育发展新动能

深入推进供给侧结构性改革，坚持把发展经济着力点放在实体经济上，按照“中国制造2025”提出的方向和任务，坚定不移推动新区实体经济做优做强。加快发展先进制造业，推动互联网、大数据、人工智能与实体经济深度融合，在中高端消费、创新引领、绿色低碳、共享经济、现代供应链、人力资本服务等领域培育新增长点、形成新动能。实施传统产业优化升级，加快发展现代服务业，瞄准国际标准提高水平。促进产业迈向全球价值链中高端，培育若干先进制造业集群。发展工业互联网平台，推动工业融合创新，推进“互联网+”协同制造。全面开展质量提升行动，强化产品质量监管，推进与国际先进水平对标达标。

2.实施创新驱动发展战略

创新是引领发展的第一动力。发挥新区的改革创新高地优势，围绕集聚高端创新要素，加强与国内外知名教育科研机构及企业合作，集聚人才、学科、资源和平台优势，建立以企业为主体、市场为导向、产学研深度融合的技术创新体系。建立创新联盟或共同体，建设一批具有国际先进水平的科研机构和孵化合作载体，健全科技创新的投入管理、中介服务、公共配套等综合服务体系，打造推动创新发展的重要支撑平台。激发和保护企业家精神，鼓励更多社会主体创新创业。着力推动创新创业群体多元化，发挥大企业、科研院所和高等院校的领军作用，推进大众创业、万众创新深入发展。大力培育和引进一批高水平的科技人才和创新团队，构建全链条孵化服务体系，加快培育科技型中小企业。建设知识型、技能型、创新型劳动者大军，弘扬劳模和工匠精神，营造劳动光荣的社会风尚和精益求精的敬业风气。加强知识产权保护及综合运用，形成产权创造、保

护、交易、运用及管理的良性循环。

3.加大金融支持实体经济力度

推广差别准备金率、再贷款、再贴现等政策，引导银行业金融机构加大对实体经济的信贷支持力度。完善信贷资金向实体经济融通机制，降低贷款中间环节费用。发展政府支持的融资担保机构，推动有条件的新区设立政府性担保基金，探索运用资本注入、再担保、风险补偿等措施，提高融资担保机构为实体经济服务的积极性。加快债券产品创新，鼓励股债结合新品种，研究发展高风险高收益企业债、项目收益债、永续债、专项企业债、资产支持证券等。

（四）坚持深化改革，切实增强内生发展动力

1.持续优化营商环境

以清单管理方式进一步推动简政放权，取消、简化不必要的证明和手续，不断压减前置审批事项和压缩办理时限，复制推广“单一窗口”“互联网+政务服务”等便企举措，营造企业健康成长环境。继续深化“放管服”改革，解决营商环境中存在的企业开办和工程建设项目审批效率低、环节多、时间长等问题，降低制度性交易成本、激发创新活力。支持有条件的新区开展试点，精简房屋建筑、城市基础设施等工程建设项目审批全过程和所有类型审批事项，推动流程优化和标准化，实行“一张蓝图”明确项目建设条件、“一个系统”受理审批督办、“一个窗口”提供综合服务、“一张表单”整合申报材料、“一套机制”规范审批运行，大幅度压缩工程建设项目审批时间。促进政府职能转变，构建包容创新的审慎监管机制，进一步优化创新创业的生态环境，进一步放宽市场准入，对各类投资主体一视同仁，切实降低融资成本、要素成本、税费成本和流通成本，畅通民间投资通道。

2.率先突破重点领域改革

按照全面深化改革的总要求，找准着力点，结合落实深化改革的各项重点任务，积极发挥主观能动性，创造性地开展工作，围绕重点方向开展创新试验示范，率先在金融服务实体经济、城市管理体制、干部人事制度、知识产权服务等领域深化探索，为所在地区乃至全国全面深化改革闯出新路径、提供新经验。优先安排新区开展国家和省（市）重大改革试点，支持新区在深化改革、扩大开放领域先行先试，成为高质量发展先行区，每个新区每年围绕1～2个重大问题开展试验示范，力争能够取得进展和突破。积极探索通过新区条例等强化新区发展的法制保障，赋予新区更多的省级经济和社会管理权限，指导新区做好权力下放承接工作，切实做到“新区事、新区办”。

3.推动军民融合深度发展

深入实施军民融合战略，建立新区层面军民融合领导机构，发展壮大军民融合产业，打造军民融合创新示范区。鼓励军方的技术、人才、项目转为民用或发展军民两用制造，推进军转民特色产品产业化。以国防建设需求为引领，推进关键核心技术攻关，提升关键领域的原始创新能力。着力引导民口企业向军用需求迫切的智能控制、特种材料、精密传感等高新技术领域拓展，促进大数据、物联网、云计算等在武器装备上的应用。引导社会资本进入军工领域，推动军工企业产权结构多元化。

（五）坚持对外开放，形成全方位开放新格局

1.推进自由贸易试验区建设

对照最高标准、最好水平，加快落实“全面深化方案”的各项任务，以自由贸易港建设为突破点，深入推进自由贸易试验区建设，更加突出系

统集成和改革联动，着力优化法治化、国际化、便利化的营商环境，降低企业制度性交易成本，提升市场主体活力，提供更多可复制、可推广的制度创新成果，以重大改革突破向改革开放40周年献礼。重点建设一批开放和创新融为一体的综合改革试验区，建立开放型经济体系的风险压力测试区，打造提升政府治理能力的先行区，建设服务国家“一带一路”、推动市场主体走出去的桥头堡。

2.加快拓展对外开放新空间

全面深化对外合作特色平台，加快对外合作项目建设，强化产业链招商，支持新区企业跨国布局和发展，加强双向合作交流，加快形成全方位开放新格局。抢抓2018年国家授权地方自行制定招商引资优惠政策的有利时机，积极吸引国际国内重点领域、行业资源在新区集聚发展，着力提升新区国际化水平。积极探索各新区之间、新区与自由贸易试验区之间、新区与所在地区之间形成联动发展新机制。

3.进一步提高外商投资便利化水平

落实放宽银行、证券、保险行业外资股比限制的重大举措，加快保险行业开放进程，放宽外资金融机构设立限制，扩大外资金融机构在华业务范围，拓宽中外金融市场合作领域，大幅度放宽市场准入。加强同国际经贸规则对接，增强透明度，强化产权保护，坚持依法办事，鼓励竞争、反对垄断，全面落实准入前国民待遇加负面清单管理制度，创造更有吸引力的投资环境。

（六）坚持以人为本，打造绿色宜居生态新区

1.提升新区品质

贯彻“绿水青山就是金山银山”的理念，划定生态保护红线、永久基

本农田和城镇开发边界，统筹绿色廊道和景观建设，融汇水系、绿地、森林、耕地，构建蓝绿交织、清新明亮的生态城市布局，创造优良人居环境。大力开展生态修复，完善多元化生态补偿机制。实施乡村振兴战略，建立健全城乡融合发展体制机制和政策体系，加快推进农业农村现代化。注重保障和改善民生，引进优质教育、医疗卫生、文化体育等资源，建设优质共享的公共服务设施，提升公共服务水平，构建多元化的住房保障体系，增强新区承载力、集聚力和吸引力。

2.实施绿色发展

率先实施能源、水资源、建设用地等总量和强度“双控”行动，探索开展碳排放权交易试点。扩大绿色低碳能源开发利用规模，推广和发展绿色建筑、绿色交通等。推进资源全面节约和循环利用，实施国家节水行动，降低能耗、物耗，构建跨城市、跨地区产业循环链接。倡导简约适度、绿色低碳的生活方式，反对奢侈浪费和不合理消费，开展创建节约型机关、绿色家庭、绿色学校、绿色社区和绿色出行等行动。支持新区开展“无废城市”建设试点工作，推动绿色发展。大力发展循环经济，开展清洁生产，支持污水处理、土壤修复、海水淡化、海绵城市建设、资源循环利用、垃圾资源化处理、节能与新能源发电等清洁低碳技术在新区实现产业化。推进新区建设资源循环利用基地，有效推进废弃物回收体系的融合，提高回收效率，实现二次资源的高水平利用。推动新区实施园区循环化改造，实现源头减量、过程控制、科学循环，提高资源产出率和园区综合竞争力，改善区域生态环境，推动经济转型升级。支持有条件的新区发展高技术维修再制造产业，创建国家级入境维修再制造示范区。

3.加强社会治理

要坚持围绕中心、服务大局，着力推进社会治理系统化、科学化、智能化、法治化，深化对社会运行规律和治理规律的认识，善于运用先进的理念、科学的态度、专业的方法、精细的标准提升社会治理效能，增强社会治理整体性和协同性，提高预测预警预防各类风险能力，增强社会治理预见性、精准性、高效性。要一手抓保安全、护稳定，一手抓打基础、谋长远，不断创新社会治理理念思路、体制机制、方法手段，防范处置影响社会稳定的突出问题，增强人民群众安全感和满意度。做好安全生产工作，把住安全关、质量关，把安全工作严格落实到新区规划建设的各个环节、各个领域。

（七）坚持协同推进，健全新区发展长效机制

各有关部门应按照党中央、国务院决策部署，统一思想、提高认识，进一步优化新区发展环境，强化制度供给。依据新区的资源环境承载能力和发展阶段，适度超前规划建设铁路网和交通建设路网，合理配置公共服务资源，支持新区不断提升规划建设发展水平，持续释放发展活力。建立督促检查和全面评估机制，推动新区高质量发展，确保各项改革创新任务落到实处。

新区所在省（市）应加强组织领导，履行主体责任，健全领导管理构建，强化省级层面的统筹协调和工作推动；落实中央机构改革要求，创新整合行政管理职能，形成机构精简、职能综合、结构合理、运行高效的行政管理体制，探索优化行政区划，探索统一规划、统筹协调、有序实施的管理模式，及时研究解决重大问题；主动对接新区的发展需求，引导与新区承担的使命任务密切相关的产业和项目优先向新区集聚，鼓励创新性、引领性项目优先在新区落户，不断增强和发挥集约发展优势。

各新区应主动作为，切实增强使命感、责任感、紧迫感，大胆探索、锐意创新，充分运用市场手段和改革方式，持续增强内生发展动力，为全国经济社会发展和改革开放不断做出新的更大的贡献。

新区巡礼篇
创新发展成效

2

2017 年国家级新区创新发展成绩和 2018 年工作展望

一、上海浦东新区

图 2-1　上海浦东新区洋山四期自动化码头

（一）2017 年发展成效

1. 经济发展质量持续稳中向好

2017年，上海浦东新区实现地区生产总值增长8.7%，高于全市平均增幅1.8个百分点。财政总收入3937.96亿元，增长9.1%；一般公共预算收入996.26亿元，增长8.5%。全社会固定资产投资达到1903.7亿元，其中工业投资增长11.5%，民间投资增长20.2%。制造业和服务业“双轮驱动”，第二产业和第三产业分别增长10.5%和8.3%。实体经济进一步巩固。规模以上工业总产值增长8.4%，战略性新兴产业占工业产值比重达到40.9%。金融、航运、贸易等核心功能加速提升。战略招商取得突破，实到外资超过78.26亿美元，增长11.2%，占全市46%。亿元楼宇115个，其中10亿元以上20个；亿元园区21家。新增上市公司16家，累计达到142家。

2. 自贸试验区改革示范效应持续释放

投资贸易便利化程度提高，2017年版的外商投资负面清单减少到95条，国际贸易“单一窗口”3.0版上线运行。开放型经济发展取得成效，54项开放措施新落地服务业项目400个；共开立FT账户6.9万个，当年累计收支总额6.1万亿元；跨境双向人民币资金池累计收支总额9099亿元；自贸区企业境外直接投资中方投资额累计达到605亿美元。配合全市发布金融服务业对外开放负面清单指引，配合制定自由贸易港实施方案及运行规则。2017年浦东对“一带一路”国家进出口4007亿元，增长20%。104项企业准入区权事项实现“全网通办、一次办成”，74项实现“网上全程办理”，188项个人社区事务已实现“全区通办”。优化完善区镇职能，率先开展统筹核心发展权和下沉区域管理权改革。

3. 科创中心核心功能区建设力度持续加强

统筹推进科创中心建设，制定科创中心2020行动方案及推进举措。编制出台张江科学城建设规划，首轮“五个一批”重点项目已竣工项目7个，已开工项目27个。创新效应持续显现，张江核心区研究与试验发展经费支出相当于生产总值比例超过12%。获得专利授权18753件，其中发明专利5900件。经备案登记的众创空间和孵化器134家，在孵企业4410家，经认定的企业研发机构547家。

4. 城乡发展和社会民生水平持续改善

教育卫生事业加快推进，新增24所新优质学校，已成立20个学区、6个教育集团，参与学校229所；积极探索多种形式医疗联合体改革，试点建立北部医疗联合体，儿科医联体扩容至30家成员单位。重大项目方面，上海图书馆东馆和上海博物馆东馆已开工建设，上海大歌剧院完成概念设计方案征集，浦东美术馆、浦东群艺馆和青少年活动中心等区级重大文化设施项目有序推进。就业和保障力度不断加大，新增就业岗位13.6万个，全体居民人均可支配收入预计超过6万元，新增养老床位1200张，全年区级征收安置房开工筹措172.4万平方米，实施动迁7552户，完成清盘地块82个，全面完成7838户居民在外回搬工作。美丽家园和美丽乡村建设有序推进，在陆家嘴、塘桥等5个街道开展“缤纷社区”试点，在14个镇35个村开展美丽乡村试点。

5. 城市建设管理水平持续提升

重大工程建设目标全面完成。黄浦江东岸滨江22公里全线贯通开放。生态环境明显改善，集中开展城乡中小河道治理，大力推进区域环境综合整治，共整治违法建筑2329万平方米，整治违法用地7430亩，完成中央环保督察违法违规建设项目清理整治。城市管理精细化水平稳步提高，形成高效的城市运行综合管理体系，居村“家门口”服务站覆盖2/3的居村。

（二）体制机制创新进展

上海浦东新区以供给侧结构性改革为主线，大力推进自贸试验区制度创新、科技创新体制改革、政府职能转变、城乡发展一体化等重点改革任务，取得了积极成效。

1. 着力转变政府职能，积极打造提升政府治理能力的先行区

（1）深化“证照分离”改革试点。制定形成《浦东新区“证照分离”改革试点深化实施方案》，按照突出全面覆盖、突出优化方式、突出改革重点、突出系统集成的要求，加大改革力度，进一步化解企业“办证难”

问题。

（2）推进落实“六个双”政府监管创新。依托事中事后综合监管平台、公共信用信息平台、网上政务大厅等政务信息共享交换平台，制定形成“六个双”工作方案和规程，深入推进“双告知、双反馈、双跟踪”许可办理机制和“双随机、双评估、双公示”监管协同机制。目前，“六个双”已在浦东监管部门实现全覆盖，在108个监管行业、领域实现全覆盖。

（3）健全以“三全工程”为重点的“互联网+政务服务”体系。对涉及企业市场准入的104个区级审批事项实行网上申报、网上预审、网上受理、审查、决定和发证，实现“全网通办，一次办成”。推进个人社区事务实现“全区通办”，对劳动就业、社会保险、医疗保险、民政救助等街镇社区服务中心受理的188项个人社区事务，实现从户籍地办理向就近办理的“全区通办”模式转变。

（4）深化商事制度改革。深化企业名称登记改革，推出企业名称负面清单、可选用名称库、企业名称网上自主申报、简化企业名称登记程序等6项创新举措；在全国率先启动进口非特殊用途化妆品审批改备案管理试点，推动化妆品国内国外同步上市；实行工业产品生产许可证“一企一证”改革，将按产品实施细则发放许可证调整为按企业主体发证，提高了企业对市场的反应速度。企业名称网上申报已达申报总量的80%，企业名称核准时间由5个工作日缩减到3个工作日，提速40%。

2. 着力转变经济运行方式，加快构建开放型经济新体制

（1）积极探索与国际接轨的人才服务和引进制度。制定实施提高海外人才出入境和工作便利度的“九条措施”，成立首个以“海外人才局”命名的政府机构，推出放宽外国留学生直接就业等创新举措，深化外国人证件“五证联办、平行受理”服务模式。浦东高层次人才加速集聚，累计引进13批中央“千人计划”专家219人，6批上海“千人计划”231人。

（2）创新科技管理体制机制。开展药品上市许可持有人制度改革，覆

盖11家企业和16个新药品种，打通了药物创新研发的“最后一公里”。医疗器械注册人制度改革正式获批。张江跨境科创监管服务中心正式运行，成为上海首家机场区域外空运货物海关监管场所，进入张江的空运进口货物整体通关时间从2～3天缩短为6～10小时。全社会研发经费支出相当于地区生产总值的比重提高到3.7%。高新技术企业累计1711家，外资研发中心累计221家，经认定的孵化器和众创空间达到134家。

（3）贸易便利化改革进一步推进。自贸试验区服务业制造业进一步扩大开放，54项扩大开放措施中有31项落地，累计落地项目2000多个，在中外合作教育培训机构等领域实现新突破。保税区关检“三个一”查验平台建成运行。国际贸易“单一窗口”3.0版上线运行，覆盖上海口岸95%的货物申报以及全部船舶申报，服务企业数超过20万家。

（4）深化金融开放创新。拓展自由贸易账户功能，开设主体资格扩大至全市科技创新企业。发布金融服务业对外开放负面清单指引，扩大了金融服务业的开放度和透明度。金融要素市场体系日益健全，中债金融估值中心、中债担保品业务中心、中央结算公司上海总部落户浦东，中信登信托登记系统上线运行，香港与内地债券市场互联互通合作（“债券通”）获批上线。新增持牌类金融机构总量突破1000家，金融业增加值占地区生产总值比重达27.5%，超过全市金融业增加值一半。

3.着力改变城乡二元经济与社会结构，建立健全城乡发展一体化体制机制

（1）推进核心发展权统筹和区域管理权下沉改革。制定实施《关于浦东新区统筹核心发展权和下沉区域管理权的意见》及相关配套政策。进一步统筹核心发展权，将镇的发展规划、招商引资、镇园区转型发展、区域开发、公共设施基本建设等方面的核心发展权由区级统筹。进一步下沉区域管理权，将人事考核、征得同意、规划参与、重大决策和重点项目建设、城市运行综合管理、绿化市容管理、房屋管理、农业服务、法治建设

推进等方面的区域管理权充分下沉街镇。加大对街镇保障力度，从财政政策、机构编制、考核指标等多个方面推动人财物与事权同步下沉，做实街镇的公共服务、公共管理、公共安全职能。

（2）完善城市运行综合管理体系。建设完成城市运行综合管理中心和分中心两级平台，同时在服务对象最多、产生问题最多的区域设立联勤联动站，并将管理功能延伸到村居工作站，形成高效的城市运行综合管理新体系，公安、市场监管、城管、安监等条线力量集中入驻，实现指挥集中统一、信息互联共享、处置联勤联动。

（3）构建村居“家门口”服务体系。建设村居层面“家门口”服务站，有效涵盖党群服务、政务服务、生活服务、法律服务、健康服务、文化服务和社区管理服务七大类服务资源，涉及19个区级部门的42个服务项目，实现政府公共服务、市场服务、社会服务、居民自我服务全面对接，社会治理重心进一步下沉。建成830个居村“家门口”服务站，覆盖2/3居村。

（三）防范和化解地方政府债务风险情况

1. 着力化解存量债务，有效降低政府债务风险

2015年以来，上海浦东新区积极与银行、国资公司等债权人协商，通过利用地方政府债券置换等方式，开展存量债务置换和清理工作。截至2017年底，已基本完成上述工作，同时有效降低了债务总量和债务资金成本。

2. 严格政府债务限额管理，科学合理确定债务规模

上海浦东新区将一般债务和专项债务全部纳入限额管理，按照上海市政府下达的地方政府债务余额限额，严格控制政府债务规模，确保政府债务规模不突破核定的限额。每年根据已下达的债务限额，结合新区基本建设投资需求和财力情况，科学合理确定新增债券发行计划，报经新区人大常委会批准后上报市财政局。同时，制定年度偿债计划，偿债资金全部纳

入年度预算。

3. 制定债务风险应急处置预案，切实提高防控债务风险能力

新区财政部门已初步拟定了《浦东新区地方政府性债务风险应急处置预案》报新区政府审议，提出了区分不同债务类型实施分类处置措施和适时启动责任追究机制，有助于新区建立债务风险识别和预警机制，有效防范和处置地方债务风险，维护地方财政和金融稳定。

（四）污染防治攻坚战情况

1. 积极推进河道综合整治

启动浦东运河、外环运河等112.6公里骨干河道整治，已完成25公里。2018年一季度完成劣五类水体排摸并制定一河一策，上半年完成1020条段、425.8公里污染河道治理，年内基本完成47条骨干河道整治。在2019年底前完成566条断头河整治，已完成342条，剩余224条2018年全面开工。

2. 不断强化污水、污泥基础设施建设

完成海滨、临港2座污水处理厂扩建和永久排放管工程，2018年计划完成初步设计。2019年前完成污泥焚烧设施和川沙、周浦2座通沟污泥处理站建设；2020年前结合新英雄污水泵站启动惠南通沟污泥处理站建设。结合道路新、改、扩建，建设污水骨干管网约40公里，其中2018年计划完成约10公里。推进外高桥1#、2#、5#等非区管雨水泵站旱流截污设施建设，2018年启动，2019年底前完成。

3. 加强工业企业排污监督执法

对“非集建区”内违法违规工业企业予以拆除。“104”和“195”范

围内企业做到达标排放。

4. 加强农业生产污染源治理

2018年底前完成4家规模化养殖场退养，全区保留4家规模化养殖场。农药化肥用量较“十二五”末减量20%，其中2018年计划减量4%。农业生产废弃物规范化处置率达到80%，2018年计划达到60%。

5. 加强生活污染源治理

2018年前全面完成全区403处机关事业单位雨污分流改造和治理工作，其中356个通过专项雨污水分流实施，27个结合房屋大中修、动拆迁等实施，20个拟落实产权主体改造。在2018年上半年完成59个结转小区雨污水分流改造，并力争年底前完成378个新开工小区改造。2018年全面启动农村生活污水治理项目，2019年完成建设。

6. 综合采取其他治理措施

结合“无五违”创建，2018年底前完成违法建筑拆除。并推进违法排污治理，做到“非集建区”违法排污企业拆除。区域企业达标排放。完成约330公顷土地减量化，其中2018年完成约120公顷。结合产业结构调整，关停不符合产业导向的违规企业。2020年前完成约1.1万户城中村居民动迁，现已完成约1600户，2018年计划完成约800户。2019年底前完成新一轮污染源普查，全面排查沿街商铺、工业企业、居民小区等各类污染源，其中2018年计划完成场外清查。

7. 加强长效管理

按“河道名录、河道管养、河长责任、水质监测、监督考核”五个全覆盖要求，提高河道养护定额，将养护经费上收一级，通过公开招标引入国有企业集团参与“河道设施、水面保洁、河道绿化、河道轮疏”四位一体综合养护。2018年一季度完成养护招投标工作。将区河长办与中小河道指挥部合署办公，充实队伍建设，强化区河长办推进、监督、考核职能，将水环境治理工作全面纳入区河长办工作范围；同时做强做实街镇河长办，统筹镇属管理力量，全面推进区域内水污染治理各项任务。已建设施参考市政定额标准养护维修；新建设施探索建管养一体模式。对已批已建的入河排污口建立档案并定期监测，超标排放按日计罚。对非法设置排污口予以处罚。同步规范雨水排放口设置，要求设置在常水位以上，发现雨污混接等行为从严从重处罚。综合采取抽水试验、CCTV检测、系统排摸等措施对市政雨污水管网进行雨污混接排查；结合管道日常养护和大中修对发现的市政混接点及时整改。

图2-2　上海浦东新区中国商飞公司

（五）2018年工作展望

2018年，上海浦东新区将突出制度供给，强化创新驱动，扩大服务功能，创造品质生活，扎实推进自贸试验区建设、科创中心建设、核心功能提升和城乡发展一体化等各项任务。面对新时代赋予的新使命，在新起点上实现新作为，以更大的责任担当、更好的精神状态，率先构筑战略优势，打响上海品牌，勇当新时代全国改革开放、创新发展的标杆，为上海和全国做出更大的贡献。

1.聚焦自由贸易，突出制度供给，推进自贸试验区建设取得更大突破

深入推进自贸试验区建设，更加突出系统集成和改革联动，着力在优化法治化、国际化、便利化的营商环境，降低企业制度性交易成本，提升市场主体活力上下功夫、见实效，提供更多可复制、可推广的制度创新成果。重点落实好建设开放和创新融为一体的综合改革试验区，建立开放型经济体系的风险压力测试区，打造提升政府治理能力的先行区，建设服务国家"一带一路"、推动市场主体走出去的桥头堡等四个方面的具体举措。

2. 聚焦提升张江科学城建设集中度和显示度，强化创新驱动，推进科创中心核心功能区向纵深发展

坚定不移地贯彻实施创新驱动发展战略，坚持科技创新和制度创新"双轮驱动"，积极主动抢占科技和产业制高点。重点聚焦"两大区域、五大支撑体系"，以全球视野、国际标准建设张江综合性国家科学中心，增强"磁效应"和"场效应"，加快构筑科创中心核心功能区基本框架。大力推进张江科学城"五个一批"项目建设，全面深化"双自联动"，强化张江与临港"双区联动"，持续推进科学城与金融城"双城联动"，不断优化科技创新综合环境。

3. 聚焦现代化经济体系建设，扩大服务功能，推进区域核心功能能级加快提升

大力发展新经济、培育新增长点、形成新动能。围绕构建以服务业为主体、战略性新兴产业为引领、先进制造业为支撑的现代产业体系，注重创新链、产业链、价值链整合，抓好战略招商和精准招商，进一步巩固发

展实体经济，增强区域核心功能，努力抢占价值链中高端，持续提升浦东的吸引力、创造力、竞争力。持续提升核心功能能级水平，加快培育新兴领域功能，聚焦浦东优势产业，优化创新链、做长产业链、形成价值链、培育生态链，积极打造先进制造业重点产业集群。

4. 聚焦大民生格局构建，创造品质生活，推进更高水平上的城乡发展一体化

积极践行以人民为中心的发展思想，按照“一张蓝图、两个抓手、五大领域”的总体部署，全面推进更高水平上的城乡发展一体化，着力构建涵盖底线民生、基本民生、质量民生的大民生格局，不断提高群众的获得感、幸福感和安全感，使城乡更有温度、更加美好。全面推进美丽家园建设，扎实推进美丽乡村建设，提高城市建设管理水平，进一步完善基本公共服务体系，推动城乡产业转型。

5. 重点改革任务思考

突出制度创新，强化系统集成，力争在政府职能转变、创新驱动发展、开放型经济新体制构建、城乡发展一体化等方面取得创新突破。

（1）加快打造提升政府治理能力的先行区。推进“证照分离”改革全覆盖。加快推进“四个集中”改革，推进所有部门审批处室向行政服务中心集中，所有企业市场准入审批事项向“单窗通办”集中，所有投资建设审批事项向“单一窗口”集中。在临港、张江试点建设项目综合验收审批改革，实现“一窗受理、一门办结”。“六个双”综合监管机制实现全覆盖、精准化。深化“三全工程”建设，实现“四个一”“一次办成”。深化商事制度改革，实现“一照通办、一码通用、证照分离、照后减证”。

（2）深化科技创新中心建设。加大人才高峰建设力度，研究制定新区人才高峰建设政策。推动张江跨境科创监管服务中心常态化、规模化运作，功能由空运普货扩展到快件。深化上市许可持有人制度试点，拓展

药品试点企业，争取医疗器械试点项目落地。加快推动中国（浦东）知识产权保护中心建设，开启专利快速审查“绿色通道”，完善知识产权综合保险。

（3）加快推进“四个中心”核心功能区建设。建立以“一线放开、二线安全高效管住”为核心的境内关外制度体系和集约化监管的管理体制。推进通关便利化，着力压缩从进境到海关放行的整体通关时间。深化国际贸易“单一窗口”建设和货物状态分类监管试点。深化服务业扩大开放，争取在外资评级服务、外轮理货等领域取得突破，在增值电信、职业技能培训、旅游服务等领域形成规模集聚效应。推进金融创新和风险防范，研究制定投资类企业准入正面引导清单，完善金融综合监管服务平台建设。

二、天津滨海新区

图 2-3　天津滨海新区中心商务区

(一) 2017年发展成效

2017年，天津滨海新区深入学习宣传贯彻党的十九大精神，以“三个着力”为重要思想依据，牢牢把握发展的历史机遇，贯彻新发展理念，坚持稳中求进工作总基调，以供给侧结构性改革为主线，围绕国家赋予的功能定位，积极推动落实各项工作任务，经济运行总体平稳，产业结构逐步优化，社会事业同步发展，居民生活不断改善。

天津滨海新区2017年地区生产总值达到7106亿元；区级一般公共预算收入1060亿元；全社会固定资产投资2296.8亿元；实际利用外资78.3亿美元，增长10%；实际利用内资1260亿元，增长12.3%；城镇居民人均可支配收入增长8.6%；农村居民人均可支配收入增长8.3%；新增就业12.2万人。

1. 经济结构持续优化

工业经济运行平稳，规模以上工业总产值9000亿元，增长8%。十一大优势产业占规模以上产值比重达88%，石油化工、新材料、生物医药、冶金产业分别增长26.3%、19.7%、15.6%和13.1%。产业结构更加优化，第三产业占GDP比重达到48.5%，比2016年提高5.2个百分点。营利性服务业营业收入增长30%。新增沪深交易所上市及新三板挂牌企业19家，金融业增加值增长8.8%，占GDP比重比2016年提高2.6个百分点。交通运输业稳步增长，天津港集装箱吞吐量1506.9万标箱，增长3.8%；天津机场旅客吞吐量2100.5万人次，增长24.5%，货邮吞吐量26.8万吨，增长13.2%。房地产调控取得成效，新建商品住宅销售面积和价格逐步回落。农业产业化项目形成规模，市级龙头企业达到31家。

2. 改革创新持续深化

自贸试验区168项制度创新举措落地，三个片区新增市场主体1.4万户。深化金融改革创新，融资租赁业务总量约占全国的1/3。大力推进供给侧结构性改革。“去库存”效果明显，盘活空置楼宇137万平方米。“去杠杆”稳步推进，工业企业资产负债率逐月下降。“去产能”深入实施，清退新区直属国企中的空壳、低效企业254户。“降成本”全面开展，规模以上工业企业每百元主营业务收入的成本比上年减少1元。科技创新要素加速聚集，市级以上研发机构达464家，产业技术创新战略联盟达33家；新增科技型企业4322家、科技小巨人企业198家、高新技术企业427家；累计建成各类众创空间58家、国家级孵化器15家。

3. 开放水平持续提高

落实京津冀协同发展战略，签约引进北京项目657个，协议投资额

1192.8亿元。加强与河北合作，与沧州市、唐山市合作建设滨唐、滨沧产业示范区。融入“一带一路”建设，京津冀首个海铁联运综合性集装箱铁路枢纽——中铁天津集装箱中心站开通，国际班列常态化运营。参与筹办首届世界智能大会，举办全国无人机系统及技术应用高峰论坛、第七届天津滨海国际文化创意展交会。新型贸易业态快速发展，成功试点平行进口汽车、跨境电子商务、航空保税维修再制造等业务，平行进口汽车约占全国的70%。

4. 区域支撑持续增强

功能区改革取得重大成效。金融创新功能进一步增强，京津冀企业总部集聚区建设初见成效，“双创通3.0”被全国多地借鉴推广。保税区航空和智能装备制造产业集聚发展，空客A330宽体机完成和交付中心落成并交付首架飞机，中欧先进制造产业园引进一批高端项目，太重滨海研制完成国内最大的海上5MW风电机组。高新区获批“十三五”国家服务业综合改革试点和全国第二批双创示范基地，互联网产业园完成总体规划。东疆保税港区完成第1000架飞机租赁，成为全球第二大飞机租赁聚集地。进口商品直营中心加速布点，建成全市最大的跨境电商保税仓储园区，国家海洋博物馆主体完工。

5. 项目引建持续攻坚

组织实施5000万元以上重点项目1041个，组织上报国家PPP示范项目库，制造业投资、电力能源投资、信息传输软件和技术服务业投资分别增长53.9%、87.2%和71.8%。中国人寿养老养生、三星视界等241个项目开工建设，庞巴迪公务机维修一期、托普索催化剂等201个项目竣工。轨道交通滨铁1号、滨铁2号线开工建设。西南环线全线开通，南港铁路加快建设，绕城高速北段、塘汉路拓宽、京津高速辅道建成通车，中央大道南延、世纪大道东延、寨上桥拓宽等16条道路开工建设。新设外商投资企业908家。

6. 民计民生持续改善

河北西路小学等5所学校投入使用，天津师范大学滨海附属学校等10所学校、幼儿园加快建设，193所学校完成提升改造。第五中心医院和泰心医院智慧门诊完成升级改造，天津医科大学总医院滨海医院竣工，中医医院地下基础施工，肿瘤医院主体施工。新建提升社区服务站22个，第一养护院平稳运营。滨海文化中心投入运营。建成131个社区健身园，14个多功能运动场和笼式足球场，举办群众体育赛事50余次，参加活动达15万人次。城镇登记失业率3.4%，城乡居民基本医疗参保率保持全市领先。轮换储备粮2.4万吨。

（二）体制机制创新进展

1. 新区电子市民中心正式上线

“电子市民中心”已于2017年10月1日正式上线，确定一期上线的民政、卫生、人社、教育等系统服务事项62项。一期设立“4+4+4”综合窗口试点，即区市民服务中心及滨海厅、大港厅、汉沽厅3个大厅，开发区、保税区、中新生态城、滨海–中关村科技园4个功能区行政服务中心大厅，塘沽街、汉沽街、中塘镇、海滨街4个街镇服务中心。完善i滨海公共服务系统和通用办件系统开发，使之进一步具备智能搜索、一号申请、网上预约、网上办理、过程可控、信息推送、互动问答等功能。出台、修订了《关于保障电子市民中心（一期）高效运行开展便民便企服务实施意见》《滨海新区电子市民中心“综合窗口”实施方案》《关于保障滨海新区“电子市民中心”（一期）线上线下并行服务的通知》等文件。

2. 天津滨海–中关村科技园加快建设

会同北京中关村管委会共同研究起草《北京市政府、天津市政府支持滨海中关村科技园创新发展的若干措施》，配合北京中关村管委会研究制定“一个实施方案+四个实施细则”的政策体系。中关村管委会与区科委正在合力推动中关村223个开放实验室资源、新区429家省部级以上研发机构资源的开放共享。设立天津中关村科技园运营服务有限公司，开展招商和产业促进工作。搭建开放实验室创新服务平台，整合两地实验室资源面向两地企业提供专业检测认证、试验外包、仪器共享、科技成果转化等服务。来自硅谷阿凯迪亚创投公司的“硅谷之窗”项目已经注册，近期将在科技园落户其在美国孵化的VR项目。

3. 双创示范基地建设全力推进

获批全国首批双创示范基地，载体平台不断聚集，腾讯、阿里云+优客工场、创始空间等12家众创空间投入运营。推出“双创通”企业网络服务平台和行政审批预约预审系统，建立起“线上+线下”有机衔接的综合服务体系，已推广至四川等自贸片区和长春净月高新区。

4. 天津港体制改革成效初显

新区成立了托管工作推动组，围绕“先业务托管，再全面托管”的总体操作思路，初步确定了港口运营一体化模式：一是成立天津港集团调度指挥中心临港分中心和南港分中心，负责辖区内船舶动态计划的平衡、制订与申报。二是重组两家港务公司管理层，实现调度指挥、生产经营的统筹管理。三是两家港务公司原管理范围及内容保持不变，在运营一体化期间维持港口生产及人员的双稳定。

（三）污染防治攻坚战情况

天津滨海新区高度重视污染防治问题。大气环境治理成效明显，PM2.5浓度达到61微克/立方米，同比下降34.4%，空气质量综合指数

6.09，排名全市前列。淘汰燃煤锅炉471台，削减煤炭19.5万吨。实施“五控”治理，狠抓1788家“散乱污”企业治理，关停901家。清水河道项目完工175项，城镇污水处理率96%，饮用水源地水质达标率100%。实施76个市容环境综合整治项目。新建提升5个街心公园，推进官港森林公园四期等绿化工程，新增绿化面积853.4万平方米。开展安全生产大排查，整改隐患6.4万个，完成98处油气输送管道隐患治理。重点监管企业2000余家，重点排污大户178家，占全市40%以上。

图2-4　天津滨海新区临港工业区

（四）2018年工作展望

2018年，天津滨海新区将加快创建繁荣宜居智慧新城，确保高质量发展落地生根、形成生动实践。

1. 深入落实京津冀协同发展战略

进一步发挥承接和辐射带动作用，抓住非首都功能疏解这个“牛鼻子”，统筹推进要素转移精准化、产业承接集聚化、园区建设专业化，在服务重大国家战略中增创发展新优势。突出三大主攻方向，着力在抓项目、聚人气、优功能上下功夫，拓展协同领域，放大协同效应。做强五大承接载体，即滨海－中关村科技园打造协同创新载体、中欧先进制造产业园打造先进制造国际合作载体、航空物流区打造航空产业创新载体、南港工业区打造石化产业发展载体、未来科技城打造研发转化载体。

2. 大力实施产业升级行动

进一步增强创新力和竞争力。坚持以建设现代化经济体系为目标，推动互联网、大数据、人工智能和实体经济深度融合，以智能科技为引领，着力发展新技术新产业新业态新模式，在新一轮产业变革中保持领先优势。

3. 突出绿色智能精细化，进一步提升城市发展品质

实践“绿水青山就是金山银山”的理念，立足解决好不平衡、不充分、碎片化问题，高起点规划，高标准建设，高效能管理，在宜居生态建设中展示美丽滨海新形象。

4. 深化改革思路

下大力气深化供给侧结构性改革、干部人事制度改革、国有企业混合所有制改革。实施更多具有标志性、原创性的改革举措，进一步优化运行机制，处理好新区与市里、新区与功能区、功能区与街镇、新区委办局与街镇“四种关系”，着力解决好功能区体制机制优化、经济职能与社会职能有效分离、生产力合理布局、项目准入企业服务、载体功能提升、功能区协作等问题，形成互相支持、合力并进的良好氛围。

5. 深化管理体制改革

积极推动功能区改革，制定“三定”方案，理顺干部人事制度，落实

考核激励机制，大力推进社会管理、公共服务和市场监管职能划转，充分释放功能区经济活力。深入推进“放管服”改革，试行承诺审批制度，深化“证照分离”改革试点，扩大企业登记全程电子化范围。全面实施事业单位全员岗位聘用制度，稳妥推进经营性事业单位改革。推进城市管理和综合执法体制改革。

6. 放手发展民营经济

实施新一轮民营经济发展行动计划，进一步降低准入门槛，鼓励民营企业参与国有企业改革，支持民营企业做精做细产品和服务，推动民营企业创新转型。尊重企业家价值，实施企业家培养工程，鼓励企业家创新创业。办好企业家俱乐部，打造优势互补、合作共赢的交流平台。

三、重庆两江新区

图 2-5 重庆两江新区国际博览中心

（一）2017年发展成效

2017年，重庆两江新区认真贯彻落实党的十九大精神和习近平总书记视察重庆重要讲话精神，以“强投资、壮产业、抓改革、促开放”为工作主线，不忘初心、扎实工作，经济运行总体保持平稳态势，开发开放取得新成效。实现地区生产总值2533亿元，规模以上工业总产值5076亿元，固定资产投资完成2167亿元，社会零售总额完成1233亿元，一般公共预算收入完成315亿元，实际利用外资33.87亿美元，进出口总额1652亿元。

1. 结构调整扎实推进，发展质量效益持续提升

战略性新兴产业快速发展。大力发展显示面板、集成电路、新能源及智能汽车、机器人及智能装备、通用航空、云计算及物联网、节能环保、新材料、生物医药及医疗器械、能源装备等战略性新兴产业，战略性新兴制造业产值增速达到27.4%。苹果智能终端等新增项目顺利投产，传统笔记本电脑企业订单持续扩大，电子产业增长25%。一批新的“十亿级”“百亿级”企业涌现，产值增量前10位企业对经济增长率贡献较大。现代服务业发展持续向好。持续抓好现代服务业综合试点、服务贸易创新发展、贸易多元化等试点工作，高附加值的现代服务业快速增长，新科技推广和应用、商务、互联网和相关服务业加快发展，总部结算、新兴金融异军突起，金融业增加值占GDP比重达到14.7%，科技推广和应用、商务服务、互联网相关业态增长30%以上。

2. 招商引资成果丰硕，发展后劲不断增强

聚焦先进制造业、金融业、总部经济、科技创新4个重点领域，出台招商引资4个“黄金10条”优惠扶持政策。创新招商体制机制，成立招商集团（招商合作局），推进专业招商、精准招商、上门招商、全员招商。全年实现新签约项目318个，合同投资1952亿元、增长34.9%；开工项目132个，投资655亿元；投产项目125个，投资457亿元。其中，工业项目签约74个，合同投资869亿元、增长124%，成功引进京东方第6代AMOLED（柔性）显示面板生产线、福特新能源汽车、忠旺铝合金精深加工基地、上海斐讯等一批重大项目；服务业项目签约241个、合同投资1003亿元，成功引进八戒两江“互联网+现代服务业小镇”、蓝城集团水土农庄小镇、重庆联交所等一批优质项目。

3. 开放型经济新体制稳步构建，内陆开放高地建设取得新进展

全力推动中新示范项目和自贸试验区建设。两江自贸试验区与中新互联互通项目实现有效融合，并在金融、物流、医疗、教育等领域取得突破。两江自贸区正式签约项目180个、投资金额900亿元，其中中新项目签约53个、投资金额97亿元。加快建设果园港多式联运示范基地。果园港完成集装箱吞吐量33万TEU、增长28%，其中集装箱水水中转、铁水联运分别增长95%、61%。不断完善综合口岸功能。积极申报果园港开放口岸、B型保税物流中心等功能资质，进口粮食口岸获批，金伯利进程国际证书制度指定实施口岸打通通关通检流程；水果、肉类进境口岸功能运行顺畅，累计引进企业40余家。积极推动保税港区转型升级。创新“产业链+价值链+物流链”内陆加工贸易新模式，探索“保税+展示交易、总部贸易、跨境电商、融资租赁、整车进口”新业态，完成外贸进出口815亿元、增长11%，在全国同类保税港区中位列第二。

4. 创新驱动发展战略深入实施，创新中心“窗口”作用凸显

创新主体加快集聚。引进重点科技项目43个，合同投资91.9亿元，引进了东华软件、超星数据、爱奇艺VR等一批行业龙头项目，中国建筑设计研究院重庆分院和同济大学重庆分院等高端研发平台落户。申报高新技术企业202家、高新技术产品434项，新增入库科技型企业205家，新获批国家级众创空间1家、国家级孵化器1家，新增孵化中小微创新型企业351家。创新生态建设加快。注重顶层设计，制定《长江上游创新中心建设三年行动计划》。全年科技产业扶持资金首次突破1亿元。科技金融服务开展有序，着手筹建“两江新区创新创业股权投资引导基金”，全年为科技企业提供债权融资授信贷款金额突破1亿元。完成知识产权服务中心（重庆汽摩知识产权快速维权中心）筹建工作，集聚重点知识产权服务机构10余家、重庆专利云平台服务重点企业200余家。人才支持更加强化。设立1

亿元的专项人才资金，建立“2+5”人才政策体系，推出“一站式服务”、一批人才房、1个人才专用网站，完善人才服务网络。举办第三届国创会，引进高层次人才30人。

5. 改革重点难点不断破解，发展活力持续释放

深入实施供给侧结构性改革。在大力发展战略性新兴产业，增加有效供给的基础上，大力降成本，为企业减负。售电侧改革稳步推进，为企业节约电费1.47亿元；通过债务置换、跨境融资，节约财务费用2.3亿元；开展涉企收费清理，生产性工业用地项目审批费用平均降低47%；拓展多式联运，进一步降低物流成本。稳步推进去产能、去库存、去杠杆和补短板，促进经济良性发展。在全市率先开展工业用地供地制度改革试点，以“先租后让”方式向世界知名的德国大陆、法雷奥等项目进行供地；在龙盛、龙湾森林公园、水土三个片区开展定制建筑试点，创新房地产开发建设制度，处置和盘活了一批闲置土地。着力推进“放管服”改革。推进部门职能整合。出台“放管服”改革40条举措，行政审批事项精简52.8%，平均办理时限提速61.8%，新区市场主体增长27%，达65892户。扎实开展国企改革。着眼于做强做优国企，将新区直接管理的18家企业整合为六大集团，出台了国资国企改革“1+5”系列文件，做到放权到位、监管到位、放管结合。

6. 现代生态新城建设迅速推进，生态文明水平再上台阶

加强城市规划。全面完成法定城乡规划全覆盖，落实44项专业专项规划成果，增加公共服务设施用地6.8平方公里、道路广场用地19.7平方公里、绿地1.7平方公里，减少部分居住和商业商务用地规模，构建新区开发开放的“规划一张图”。提速城市建设。基础设施投入力度继续增强，实现52.3%增长，十大干道、七大节点以及学校、医院、公园、广场、体育中心等61个公共服务类项目加快实施。推进城市建设试点。引进新加坡

NCS集团建设悦来智慧城市，引进中节能合作项目推动可再生能源区域集中供冷供热。悦来生态海绵展示中心主体工程基本完工，水土片区可再生能源建筑集中连片应用示范项目即将验收。强化城市管理。夯实精细化管理基础，推进156个市政项目建设，24座人行天桥、22座新老公厕改造等项目有序推进，不断完善城市功能配套。推进生态文明建设。始终坚持生态优先、绿色发展，促进“绿色+”融入经济社会发展各方面，生态文明建设与环境保护工作迈上新台阶。

7. 民生工作持续强化，社会大局和谐稳定

教育增量提质。全力推进23个学校项目建设，4所学校新投用。注重优质师资的引进和培育，新区教育质量逐年提升，中高考成绩再创新高，达到重点本科线人数实现三年翻两番，全市基础教育质量检测获“高优质、高均衡”“高优质、低负担”评价，获得基础教育教学成果一等奖2项，为全市区县最高水准，实现全国规划办课题零突破。社会保障持续强化。全面实施机关事业单位养老保险，深化社保平台改革和网上经办；健全精准帮扶长效机制，建账对象567户、919人，年度帮扶脱贫率100%。加大引入社会力量兴办养老机构力度，新建成投用5个社区养老服务设施。卫生文体稳步推进。区内5家公立医院综合改革实现平稳过渡，圆满完成改革目标；推进新加坡莱佛士医院、水土第九人民医院两江分院、龙兴医院、鱼嘴医院及3个社区卫生服务中心项目建设，启动新区图书馆、文化馆等公共文化功能性项目的前期工作，华侨城欢乐谷开园，两江国际影视城二期、金山意库二期工程全面完成。社会大局和谐稳定。积极创新社会治理，全力维护社会稳定。

（二）体制机制创新进展

2017年，重庆两江新区坚持以深化供给侧结构性改革为主线，聚焦重

点难点，突出制度创新，突出落地见效，助推新区开发开放。

1. 深入推进供给侧结构性改革，创新要素市场配置

坚持需求导向，聚焦要素市场改革，降低实体经济成本。降低用电用气成本。加快推进售电侧改革，完成市场化零售电2.04亿千瓦时，为企业节约电费696万元，共代理促成255户企业参与电力直接交易，年成交电量44.58亿千瓦时，为企业节约电费1.47亿元。降低融资成本。完成全年置换债券任务，争取资金58.3亿元，年均节约财务成本0.54亿元；创新金融服务实体经济新举措，跨境融资36.7亿美元，为企业节约成本1.85亿元。降低制度性成本。开展涉企收费清理，生产性工业用地项目审批费用平均降低47%。降低物流成本。拓展多式联运，通过降低港口装卸作业费、开通铁水联运集装箱班列、商品车“滚改集”等系列措施，为企业节约物流成本约5000万元。降低用地成本。开展了工业用地供地制度改革试点，采取“先租后让”方式向德国大陆、法雷奥等项目供地，大幅降低企业入驻用地成本。

2. 深入推进开放型经济体制改革，进一步提升带头开放、带动开放的能力和水平

加快推进国家构建开放型经济新体制综合试点试验。全力建设中新互联互通项目和自贸试验区两大核心区。两江自贸区率先完成识别系统开发并上线运行，建成投用自贸政务中心。中新互联互通项目在金融、物流、医疗、教育等领域取得突破。两江自贸区签约项目167个，投资金额899亿元。加快建设果园港多式联运示范基地。与新加坡港务集团、太平洋船务集团等公司联合成立中新（重庆）互联互通多式联运轻资产、重资产运营公司，推进“水公铁空”多式联运，推动团结村铁路延伸至果园港，建设“渝新欧”第二始发站，形成向东、向西、向南开放通道的枢纽。果园港完成集装箱31.8万标箱，增长34.2%，其中多式联运15.1万标箱，增

长82.15%。不断完善综合口岸功能。积极申报果园港开放口岸、B型保税物流中心等功能资质，金伯利进程国际证书制度、粮食进境口岸获批，水果、肉类进境口岸功能初步发挥。建设西部国际航空枢纽，发展航空服务业。以江北国际机场第三航站楼建成投用为契机，加密国际客货运航线，累计达到66条，建设西部国际枢纽机场，大力推进飞机融资租赁业务并实现突破。

3. 深入推进“放管服”改革，在全市率先打造法治化、国际化、便利化的投资环境

出台“放管服”改革40条，加快转变政府职能，不断提高行政效能。推进大部门制改革，进一步推进部门的职能整合，组建招商合作局，努力实现一个部门管审批、一个部门管市场、一个部门管执法、一个部门管安全、一个部门管招商。推进行政审批改革，全面公布、动态管理权力清单，下沉行政服务事项到园区、街道社区，大力推行网上审批，建立跨部门“一口受理、超时默许”的集中会审和全区联办工作机制，行政审批事项精简52.8%，平均办理时限由24.4个工作日缩减为9.3个工作日，办理提速61.8%。强化事中事后监管，开发市场信用监管平台，推广“双随机一公开”监管模式，成功创建国家级政务服务标准化试点。大力推进商事制度改革，实施“先照后证”、注册登记制、“五证合一”和个体工商户“两证合一”，试点企业“十证合一”，让企业“一照一码”走天下，市场准入环境显著改善，推动新增市场主体13959户，同比增长26.88%。

（三）防范和化解地方政府债务风险情况

重庆两江新区紧紧围绕“强制度、防风险、降成本、重管控”的主线做好全区政府债务管理工作。

1. 强制度

出台了《政府性债务风险应急处置预案》和《成立两江新区管理委员会债务管理领导小组的通知》，建立了各部门联合防控机制，切实防范财政金融风险。

2. 防风险

严格执行法规要求，禁止对外承诺或担保。按《国务院关于加强地方政府性债务管理的意见》（国发43号）等文件精神进行了全面排查，政府举债融资机制规范，所有单位无对外违规出具承诺和提供担保行为。国企融资管控有保障，禁止国企新增政府债务，无违规举债担保，贷款周转正常。

3. 降成本

一方面，大力争取低息政府债券，全年共争取政府债券总额73.3亿元，其中新增债券15亿元（在全市率先申报首批土地专项债券8亿元），置换债券58.3亿元，综合平均发行利率4.16%，全年节约财务成本0.54亿元。另一方面，通过与各直属企业签订融资成本目标责任书，严控国企融资成本，国企实际融资综合成本率控制在4.16%～5.63%内。

4. 重管控

一是推进融资平台机构整合。强力推进融资平台公司改革转型，按因势利导、分类改革的原则，通过实施“强化公益建设能力1家、注销空壳2家、合并3家、取消融资功能3家、推动市场化转型4家”的五项举措，完成13家融资平台机构的清理整合，不再承担政府融资功能。二是加强考核指标管理。在国企考核上，把资产负债率、逾期债务率等纳入企业负责人经营业绩考核，以刚性指标促优化管理。三是加强融资平台公司资产管理。完成融资平台公司资产清查登记，强化了债务信息系统管理，实现了动态管理。

（四）污染防治攻坚战情况

坚持生态优先、绿色发展，全面推进生态文明建设，以改善环境质量为核心，以大气、水、土壤污染治理为重点，全方位、全过程开展生态环境保护建设，生态环境质量稳中向好。一是深入实施“碧水行动”。长江和嘉陵江重庆两江新区段水质均稳定达标。二是深入实施“蓝天行动”。严控机动车尾气、挥发性有机物和扬尘污染，强化餐饮油烟治理和露天焚烧管控。完成了黄标车淘汰任务。空气质量优良天数增加，PM2.5浓度下降12.5%。三是深入实施“绿地田园行动”。科学合理划定生态保护红线，启动土壤污染状况详查工作。加强工业企业危废和医疗废物规范化管理，土壤环境总体安全。四是深入实施“宁静行动”。加强工业噪声污染控制，强化社会生活、文化场所噪声治理，区域环境噪声、交通噪声均顺利达标。

图 2-6　重庆两江新区鸟瞰云计算中心

（五）2018年工作展望

2018年，重庆两江新区将统筹抓好稳增长、优结构、促改革、扩开放、惠民生、防风险各项工作，推动高质量发展，创造高品质生活，把党的十九大精神和习近平总书记的殷殷嘱托全面落实在两江大地上。

1. 以大数据智能化为引领，打造重庆数字经济产业园，建设国家数字经济示范区

规划建设41平方公里数字经济产业园，提升两江国际云计算中心功能，培育一批数字经济领军企业，力争引进百度自动驾驶、阿里云城市大脑等核心企业，高规格筹办中国（重庆）大数据智能化产业博览会，大力推动“智慧两江”“大数据+智能制造”建设，打造全国数字经济集聚区。

2. 以提高有效供给能力为着力点，坚持质量第一、效益优先，构建现代产业体系

优化发展汽车、电子信息、装备制造三大支柱制造业，转型发展现代金融、总部经济、物流产业三大优势服务业，加快发展大数据、大健康、大环保三大特色产业，创新发展人工智能、通用航空、机器人、3D打印、新材料、专业服务、文创旅游、保税贸易、软件设计及服务外包、会展经济十大战略性新兴产业。重点推动林肯高端乘用车、奥特斯三期等项目开工，促进AOS一期、联创电子等项目竣工，力争引进项目200个、投资1200亿元。

3. 以绿色智慧为底蕴，坚持高标准国际化，建设宜居宜业宜游的现代生态新城

推进公园绿地建设，实现“开门见绿八分钟可达”。优化重要区域、

节点及公共建筑设计，塑造国际化新区特色风貌。深入开展城市“靓化行动”，提升精细化管理水平。加快悦来海绵城市建设，推广绿色环保建设理念。按照全域4A级景区标准，开展全域旅游策划，串联两江国际影视城、龙兴古镇、欢乐谷等文旅资源，完善旅游产业体系。

4. 以供给侧结构性改革为主线，坚持正确改革方向，勇当改革排头兵

着力深化供给侧结构性改革、招商引资体制机制改革、开放型经济新体制改革、人才引进及服务体制改革以及行政审批、商事制度、事中事后监管等“放管服”改革，积极争取突破性、先行性制度创新，率先打造法治化、国际化、便利化的投资环境。重点完善招商引资体制，出台数字经济产业发展扶持政策，持续推动“放管服”、国资国企、投融资等重大改革事项。

5. 以建设内陆国际物流枢纽和口岸高地为主攻方向，深度融入国家战略，构建全方位开放新格局

统筹推动自贸区和中新示范项目核心区建设，重点推进中新智慧城市试点、互联网国际综合试验区等项目建设，推动各开放平台协同发展，实施果园港铁水联运国家示范工程，争取国家开放口岸和B型保税物流中心功能落地；将保税港打造成为加工贸易创新发展基地、服务贸易示范基地和内陆国际物流基地，努力建设“一带一路”国际产能合作示范区。

6. 以技术创新为核心，塑造依靠创新驱动、发挥先发优势的引领型发展，建设长江上游创新中心

大力实施创新主体引进培育、公共服务平台建设、创业孵化平台升级、创新创业政策扶持、知识产权保护、双创活动开展等创新驱动行动计划，重点引进集聚一批研发机构和阿里巴巴、百度知名孵化器，组建5个

产业技术创新联盟，构筑“一极两副多园”创新空间布局，集聚一批创新主体和孵化培育载体，完善创新创业生态体系。

7.以人民为中心，坚持在发展中保障和改善民生，建设幸福和谐的上善新区

大力实施民生实事，推动教育、医疗、社保、就业、平安等社会事业发展，新建公办幼儿园34所，建成中小学9所，加快第九人民医院两江分院、文化馆等重点项目建设，建成两江体艺中心，切实提升人民群众的幸福感、获得感。

四、浙江舟山群岛新区

图 2-7　浙江舟山群岛新区波音 737 完工和交付中心开工仪式

（一）2017 年发展成效

浙江舟山群岛新区坚持以习近平新时代中国特色社会主义思想为指导，激情创业、拼搏赶超，全力打好系列国家战略落地、招商引资、综合交通建设、“五水共治”、城乡环境综合整治五大会战，积极建设创新舟山、开放舟山、品质舟山、幸福舟山“四个舟山”，实现经济社会持续稳定健康发展。

2017年，地区生产总值达到1219亿元，增长8.8%；一般公共预算收入达到125.8亿元，城镇和渔农村常住居民人均可支配收入分别达到52516元和30791元。地区生产总值、规模以上工业增加值、固定资产投资等主要经济指标增速位居浙江省前列。

1. 重大战略加快落地实施

加快制度创新，复制落地前两批自贸试验区可复制改革试点经验119项，争取国家和省级部门先后出台支持浙江自贸区建设政策与举措291条，总结制度创新成果和创新案例21项。深化重大改革，建立商事登记“1+N”综合受理服务体系，建成自贸试验区综合服务大厅，开通“一口受理”综合窗口。大力发展油品全产业链，保税油供应管理体系建设取得重大突破，出台国际航行船舶保税油经营管理暂行办法和业务操作规范，向5家企业颁发保税油经营资质，推动省内五大港口跨港区供油试点合作，跨关区、跨港区保税油直供业务实现“质”的突破。突破前4位不同税号下的保税油品混兑业务，保税油供应量达到182.8万吨，增长71.8%。制定出台招商引资系列政策，成功举办首届世界油商大会，签约重大项目20个。新增企业4167家，注册资本2173.2亿元，保税油交易突破300万吨，天然气交易达到138.3万吨；混配矿量突破800万吨，成为长江以南地区最大的混配矿基地。加快国际油品储运基地建设，黄泽山一期储罐项目完工。舟山江海联运服务中心加快推进，累计投资突破500亿元，江海联运运量达到1.91亿吨。江海直达运输规范管理体系基本形成，填补国内空白。2万吨级江海直达首制船接水，宁波舟山港至武汉1.35万吨散货船和700TEU的集装箱船研发完成。国家交通运输公共信息平台江海联运信息中心成功获批。鼠浪湖40万吨矿石中转码头投入运行，铁矿石交易中心投入试运营。外供服务中心加快建设，供应货值4.65亿美元。

2. 产业转型升级精准发力

（1）工业发展稳步推进。百项“机器换人”计划进展顺利，实现“企业上云”1500余家，为企业减负22.8亿元，淘汰落后产能企业30家，整治低小散企业（作坊）170家，企业重组重整工作有序推进，“僵尸企业”处置工作扎实有效。船企“白名单”效应充分发挥，“8+6”船舶骨干企业造船完工量、新接订单、手持订单占全市总量90%以上，修船量占85%以上。海洋电子信息、新能源新材料等新兴产业加快发展，中船工业集团等一批央企和行业龙头企业注册落户；世界领先的林东大型海洋潮流能发电机组首套1兆瓦模块并网发电。

（2）现代服务业不断发展。实现港口货物吞吐量4.58亿吨，集装箱吞吐量突破100万标箱，海上运力608.4万载重吨。启动创建国家全域旅游示范区，成功举办2017国际海岛旅游大会，接待游客5507万人，实现旅游总收入807亿元，分别增长19.5%和21.9%。

（3）渔农业加快转型升级。国家绿色渔业实验基地获农业部批复，国家远洋渔业基地获国家科技兴海示范基地称号，“中国鱿鱼交易中心”挂牌运行。水产品总产量突破200万吨，远洋渔业产量超过60万吨。

3. 重大项目引建成效明显

全力推进“三重”项目、省市重点项目、综合交通“1128”工程等，全年固定资产投资增长15.0%。168个省市重点建设项目预计全年完成投资830.5亿元，新增60个项目开工56个。舟山绿色石化基地年产4000万吨炼化一体化项目通过环评和项目核准，一期项目全面开工。波音完工和交付中心项目正式开工，综保区空港分区通过国家验收，波音商飞（舟山）联合完工中心签约揭牌。中澳现代产业园澳牛进境加工项目开工建设，澳洲跨境商品直购体验中心一期建成营业。甬舟铁路快速推进。普陀山机场新国内航站楼基本建成。宁波舟山港主通道、本岛定沈快速通道、百里滨海大道、舟岱大桥等5座跨海大桥加快建设。大陆引水三期全面开工，500千伏联网输变电工程加快推进。开展招商引资大会战，维多、托克、阿美、嘉能可、壳牌等数十家国内外知名油企主动前来对接洽谈。实际利用市外资金636.6亿元，增长24.7%；浙商回归省外到位资金234.9亿元，增长15%；实际利用外资4.05亿美元，增长92.8%，其中外商独资3.2亿美元，增长近7倍。

4. 以“最多跑一次”撬动全面改革

深化“放管服”改革，97.77%的承诺事项实现“最多跑一次”，80%的常办事项实现“办事不出岛”。深入推进各口岸单位“信息互换、监管互认、执法互助”机制改革，深入推进国资国企改革，深入推进渔农村产权制度改革，完善海洋创新创业人才政策体系，新引进海外院士1名、国家“千人计划”专家5名，国家“百千万人才工程”实现零的突破，新引进“5313”领军人才（团队）26个。

5. 全力实施海上花园城市建设

新增地下空间74万平方米，建成综合管廊6.45公里，提标改造污水处理厂5座，新建污水管网62.1公里；建成城市公园、街头游园5个，新增绿色游步道140公里，完成道路绿化、河岸绿化等40万平方米。持续推进“三改一拆”，拆除违法建筑200.43万平方米，改造旧住宅区、旧厂房等432.08万平方米。完成城中村改造18个，拆迁住户10122户，改造完成C、D级城镇危房146幢和农村危房1084户。

6. 城乡居民获得感显著提升

坚持教育优先发展，率先在全省实现教育基本现代化。推行学前教育“服务区”制度，普惠化幼儿园覆盖面达到87.9%。重视卫生事业发展，“打造远程医疗协作网为海岛群众建设家门口的医院”获国办通报表扬。成为国家首批健康旅游示范基地。城镇新增就业1.65万人，城镇登记失业率控制在2.7%以内。社会保险精准扩面，异地就医实现全国联网结算。夺得“平安金鼎”，荣获全国综治最高奖“长安杯”。

（二）体制机制创新进展

2017年，浙江舟山群岛新区聚焦事关新区跨越发展的重点领域和关键环节，坚持问题导向、效果导向，大胆试、大胆闯、自主改。

1.中国（浙江）自由贸易试验区开局良好

（1）加快复制推广试点经验。全力推动以油品为核心的大宗商品投资便利化和贸易自由化，积极探索、先行先试，推进改革创新任务123项；复制推广前两批自贸试验区改革创新经验119项；拟向全国推广21项创新案例。

（2）保税燃料油供应实现创新突破。在全国首次承接保税油经营许可证核发，先后向5家企业颁发保税油经营资质；首创保税燃油供应业务操作规范；首创“跨关区”供油，实现与省内沿海港口跨关区、跨港区保税油直供；首次尝试不同税号调和业务，进一步缩小与新加坡的油价差。舟山保税油2017年供应量达到182.8万吨，增长71.8%，成为区域中心加油港，全年实现外轮供应货值4.65亿美元。

（3）营造高水平营商环境。建成自贸试验区综合服务大厅，开通“一口受理”综合窗口。试点国际贸易“单一窗口”国家标准版，加快推进通关一体化改革，先后创造了运输工具申报总量第一、舱单进境申报首票成功、船舶全流程申报首票成功等三项全国第一。

（4）聚焦完善保障体系。金融、监管等配套改革全面深化，加快探索以大宗商品交易为突破口推进人民币国际化进程。

（5）构建事中事后监管体系。制定《浙江自贸试验区事中事后监管体系建设实施意见》，重点建立保税燃料油供应、与负面清单相适应的外商投资项目等5个专项事中事后监管制度。

2. 舟山江海联运服务中心加快建设

2万吨级江海直达首制船建成接水；宁波舟山港至武汉1.35万吨散货船和700TEU的集装箱船研发完成。成功获批国家交通运输物流公共信息平台江海联运信息中心，初步建成江海联运大数据中心；上线运行港检“单一窗口”；先后与长江航运物流公共信息平台、马鞍山、宁波舟山港集团等实现港口码头、港航企业、货物信息等十大类数据互联互通。

3. 深化供给侧结构性改革

淘汰落后产能企业30家，整治低小散企业（作坊）170家，引导建筑业和房地产业健康发展，住宅库存消化周期缩短至7.3个月；积极防范化解“两链”风险，加大不良贷款处置力度，银行不良贷款实现余额、比例、排名“三下降”，不良贷款率2.63%，比年初下降0.06个百分点；出台企业减负相关政策，全年为企业减负22.8亿元。

4. 推进其他经济体制领域改革

（1）创新投融资方式。组建首期规模10亿元的新区基础设施产业投资壹号基金；采用PPP模式试点推进甬舟铁路等战略性项目落地。

（2）深入推进国资国企改革。完成机场集团重组，推进市财金投资控股有限公司组建，积极推进蓝焰燃气等股权改革、重组工作。

（3）深化国税、地税征管体制改革。实现国税、地税服务一个标准、征管一个流程、执法一把尺子。

（4）深入推进渔农村产权制度改革。全面开展农村土地承包经营权确权登记颁证工作；全市累计成立股份经济合作社506家，股改完成率达99.22%；建立县、乡两级渔农村产权交易平台，稳步推进股权质押贷款工作。

5. 加快“最多跑一次”改革

对省市重点项目实施“项目中心制”，实行用地审批、立项审批、项目报建同步进行、并联推进，实现企业投资项目全流程审批最快48个工作日完成。分类施策，推动审批重心下移。对市、县部门有派驻机构的“大岛”，做到审批事项应放尽放；对乡镇建制未设置派驻机构的“中岛”，公布“不出岛”办理事项189项，涵盖常办事项的80%以上；对未设立便民服务站的偏远“小岛”，梳理常办的“关键小事”89项，实行免费代办和上门服务。

6. 深化生态文明体制改革

推进网格化环境监管，建立日常环境监管企业库和执法检查人员名录库；深化环境监管一体化和环保公安联合执法工作机制，推进环保与检察院、法院的联络机构建设。坚持“一地一特色”，高质量谋划创建定海远洋渔业小镇等省级特色小镇，品牌化培育“南洞艺谷”等精品社区，打造一批生态示范岛。强化海洋蓝色屏障建设，颁布《舟山市国家级海洋特别保护区管理条例》，大力推进海岛生态保护和修复工作。

（三）防范和化解地方政府债务风险情况

进一步完善债务风险的预警机制，制定化债计划，防范债务风险。规范地方财政支出，2017年预计全市财政民生项目支出178亿元，占一般公共预算支出的比重约为68.8%。加快预算支出进度，减少资金沉淀。控制行政成本，严格控制“三公”经费等一般性支出。引导建筑业和房地产业健康发展，住宅库存消化周期缩短至7.3个月。

（四）污染防治攻坚战情况

推进“五水共治”长效机制建设，率先在全省剿灭全劣五类水体，426处全部完成销号。县级以上集中式饮用水水源地水质全部达标。打好气、水、土污染防治攻坚战，市区环境空气质量优良率为92.1%，PM2.5平均浓度为25微克/立方米。

图2-8 浙江舟山群岛新区沈家门渔港小镇

（五）2018年工作展望

2018年，浙江舟山群岛新区要全面贯彻党的十九大精神，不忘初心、牢记使命，聚焦重点、全力攻坚，全面开创新区建设新局面。

1. 聚焦开放水平抓重大战略

（1）高质量高标准推进自贸区建设。推进国际海事服务基地建设，力争保税燃料油供应有大的突破，做大外轮物资供应业务。推进国际油品储运基地建设，加快黄泽山、双子山等油品储运项目进度，进一步增加全市油品储存能力。推进国际油品交易中心建设，打造专业化大宗商品交易平台，推动首家非国营贸易进口经营企业资质及配额等政策落地。

（2）加快建设舟山江海联运服务中心。完善现有江海直达法规规范，继续推进江海直达系列船型研发，完成商品汽车滚装等概念船型。依托国家交通物流平台，完善江海联运信息互联标准规范，建立数据交换中心；加强与国家级智慧海洋大数据中心、武汉航运交易所等信息平台互联，推进与长江沿线更大范围江海联运信息互联共享。

（3）加速建设国际农产品贸易中心。加快澳牛进境加工项目建设，确保正式投产，积极争取金塘列入国际农产品进口贸易加工试点和物流配送创新示范区。拓展大宗商品交易所粮油、水产品等农产品上线品类。建设国际高端动物蛋白冷链物流配送基地，国际进口商品展示中心建成运营。加快国家远洋渔业基地建设，做强“中国鱿鱼交易中心”品牌，培育围网金枪鱼交易中心。建设进境粮油保税交易加工基地，力争实现国际粮油交易中心基本运行。发挥浙台经贸合作区作用，深化与我国台湾及东南亚国家和地区贸易合作，加快建设高端进口果蔬食品集散基地。

2. 聚焦效益质量抓创新发展

（1）创新项目推进机制。深入推进招商体制和招商模式创新，完善项目中心制，全面实施“市县长项目工程”，大力推进省市重点项目建设。创新要素保障机制，探索创新用海用岛机制和解决环境容量制约的有效机制。

（2）全力攻坚产业创新。大力发展四大千亿和若干百亿产业，构建现代化海洋经济体系。培育先进制造业集群。加快建设绿色石化基地，确保炼化一体化一期项目年底建成投产。加快完善舟山航空产业园“一园两区”规划，确保波音737完工和交付中心项目年底交付首架飞机。加快中澳现代产业园澳牛进境加工项目建设，确保正式投产。大力培育海洋新能源新材料产业，加快岱山清洁能源示范县、六横新能源示范镇建设，引导海上风电、电缆光缆、输电装备等科学发展。改造提升传统特色产业。推动船舶与海工装备业智能化生产改造与应用，加快绿色节能、高技术高附加值船舶和海洋工程装备研发制造。加快现代渔业发展，促进休闲渔业转型升级，建设国家绿色渔业实验基地，开展渔业产权化改革。加快发展现代服务业。成功创建国家全域旅游示范区，争创全国邮轮旅游发展实验区。

3. 聚焦市场活力抓重大改革

（1）深化供给侧结构性改革。开展“高耗能低效益行业”“低小散行业”专项整治，加快“僵尸企业”市场出清。实施“机器换人”“智能制造”项目100项以上。推进“三强一制造”工作，推动企业加强质量提升示范和品牌培育。促进建筑业和房地产业平稳发展，商品住宅价格、去化周期控制在合理范围内，加快建立多主体供应、多渠道保障、租购并举的住房制度。

（2）做实“最多跑一次”改革。突破数据壁垒，全力推进“1253”公共数据共享体系建设，构建公共数据中心，推动公共数据资源整合和共享开放。全面推进“受办分离”，推行就近申报、全城通办、“一证通办”。“办事不出岛”，基层便民服务中心全部实现“一窗受理”。初步实现企业投资项目审批由事前审批向事中事后监管转变。

（3）防范财政风险。完善有效监管的财政风险防范机制，加强地方政府债务管理。按照“负债有度、量入为出、收支平衡”原则，严格执行债务管理相关制度，坚决防范化解地方政府债务风险。

4. 聚焦环境优化抓品质提升

（1）提升城市品质。加快推进甬舟铁路及高速公路复线前期工作、宁波舟山港主通道、百里滨海大道等工程建设，实现富翅门大桥、鱼山大桥建成通车。打造国际空港，加快普陀山机场改扩建工程，完成国际航站楼一期建设。加快舟山至上海跨海大通道前期工作。办好“一带一路”国际海岛旅游发展舟山论坛等国际会议，打造海洋旅游、佛教文化和海洋文化的国际交流中心。做大国际海岛旅游博览会等国际会展，做精舟山国际马拉松、国际沙雕节、大帆船等国际赛事。

（2）打造最美丽生态环境。打好“五水共治”污染防治大会战，大力实施“品质河道·碧水行动”三年计划，固化“剿劣治水防反弹”长效机制，全面实施“河长制”，创建“污水零直排区”；实施污水处理厂提标改造，开工建设岛北30万吨污水处理中心。继续加大大气污染治理力度，深化工业废气、城市生活废气治理，空气质量继续保持全国领先，打响“舟山好空气”品牌。加强垃圾分类处理，推进垃圾焚烧发电项目三期建设，实现城市生活垃圾无害化处理率达到99%。

5. 体制机制创新

浙江舟山群岛新区将把握改革精神、改革部署、改革要求，围绕浙江自贸试验区建设等重点领域，深化新区体制机制创新。

（1）全力推进自贸试验区发展建设。继续复制推广第一、二批自贸试验区的改革试点经验，推进自贸试验区“证照分离”改革试点。加大在“最多跑一次”“负面清单”管理、投资项目便利化、贸易交易、金融制度、通关监管和事中事后监管等领域的改革创新。以制度创新为核心，以推动投资便利化和贸易自由化为主要任务，在风险可控的前提下，重点考虑实施资金进出、贸易往来、交易模式、通关便利、税收征管等领域与国际经济体高度融合的机制。进一步改善外商投资环境，简化外商投资企业设立程序。通过取消审批、审批改备案、实行告知承诺等制度改革，提高审批的透明度和可预期性。完成自贸试验区国际贸易“单一窗口”特色功能板块建设规划和主要功能布局。

（2）持续深化“最多跑一次”改革。抓标准统一，进一步优化业务流程，提高“最多跑一次”事项的覆盖率，力争全覆盖。抓“一窗受理”，推进“一窗受理”平台与业务系统对接和应用，实现多项民生服务联动办理。抓数据共享，推进“互联网+政务服务”应用，推行就近申报、全城通办，通过数据共享实现身份证“一证通办”。抓项目高效审批，做好浙江政务服务网投资项目在线审批监管平台2.0版推广使用。继续推进六横、金塘、衢山小城市培育试点建设，加快一批省市特色小镇建设。实施凤凰行动，抓好企业上市，大力支持有实力的企业开展并购重组。

五、兰州新区

图 2-9　兰州新区栖霞湖

（一）2017年发展成效

2017年，兰州新区围绕“建设特色鲜明、产业聚集、服务配套、环境优良的现代化新区”目标，抓改革、兴产业、求创新、扩开放、优环境，各项工作取得新突破、迈上新台阶。实现地区生产总值176.33亿元，增长15.6%。固定资产投资271.8亿元，下降44.7%；社会消费品零售总额32.68亿元，增长11.05%；地区性财政收入和一般公共预算收入分别为26.37亿元和13.16亿元，分别增长6.6%和10%。

1. 深入推进重点改革

先行先试，结合兰州新区实际，着力抓好“六项重点改革”。

创新行政管理体制。按照小政府、大部制、大服务原则，调整优化管理机构，将新区县级机构精减至30个，除教育、医疗单位外，不设立事业单位，管理职能并入行政部门，非管理职能单位企业化改制运营，构建了新区管委会—园区管委会—街道（镇）三级管理服务架构。

深化行政审批制度改革。开展企业投资项目备案“承诺制”和涉企行政事业性收费“零收费”试点，对所有地方性涉企行政事业性收费全部减免，大力推行项目审批全程“代办制”。

积极推进干部人事制度改革。全面推行全员聘用制、全员绩效考核、全员绩效工资，实行绩效考核结果与收入分配、职务升降、岗位调整、职称竞聘、评先选优、人员辞留“六挂钩”，充分发挥薪酬分配的激励导向作用。

创新招商扶商机制。制定并落实产业发展扶持奖励政策，凡在新区注册投资经营的新老企业，均给予全方位扶持奖励，全年累计兑现各类奖励资金10亿多元。

深化国资国企改革。将61家国有出资或参股企业优化整合为六大国有集团，做实做大做强国有企业，实现经营收入和利税倍数增长。

全面推进商事制度改革。深化“多证合一、一照一码”改革，建立完善“双告知一承诺”监管机制，开展“证照分离”改革试点，实现注册登记全程电子化。

2. 加快推动产业集聚

全年引进产业项目97个，总投资457.96亿元，累计建成投产项目107个，实现规模以上工业总产值294.3亿元。

培育壮大工业支柱产业。引进世界最薄的6微米铜箔、高档铝合金新材料、益海嘉里、中亚粮油进口加工等一批科技含量高、带动能力强的重大项目，珠海银隆新能源汽车、佛慈制药等一批重点项目加快建设。

加快发展现代服务业。引进中科曙光先进计算机中心、华为云计算、北科维拓“万支付”等项目，职教园区商业街、瑞玲国际、奥特莱斯等一批商贸项目和西部恐龙园、长城影视等一批文旅项目开业运营。

大力发展现代农业。出台乡村振兴《实施意见》，以全域美丽乡村建设、现代化农业发展为重点，以土地流转和企业化管理为抓手，林草业、林果业、畜牧业、设施农业得到长足发展。

3. 着力完善城市功能

进一步完善城市基础配套。新建成水、电、气、路、通信、排污、垃圾处理等一批基础设施工程。完成中川机场综合交通枢纽等一批重大项目，景中高速、朱中铁路、中卫高铁加快建设，机场三期、兰张铁路前期工作顺利推进。

健全公共服务体系。新建标准化中小学和幼儿园13所，建成兰州现代职业技术学院实训医院、新区社会福利院及8个社区服务中心（站），省人民医院新区分院等6所医院加快建设。完成职教园区一期建设任务，省统建“三校一区”和市属兰州现代职业学院等4所院校集中开学、入住师生3.7万人。

加快智慧城市建设。与华为合作打造智慧新区，城市4G无线网和光网宽带实现全覆盖，智慧交通建成投运，智慧城管、智慧医疗、智慧教育、智慧社区等应用模块加快建设。

4. 大力促进科技创新

加快创新平台建设。深化与上海张江、深圳、苏南自主创新区合作，积极推进以产业孵化大厦为龙头的创新创业平台，建成国家级孵化器1个、省市级孵化器6个。

加强科技创新服务。帮助西北之光等一批企业获得兰白试验区增信担保贷款3.4亿元。全社会研发投入占GDP比重达到2.53%。成功引进中国科学院近代物理研究所大科学装置、重离子应用技术及装备制造等5个重大科技项目，推动大成光热、兰石地质煤气化和12000米超深井钻机等项目规模化生产，科技成果转化率达到18.6%。

5. 不断扩大对外开放

完善开放平台功能。综合保税区进口肉类指定查验场、跨境电商监管中心和中川国际航空港进口冰鲜水产品、进口水果进境指定口岸建成并通过国家验收，兰州新区空铁海公多式联运工程被列为国家第二批多式联运示范工程，兰州—达卡国际货运包机成功首航。

加强国际产能合作。建立氧化铝分拨中心，依托中川北站铁路口岸开展有色金属大宗贸易。

促进文化交流。积极参与“兰洽会”等节会活动，成功举办丝绸之路（敦煌）国际文博会新区文化产业论坛等国际性活动。

6. 着力改善社会民生

坚持以人民为中心，全力解决好群众关心的热点难点问题，使建设发展成果更广泛、更可持续地惠及广大群众。累计投入资金1.92亿元推进精准扶贫、精准脱贫，贫困发生率从2.02%降至1.24%。全力做好民生保障，新增城镇化就业1万余人，城镇登记失业率控制在2%以内。推进城乡居民养老和医保一体化，城乡居民养老和医疗保险参保率分别达到97.33%和99.11%。深入开展文明城市创建，培育和践行社会主义核心价值观，开展主题系列活动，倡导文明风尚，打造了一批特色文化体育活动品牌。加强社会创新治理，严格落实安全生产责任制，深入排查化解矛盾纠纷，建立健全立体化、信息化的维稳体系，严厉打击各类违法犯罪行为，坚决杜绝重大社会治安案件、安全生产事故、群体性事件发生。

（二）体制机制创新进展

2017年，兰州新区按照《2017年国家级新区体制机制创新工作要点》要求，着力破解制约发展的体制机制弊端，大胆先行先试，重点推进行政审批、干部人事、国资国企等六大改革。

1. 创新行政管理体制

按照“小政府、大部制、大服务”的原则，结合新区没有行政区划的实际，调整优化管理机构，将省、市、新区三级管理的共39个县级机构精减为30个，将原有7个产业园区整合设立3个园区，机关部门内设科级机构由301个缩减为147个，构建了新区管委会—园区管委会—街道（镇）三级管理服务架构。按照“重心下移、力量下沉、锻炼干部”的原则，将管委会机关干部（不含公检法）压缩50.82%，全部充实到园区、社区一线，城市管理和基层服务职能不断得到强化。调整后，机关干部本科及以上学历人数占比达到81.8%，比过去提高23.4%。

2. 深化行政审批制度改革

开展企业投资项目备案“承诺制”和涉企行政事业性收费“零收费”试点工作，将环评、能评、施工图审查等8项技术审查类审批事项改为项目单位承诺事项，企业投资项目事前审批事项减少60%以上，审批时限从原来的137个工作日缩减至45个工作日内，建立“随叫随到”服务机制，为企业提供“一条龙”服务。减免所有地方性涉企行政事业性收费。

3. 积极推进干部人事制度改革

全面推行全员聘用制、全员绩效考核、全员绩效工资，将干部身份由公务员、事业编制、聘用制三种混岗变为参公聘用制一种，薪酬由公务员、事业、聘用三个标准调整为聘用绩效工资一种；实行绩效考核结果与收入分配、职务升降、岗位调整、职称竞聘、评先选优、人员辞留“六挂钩”。

4. 完善招商扶商奖商政策

在原《招商引资优惠政策》的基础上，重新制定出台《产业发展扶持及奖励政策》，对新区范围内建成投产企业和新招商项目，只要合法投资经营均给予全方位扶持。累计兑现各类奖励资金10亿多元。

5. 深化国资国企改革

将分散在各部门管理的61家国有独资、控股和参股公司优化整合为统一管理的市政管理、城市发展、金融投资等六大国有集团，推动新区国有企业实体化经营、集团化发展。2017年六大集团公司营业收入达到67亿元，较2016年增长4倍；实现利税5.5亿元，增长1.06倍。

6. 全面推进商事制度改革

深化“多证合一、一照一码”改革，将新区13个部门纳入全省“多证合一”改革体系，加强事中事后监管，建立完善“双告知一承诺”监管机制。全年新增各类市场主体3718户，增长28.8%。

7. 统筹推进其他领域改革

积极争取债转股、项目债置换，设立重点中小企业风险补偿金5000万元；开展增量配电业务试点，获批国家第一批105个增量配电网试点；实施阶段性降低社会保险费率政策，社保费率总体降低3.45个百分点；推进城乡教育均衡发展，实现高中阶段免费教育；加快医联体建设，深入推进养老服务业综合改革试点，获批西北唯一的国家康复辅助器具产业综合创新试点地区。

（三）防范和化解地方政府债务风险情况

健全债务管理体制，将政府债务举借、使用、偿还、风险防范、审计监督等各环节纳入制度管理，切实防范和化解财政金融风险，提高政府信用等级。强化政府债务监管，全面清理整治违规担保、明股实债等违规问题，规范政府举债融资行为。累计争取政府债券资金148.14亿元，支持公益性项目建设，减轻地方政府负担和短期偿债压力。实行债务风险预警管理，开展政府性债务统计，定期分析债务增加变动情况，建立到期债务偿还风险预警机制和新区偿债准备金，防范债务违约事件发生。2017年偿还政府性债务112亿元，累计减少政府性债务308亿元。

（四）污染防治攻坚战情况

强化源头防控，充分发挥《兰州新区总体规划（2011—2030年）环境影响报告书》的指导引领作用，在产业准入、空间布局、项目建设等重大决策前充分考虑生态环境承载力，严禁高污染、高耗能项目落户新区，着力发展装备制造、新材料、大数据等绿色产业，推进新区高质量发展；持续推进水污染防治，集中污水处理设施正常运行，企业污水经预处理达标后排入新区污水管网集中处理，建成区污水收集处理率达95%以上；高度重视水源地保护，新区饮用水源地水质达标率100%；全面加强大气污染防治，核心区严禁新建燃煤锅炉，加快推进集中供热工程建设，持续强化重点企业、施工扬尘及煤炭市场管理，2017年空气质量优良天数306天，达标率为84.8%；稳步推进土壤环境保护，固体废弃物实现规范管理，垃圾填埋场运行正常，工业固废渣场开工建设，无土壤环境污染事件的发生。同时，开展国土绿化行动，实施造林绿化、未利用地复耕复绿等一批项目，改造提升城区道路绿化，建成一批城市公园。

图 2-10　兰州新区职教园区

（五）2018年工作展望

2018年，兰州新区将以供给侧结构性改革为主线，以改革创新为动力，大力实施创新驱动、产业强区和乡村振兴战略，加快融入“一带一路”建设，统筹推进稳增长、促改革、调结构、惠民生、防风险各项工作，促进经济社会持续健康发展，加快建设特色鲜明、产业聚集、服务配套、环境优良的现代化新区。地区生产总值增长20%以上，固定资产投资增长20%以上，社会消费品零售总额增长15%，一般公共预算收入增长15%，城乡居民人均可支配收入增长10%。

1. 持续释放改革活力，争当改革创新排头兵

深入开展“营商环境建设年”活动，谋划推进一批重点改革事项。重点加强党对国有企业的领导，健全完善国有企业公司法人治理结构和经营管理体制，做强做优做大国有企业，充分发挥其在产业发展、城市经营等方面的支柱作用。统筹做好城市管理、财税金融、社会治理、农业农村、生态文明等基础性改革。针对新区没有独立的行政区划、行政管理效率低

等问题，积极通过上级支持调整新区行政托管范围、增加县级行政架构、人大立法等方式，使兰州新区享有行政身份识别权限和行政主体资格。

2. 加快推动高质量发展，构建现代经济新体系

加大招商引资力度，围绕精细化工、新材料、新能源等重点产业领域精准招商，全面落实产业扶持奖励政策。做大做强工业支柱产业，着力打造精细化工、合金新材料、进口粮食加工三个百亿级产业园，推动先进装备制造、生物医药、新能源汽车产业集聚发展，完成工业总产值420亿元。加快推动三产跨越发展，大力发展商贸物流、会展经济、宾馆餐饮等商贸服务业及文化旅游业，加快建设临空产业园。大力实施乡村振兴战略，重点实施一批以玫瑰小镇、湿地小镇为代表的田园综合体项目和“互联网+”智慧农业示范区项目，实现城乡融合发展。

3. 加快提升城市品位，打造产城融合新典范

加快中川国际机场三期、中兰客专、中朱铁路、新区城郊铁路等重大基础设施建设，进一步完善教育、医疗、商贸、交通、文化等公共服务设施，加快职教园区二期建设，促进人气商气快速聚集。

4. 坚持创新驱动，培育创新创业新高地

以特色优势产业和未来产业为导向，打造集技术、基金、人才、平台、科创园于一体的创新发展综合体。推动省属科研机构和实验检测中心向兰州新区搬迁或建立分支机构，加快中国科学院大科学装置科技创新创业园、重离子应用技术及装备制造产业基地、中科曙光甘肃先进计算中心等项目建设。积极推动纳富迪斯微纳碳产业园、未来新影等科技型企业快速实现产业化，扩大低质煤气化、汽车用铝合金薄板等项目的市场化运用。2018年全社会研发投入占GDP的比重达到2.7%，科技成果转化率达到20%以上。

5. 抢抓战略机遇，构建对外开放新格局

建设对外开放大平台，推动综保区—航空口岸—铁路口岸“区港联动”一体化融合发展，申报进口粮食、药品等特殊指定口岸，加快中亚粮油储运加工产业园项目建设，打造西部有色金属及原料、进口粮油肉类加工销售分拨中心。推进“铁公机、江海息”六位一体融合发展，加快兰州新区空铁海公多式联运项目建设，参与中新南向通道建设。深化国际产能合作，积极承接加工贸易转移，着力吸引高新技术、高附加值加工制造企业向新区转移，补齐补强新区产业链，打造国家重要的产业合作基地和进出口资源集散基地。

6. 采取有效措施，进一步规范政府举债行为

从严管理，进一步完善“借用还”相统一的政府性债务管理机制，加大财政约束力度，严格控制债务增量。进一步规范融资平台举债行为和经营行为，做好融资平台公司分类规范工作，坚决制止平台公司违规担保融资行为。建立监测预警机制，动态监测融资平台公司债务和PPP项目、政府投资基金、政府购买服务等行为。

7. 持续推进绿色发展，打造生态文明示范区

开展国土绿化行动，统筹实施育林、育草、育花等生态工程，积极打造生态修复示范区。提升城市绿化品位，推进城市绿化分级管护，实施城市绿化提升和城市空闲地复绿工程，全面开展道路、公园、小区绿化美化，打造层次分明、错落有致、合理搭配的城市风貌。促进生态与产业融合发展，大力发展林果经济、林下经济，推动现代农牧业和旅游业发展，实现生态效益、经济效益和社会效益相统一。加强环境污染防治，深入实施大气、水、土壤污染防治行动计划，坚决打赢蓝天保卫战，空气环境优良天数达到300天以上。严格落实“河长制”“湖长制”，加

强水源地环境安全隐患排查整治。积极开展全域无垃圾创建工作，推行垃圾强制分类，建立农村污水处理及垃圾收集系统，科学抓好垃圾收集清运和后续利用，实现城乡生活垃圾全收集、全处理，垃圾无害化处理率达到95%。

8. 增进民生福祉，建设幸福美好新家园

抓实抓好精准扶贫、精准脱贫。统筹推进教育、文化、体育、医疗等各项社会事业全面发展，率先实现基本公共服务城乡均等化。健全就业和社会保障体系，新增城镇化就业1万人，城镇登记失业率控制在2%以内，城乡养老、医疗保险参保率达到98%以上。

9. 体制机制创新思考

2018年，兰州新区将在深入推进行政审批、干部人事、国资国企等六大改革的基础上，加快建立一套适合新区发展的新机制、新模式，大力降低实体经济运营成本，努力打造管理效率最高、服务水平最优、运营成本最低的现代化新区。

（1）深化行政审批制度改革。加大对“承诺制”的宣传推广和培训力度，进一步简化审批流程，实行全程信息服务和网上在线服务，切实提升行政效能，加快促进项目落地建设。完善信用评级、信息公示抽查等措施，探索实施标准化监管清单，加强事中事后监管。

（2）提升服务质量水平。大力推行项目审批全程“代办制”，为企业提供“一条龙”服务，实现“一口受理”“并联审批”。加大金融服务力度，协调金融企业创新产品，建立健全风险评估、授信担保信息共享机制，有效解决企业融资难、融资贵问题。健全激励机制，将服务质量与干部个人绩效工资挂钩。

（3）着力降低企业运营成本。开展水务体制改革，争取启动全省增量负荷供用电体制改革试点，加快建设兰州新区空铁海公多式联运示范工

程，切实帮助企业降低生产要素成本。深化涉企行政事业性收费“零收费”试点，积极探索通过浮动费率、财政奖补等措施降低社保缴费，持续为企业减负。

六、广州南沙新区

图 2-11 广州南沙新区全景图

（一）2017年发展成效

1. 经济保持良好发展势头

2017年，广州南沙新区实现地区生产总值同比增长10.5%；规模以上工业产值同比增长7.6%，固定资产投资同比增长24.2%，一般公共预算收入可比增长14.5%，商品销售总额同比增长12.5%，进出口总额同比增长15.2%，实际利用外资同比增长66.8%。引进海尔、中国人寿、中国石油、中铁建、京东等世界500强企业投资项目33个，落户总部型企业累计达103家，新设企业22736家（自贸区挂牌以来共43961家），增长60%，新增注册资本5500亿元，增长246%。

2. 交通基础设施建设取得新进展

着力推进总投资2505亿元的91个重大交通基础设施项目建设。地铁4号线南延段已通车运营，新（在）建轨道交通3条（段）约76.4公里，南沙港铁路、地铁18号线已开工建设。高快速公路新（在）建4条约52公里，黄榄干线已完工通车，虎门二桥大沙水道钢箱梁合龙，广中江高速等项目进展顺利，深中通道主体隧道工程已开工。新增通车市政道路超50公里，凤凰一二三桥、万新大道（出口加工区段）建成通车，开通南沙至白云机场快线，优化增开24条公交线路。

3. 营商环境进一步优化

形成101项创新成果（累计310项），“企业专属网页”政务服务新模式入选商务部第二批四大“最佳实践案例”。国际贸易“单一窗口”“互联网+易通关”、全球质量溯源体系等标志性改革得到市场高度认可，实现企业注册1天内完成办理营业执照、3天内完成银行基本户开户和刻章备案。创新政务服务“一窗受理”模式，成立行政审批局和综合行政执法局，开展相对集中行政许可权试点，初步形成“一个窗口管受理、一颗公章管审批、一支队伍管执法”政务管理服务体系；自贸区法院率先在全国推出移动终端商事多元调解服务，成立自贸区检察院、广州海事法院广东自贸区巡回法庭，设立全国首个自贸区劳动人事争议仲裁委（仲裁院）和公证处。成立南方国际产能和技术合作中心、中国贸促会南沙服务中心，与爱尔兰香农自由区、东莞滨海湾新区、川南自贸片区等建立战略合作关系。承办2017广州《财富》全球论坛自贸区分论坛、国际金融论坛等高端会议，举办广州人工智能圆桌会议、世界环境科学家大会等重大活动。

4. 国际航运枢纽能级持续提升

南沙港区实现货物吞吐量3.35亿吨，集装箱吞吐量1406万标箱，分别增长了10.1%和10.5%，成为南中国最大的单体港区；新增国际班轮航线12条（共85条）、内贸航线4条（共32条），现有“穿梭巴士”支线60条和无水港33个，集疏运体系更加完善；邮轮出入境旅客超40万人次。设立“广东南沙”船籍港，成立自贸区国际船舶登记中心，落户全国首家省级航运专业人才市场，成立海上丝绸之路国际海员中心和国际海员外派基地，完成粤港澳游艇“自由行”首航。跨境电商保税进口71.7亿元，占全国1/6，占全市85.2%。南沙汽车口岸成为全国平行进口汽车第二大口岸，市场采购货值128亿美元，保税港区进出区货值预计达770亿美元，工程塑料年进出口货量超200万吨。

5. 创新资源要素加快集聚

新增高新技术企业205家（总数365家）。庆盛人工智能产业展示中心动工建设，落户广州国际人工智能产业研究院、广州智能软件产业研究院、科大讯飞华南人工智能研究院、云从人工智能视觉图像创新发展中心等平台，迅速集聚亚信、微软云、小马智行、中电数据等龙头企业平台项目30余个。引进牛津（广州）创新发展中心。广汽丰田第三生产线建成。集聚金融类金融机构3300家，持牌法人金融机构占全市1/5，融资租赁合同余额超1700亿元，各类创业投资、股权投资、私募基金机构超780家、注册资本超2400亿元。落户了总规模1500亿元的国新央企投资运营基金，以及首期规模5000亿元的省基础设施投资基金等广东省全部四大政府型基金。设立能源金融示范园区，引进总投资300亿元的粤海集团珠三角水资源配置工程项目总部。举办人才工作大会暨粤港澳大湾区人才发展战略峰会，与一批国内顶尖名校建立战略合作关系，集聚诺贝尔奖获奖者1名，院士10名，国家“千人计划”专家20名，区重点发展领域急需人才2300余名。

6. 城市建设展现新貌

启动新一轮城市总体规划编制。引入美国SOM建筑设计事务所等国际国内一流设计团队，高标准完善新区和自贸区规划体系，开展明珠湾起步区、南沙湾、南部绿色生态旅游区等规划优化提升。灵山岛尖一级土地开发基本形成主体架构，启动横沥岛尖整体开发项目前期工作，明珠湾起步区形成260万平方米在建产业项目规模；蕉门河双桥、凤凰湖城市公园等一批项目投入使用；以“EPC+PPP”模式创新推动万顷沙、大岗2个综合开发项目动工建设。引进广外附属南沙外国语学校、广州二中（南沙）实验学校、广大附中（南沙）实验学校等一批名校项目和中山大学附属第一（南沙）医院、省中医院南沙分院等一批优质医疗项目，广州修仕倍励国际实验学校和市妇女儿童医疗中心南沙院区开工建设。

7. 城市环境不断优化

全年空气质量优良天数309天，达标天数比例为84.1%，PM2.5浓度31微克/立方米。已建成100公里自贸区生态景观廊道，建成区绿化覆盖率达43.18%，全年拆除违法建设面积71.7万平方米，教育制止“六乱”行为11.4万宗。工程质量安全和文明施工有序可控，安全生产形势保持稳定。

8. 民生福祉不断改善

十件民生实事全部兑现，民生和社会事业支出占一般公共预算支出86.4%。建成“广州市美丽乡村”18个。新增城镇就业1.4万人，城乡居民养老保险、医疗保险参保任务完成率100%。新增中小学（幼儿园）学位2025个，建成市民广场、星海公园等5个文化广场示范点，加快南沙图书馆新馆建设，开展妈祖文化旅游节、国际邮轮旅游文化节、国际帆船节等系列活动。推进公共交通智能化建设，优化增加公交线路和运力，实现全区村（居）民议事厅全覆盖。

（二）体制机制创新进展

2017年，广州南沙新区以自贸区建设引领国家新区开发开放，着力推进深化粤港澳深度合作、建设粤港澳专业服务集聚区、完善智慧通关、建设科技成果产业化平台和人才示范区等重点工作，推动国家新区自贸区建设取得显著成效。

1. 以负面清单管理为核心的投资管理制度进一步完善

实施自贸区2017年版外商投资负面清单。创新升级企业设立登记“一口受理”，实现“二十证六章”联办。推出了商事登记全流程电子化、跨境跨省登记等先行先试措施，实现企业注册1天内完成办理营业执照、3天内完成银行基本户开户和刻章备案。国税部门在全国率先试行“出口退税无纸化”，地税部门全国首创“自主有税申报”。获批省级投融资体制改革试点，创新企业投资类建设工程项目审批服务模式。

2. 以“智慧口岸”为重点的贸易便利化改革形成示范

国际贸易“单一窗口”建成18个功能模块、覆盖21个部门业务，其中货物申报上线率达99%，国际航行船舶和海运舱单申报上线率达100%；利用“单一窗口”联合登临检查业务模块，实现查验单位“信息互换、监管互认、执法互助”。建立“线上海关”，试行“提前申报、货到验放”通关模式。打造检验检疫“智检口岸”，实施以“进口直通”“出口直放”为核心的检验检疫通检一体化；推进全球质量溯源体系建设。推行“智慧海事”，利用“船舶载运危险货物比对系统”，提升集装箱审单效率；打造“CII易检”服务平台，对船舶出入境及在港期间实施全流程信息监管，实现船舶到港查验“零等候”。实行政府购买查验服务，累计免除守法企业查验服务费超1.5亿元。

3. 以服务实体经济为根本的开放创新金融不断深化

开放创新金融，不断开展贸易融资项下跨境资产转让、跨境人民币直贷等多项跨境金融创新试点，发行南沙自贸区内首例熊猫债，积极探索依托NRA账户体系开展跨境业务创新。通过SPV方式累计引入并交付使用52架飞机（合同金额36亿美元）。已集聚融资租赁企业1080家，累计业务合同余额超2640亿元，企业数量和业务规模占全市85%。开展了全国首单美元结算的跨境船舶租赁资产交易，实现广东自贸区首单离岸租赁创新业务。国际金融论坛（IFF）永久会址落户南沙。设立能源金融示范园区。依托广东省地方金融风险监测防控平台，建设区域金融安全网，打造地方金融风险防控“南沙模式”。自贸区挂牌以来累计落户4778家金融和类金融机构，比挂牌前增长39倍，其中持牌金融法人机构11家，占全市总数1/5。落户国新央企投资运营基金、广东珠三角优化发展基金、广东省铁路发展基金、国华军民融合产业发展基金、广东省基础设施投资基金、广东省产业发展基金等重点项目，首期规模5000亿元省基础设施投资基金初步确定落户南沙，共集聚私募股权基金1137家，注册资本超过3290亿元。

4. 以粤港澳合作为特色的对外开放水平不断提升

启动粤港深度合作区起步区建设，创新“粤港跨境货栈”并在全省复制推广，开通粤澳跨境电商直通车，创新CEPA食品检验监管模式，完成粤港澳游艇“自由行”首航，开启商事服务“香港通”，建成“创汇谷”粤港澳青年文创社区，促进粤港澳货物、资金、人才等要素便捷流动。与“一带一路”沿线国家和地区联系更加紧密。国际产能和技术合作中心及“一带一路”研究院落户南沙。丝路产业与金融国际联盟总部初步确定落户南沙。“世界环境科学家大会”在南沙成功举行，“一带一路”绿色创新中心落户南沙，与联合国环境署就落户“世界环境论坛”永久会址达成合作意向。推动建立沿线城市港口联盟，建立与世界自贸区组织、迪拜机场自贸区、爱尔兰香农自贸区等机构和地区直接联系。

5. 以深化“放管服”改革为导向的政府职能转变加快推进

推进法定机构试点，加快设立明珠湾管理局、产业园管理局。成立自贸区行政审批局、综合行政执法局，积极推进行政审批机制创新、流程再造及优化审批方式，将143项审批事项纳入相对集中行政许可权改革试点，加快建设“一个窗口管受理、一颗公章管审批、一支队伍管执法”的“三个一”管理服务体系。推广“互联网+政务服务”等创新举措，实现“互联网+可信身份认证”警务服务覆盖，签发全国首张身份证“网证”，政务服务便利化水平显著提升。

6. 以构建“双自”联动为抓手的创新驱动效应不断放大

华南技术转移中心启动建设。成功举办百万奖金创业大赛，吸引境内外近千支创业团队参赛。引进牛津（广州）创新发展中心。发起设立总规模300亿元的南沙母基金，助力人工智能、新一代信息技术等战略性新兴产业发展。科技创新企业迅速成长，新增高新技术企业205家，总数连续两年翻番；抢抓人工智能产业发展机遇，庆盛人工智能产业展示中心动工建设，落户了广州国际人工智能产业研究院、广州智能软件产业研究院、科大讯飞华南人工智能研究院、云从人工智能视觉图像创新发展中心等平台，迅速集聚亚信、微软云、小马智行、中电数据等龙头企业平台项目30余个。举办人才工作大会暨粤港澳大湾区人才发展战略峰会，与一批国内顶尖名校建立战略合作关系，集聚诺贝尔奖获奖者1名，院士10名，国家“千人计划”专家20名，区重点发展领域急需人才2300余名。

7. 以国际化、便利化为特色的法律服务体系逐步完善

自贸区法院工作成效显著，建立特邀调解制度，创新涉港澳案件便利

化审判机制，全国率先推出移动终端商事多元调解服务、建立虚假诉讼失信人制度，在全省率先探索建立集群地址注册企业实际经营地址信息共享机制。自贸区检察院挂牌成立，设立广州海事法院自贸区巡回法庭，组建国际航运、金融、知识产权等专业仲裁机构，在南沙国际仲裁中心同步运行粤港澳三大庭审模式，成立全国首个自贸区劳动人事争议仲裁委员会和仲裁院，扩大粤港澳律师事务所合伙联营试点，构建多元化国际商事纠纷解决机制。

（三）防范和化解地方政府债务风险情况

制定《南沙区政府性债务化解工作实施方案（2017—2021年）》，在全区范围内开展地方政府及其部门违法违规融资担保行为和以政府购买服务名义违法违规融资清理排查工作，进一步规范举债融资行为。2017年初，政府性债务余额为175亿元，全年共归还政府性债务21.73亿元（其中置换债券归还21.66亿元，财政资金归还0.07亿元）。争取债券资金31.66亿元（其中置换债券21.66亿元，新增建设债券10亿元）。截至2017年底，政府性债务中的银行借款已经全部置换为地方政府债券，融资成本得到有效降低，政府性债务余额为184.93亿元。

（四）污染防治攻坚战情况

1. 持续加大水环境综合治理力度

全面落实“河长制”，建立区、镇（街）、村（居）三级河长组织体系和长效巡河保洁机制。进一步规范优化饮用水水源保护区的划定，全面整改水源保护区内交通穿越干线、农业污染源、生活面源、工业污染源等环境问题。大力清拆河涌两岸违法建设，强力打击侵占河湖水域、违法设障等违法行为。加快推进治水工程建设，完成约70公里污水管网铺设和87宗内河涌整治工程，开工建设灵山污水厂。

2. 不断加强大气污染综合防治

扎实开展VOCs整治，完成省级重点监管企业VOCs末端治理整治任务和辖区全部加油站、储油库的油气回收评估整改、验收，全面完善辖区VOCs排放数据库。深入推进高污染燃料整治，按时完成锅炉淘汰，推进清洁能源改造，整体关停广州市梅山热电厂有限公司（该热电厂属于小火电机组，设备老旧，难以改造使用清洁能源，于2017年关停）。全面开展道路扬尘、建筑工地扬尘等扬尘污染控制。加快推动黄标车淘汰。南沙区2017年全年空气质量优良天数比例达84.1%。

3. 持续推进土壤污染防治和固体废物污染防治

加强土壤污染防治，完成典型工业企业污染场地排查和农用地土壤污染详查点位的核实工作，控制农业面源污染。强化固体废物污染防治，对全区范围内的危险废物企业进行多维度监管执法，推进危险废物规范化管理。

图 2-12　广州南沙新区科大讯飞实验室落户仪式

（五）2018年工作展望

2018年，要以习近平新时代中国特色社会主义思想为指导，深化国家新区自贸区改革开放创新，着力建设区域综合交通枢纽，加快构建创新型产业体系，加快提升国际航运、贸易、金融等服务功能，持续改善民生福祉，优化市场化、国际化、法治化营商环境，建设更干净、更整洁、更平安、更有序的城市环境，加快建设承载门户枢纽功能的广州城市副中心，着力打造落实新发展理念的引领区和示范区。

1. 深入推进改革开放创新

争取自贸区更大的改革自主权，更高起点推进自贸区制度创新，聚焦重点领域关键环节全面深化改革，深入落实《中国（广东）自贸试验区深化改革开放方案》，抓紧制定出台《进一步深化中国（广东）自由贸易试验区广州南沙新区片区改革开放任务清单》，推出更多在全国叫得响、立得住、让人民群众有更多获得感的改革创新成果。健全政府性债务风险管控机制，制定《广州市南沙区政府性债务风险应急预案》，成立政府性债务管理领导小组。

2. 加快建设区域综合交通枢纽和信息枢纽

围绕构建粤港澳大湾区“半小时交通圈”，加快轨道、高快速路、市政路网建设，强化与市中心及珠江口东西两岸的交通联系，高起点建设现代化信息基础设施，打造面向国际的交通、信息新枢纽。

3. 加快建设国际航运中心

依托港口核心资源优势，强化港航基础设施建设的支撑作用，大力培育和集聚市场主体，积极推进对周边港口资源的整合，加强与国内外港口城市的合作，完善现代航运服务体系，加快建设功能复合的国际航运中心，打造世界级枢纽港区。

4. 加快构建创新型产业体系

牢牢把握供给侧结构性改革主线，推动先进制造业与现代服务业融合发展，面向全球集聚资源要素，大力发展航运物流、高端制造、金融商务、科技创新、旅游健康五大主导产业，集聚发展IAB、NEM等新产业新业态，实施质量标准品牌战略，不断提高经济发展质量。

5. 加快打造高水平国际化滨海新城

对标雄安新区，高标准推进城市规划建设管理。加快生态水城建设，推进灵山岛竹湖公园工程建设、黄阁西涌整治等重点工程，提升城市形象；深入实施“蓝天、碧水、宁静”等环保行动，全面推进“河长制”各项工作，继续推进锅炉淘汰、挥发性有机物污染、扬尘污染等治理，扎实开展节能减排，确保实现能耗总量、万元生产总值综合能耗降低率下降目标，促进“绿色自贸区”建设。

6. 体制机制改革

以行政体制改革为重点，加快政府职能转变，深入推进“证照分离”改革，抓紧形成第二版南沙“证照分离”改革目录，推动实施“一照一码”走天下改革，打通数据壁垒，全面实现各部门业务互联互通，数据共享共用。深化相对集中许可权改革试点，加快组织实施首批拟纳入改革试点的143项行政许可和服务事项。探索全面实施行政审批与技术审批相分离，推行全程电子化、电子签名认证。推行“即刻办+零跑动”服务模式，进一步扩大全流程网上办理范围，进一步优化建设工程项目审批改革，力争实现建设工程项目审批时效全国最短。推进自贸试验区综合执法体制改革，实现“一支队伍管执法、一张清单明责任、一个平台办案卷、一套机制管保障”的综合执法运作模式。

以风险防控为抓手，完善市场监管和企业信用信息平台，制定实施事中事后监管体系方案，初步构建起“信用依托、企业自律、业界自治、社会监督、政府监管”的多元共治事中事后监管体系，依托广东省地方金融风险监测防控平台，建设区域金融安全网，打造地方金融风险防控“南沙模式”。

对标国际高标准贸易规则，进一步拓展国际贸易“单一窗口”功能，探索推进广州国际贸易单一窗口与粤港澳大湾区、“一带一路”沿线国家“单一窗口”的信息互换和服务共享。建设南沙全球质量溯源中心，打造现代化、智能化的集溯源展示、业务运作、公共培训、国际交流于一体的综合性多功能实体中心。推动粤港澳大湾区全球优品国际分拨中心、众德汽车保税维修项目和艺术品保税展示业务等项目落地。依托中国贸促会南沙服务中心，打造集投融资、国际贸易、国际招投标、法律服务等于一体的投资贸易综合服务平台。

以构建国际化创新金融服务体系为导向，深入推动金融领域开放创新，加快建成有南沙特色的“一带一路”金融服务枢纽。积极推进供应链金融创新，重点推进商业保险业务，积极拓展离岸租赁、跨境租赁。拓宽融资租赁企业融资渠道，扩大直接融资规模；鼓励融资租赁公司开展资产证券化。与国际金融论坛（IFF）合作建设国际金融岛。联合中国风险投资研究院在南沙自贸区打造国际风险投资中心。加快推进银行业务创新，推动针对科创企业的投贷联动融资新模式，助力中小企业发展。

扩大对港澳服务业开放，推进粤港深度合作区建设，加快土地平整，通过起步区带动合作区整体开发建设，推动一批重点项目落地，促进内地经济社会管理与港澳规则对接，吸引一流的现代服务业企业在南沙集聚。鼓励港澳企业参与自贸区金融创新，建立粤港澳金融合作新机制。全面建设粤港澳人才合作示范区，推进自贸试验区人才发展政策创新，构建吸引港澳高端人才和青年创新创业的空间载体。

构建“双自联动”机制，落实广东省“双自联动”工作方案，全面推动形成科技创新政策体系，推动自贸试验区与国家自主创新示范区政策互动和优势叠加。深化科技成果转化机制改革创新。支持广州超算中心南沙分中心等重点平台发展，加快推进广州南沙国际人工智能产业高级研究院、国家物联网标识公共管理平台等一批重大项目建设。推进司法体制改革，加强自贸试验区法院建设，充分发挥线上商事多元调解平台作用，加强与港澳法律服务机构对接。发挥南沙国际仲裁中心作用，完善仲裁、调解、司法鉴定等与国际接轨的营商规则法律服务体系。发挥南沙公证处作用，开展非营利性社会组织试点，探索公证机构建设发展新模式。

七、陕西西咸新区

图 2-13　陕西西咸新区西部云谷鸟瞰图

（一）2017 年发展成效

2017 年，陕西西咸新区认真贯彻落实党的十九大精神，围绕创新城市发展方式、建设大西安新中心目标，以构建现代产业体系为核心，以创新体制机制为动力，统筹推进稳增长、调结构、促改革、惠民生各项工作，经济社会发展迈出坚实步伐，在创新体制机制、构建现代产业、深化改革开放等方面取得了突破性进展。

1. 主要经济指标超额完成，保持良好发展态势

2017 年，新区完成地区生产总值 293 亿元；完成固定资产投资 2094 亿

元、增长15.3%；完成一般公共预算收入35亿元、增长40.6%；引进内资427.6亿元、增长44.1%，实际利用外资2.24亿美元、增长113.3%；新增各类市场主体17283户、增长52.3%。

2.全面代管托管，大力推进体制机制创新

按照正面清单代管、负面清单托管的原则，平稳完成西安、咸阳两市17个街镇的托管移交，共托管22个镇街，辖区户籍人口97.8万人。主动融入大西安。按照新区指导、新城管理的模式，建立了“新区、新城、街镇”三级组织体系。设立18个内设部门、19家下属管理服务机构和规划建设、生态保护、社会治理等6个综合性委员会，构建起了大部制、扁平化的管理架构。厘清权责边界，梳理新区各类行政职权4083项，将其中的94%下放新城行使。

3.狠抓项目建设，加快构建现代产业体系

编制了《西咸新区追赶超越行动计划（2018—2020）》《西咸新区落实“五新”战略加快补齐发展短板工作方案》等，重点打造先进制造、电子信息、航空服务、科技研发、文化旅游和总部经济为主导的6个千亿级产业集群。全年引进10亿元以上项目72个。绿地丝路国际中心、华侨城旅游综合体、宝能系列合作等一批投资体量大、带动作用强的大项目先后落户，全年安排实施重点项目663个，投资完成年度计划的154%，中国西电智慧产业园、海航现代物流基地、西北工业大学无人机产业基地暨翱翔小镇等一批重大项目先后开工建设。制定出台《扶持民营经济加快发展的政策意见》《总部经济优惠政策》，编制完成《西咸新区与社会资本合作（PPP）三年行动计划（2017—2019年）》。

4.坚持高点定位，城市品质持续提升

以世界眼光、国际思维，系统推进城市规划、建设和管理，完成新区

总体规划修编，建立规划动态管理信息系统，推进控制性详细规划和城市设计“全覆盖”，控规覆盖面达到建设用地面积的90.4%，完成新轴线城市设计和地下三层空间综合开发设计方案编制，新中心中央商务区建设全面启动，能源金融商贸区已开工104万平方米，沣东新城片区在建面积超过100万平方米，大西安地标建筑——501米超高层绿地丝路国际中心正式开工、进展顺利。全年开工实施499个城建项目，新开工市政道路71条、地下综合管廊34.59公里、海绵城市项目34个，地下管网普查完成947公里，地铁1号线二期、5号线二期进展顺利，新增公交线路7条。新增分配公租房5381套，新开工棚改房8037套。全国首个诗经主题特色小镇“沣滨水镇·诗经里”建成开园。

5.深化改革创新，切实激发发展活力

把“放管服”改革作为改革创新的“先手棋”，系统推进行政审批、市场监管、综合执法等关键领域改革。设立行政审批与政务服务局，开展相对集中行政许可权改革试点，推行“一枚公章管审批”“一套流程管项目”。依托工商局，整合食药监、物价、商务等10余项职能，组建市场服务与监督管理局，构建“一个部门管市场”“一张网络管信用”的“大监管”机制。推进行政效能革命，向社会公布实施1009项“最多跑一次”事项。全力构建3个工作日办结营业执照、4个工作日办结营业许可、50个工作日办结工程建设项目审批的“3450”综合行政审批效能体系。加快推进自贸区建设。承接省级部门下放和委托行政许可权限194项，建成“企业走出去一站式综合服务平台”，成功运行全国版国际贸易“单一窗口”，设立“海外人才一站式服务平台”，实现了企业“走出去”注册、招聘、融资、税务等专业化、一条龙服务。全年新区自贸区内共注册企业1333户，注册资本金918.6亿元。设立了新区首家院士专家工作站，成立了全省检验检测技术创新联盟和创新驱动共同体联盟，举办2017全球硬科技创新大会暨“创响中国”（西咸）等“双创”活动百余场，西部云谷协同创

新港等10个“双创”载体获批为全省“双创”平台。

6.加强民生保障，扎实提升人民福祉

精准开展数据清洗，核实确定贫困户1454户、3540人，涉及21个镇街311个村。针对核定的贫困户，按照“两不愁三保障”要求，逐户逐人落实精准帮扶措施，完成21个“三变”改革试点村改革任务，580名贫困劳动力实现就业创业，为249户贫困户发放小额贷款1231.5万元。完成就业创业培训3119人次。沣西实验学校、枫叶国际学校、渭柳小学等12所中小学、幼儿园竣工投用，新增学位1.2万个。全年举办群众性精神文明活动16次、惠民演出100余场。坚持关口前移，加强研判分析，建立问题台账，逐一化解销号，严控信访增量，消减积案存量，进京非访、到省集访完成降控任务。全年未发生一例重特大安全事故。

（二）体制机制创新进展

陕西西咸新区抢抓全面代管托管机遇，紧紧围绕年初确定的改革工作要点，坚持问题导向，紧扣重点领域和关键环节，扎实推进各领域改革事项落地生根。

1.深化“放管服”改革，行政效能不断提升

深入推进“四张清单一张网”。全面推行权责清单制度，共梳理出新区层面各类行政职权4083项，将其中3844项行政职权交由各新城行使，下放比例达94%。完成企业投资负面清单梳理工作，涉及16大类，600余项事项。取消107项行政事业收费。制定《西咸新区各级政府机构基础设施标准化建设指导意见》，全面实施首问负责制、预约办理制、一次性告知制等11项行政服务制度。

推进行政审批制度改革。探索建立3个工作日办结营业执照、4个工

作日办结营业许可、50个工作日办结工程建设项目审批的“3450”综合行政审批效能体系，最终形成“一枚印章审批、一个大厅办证、一支队伍服务、一个平台保障”的行政审批体制机制。

加快商事制度改革。推行“多证合一、多项联办”登记备案模式，实行“一张执照管登记”，启动“54证合一”改革。

深化税务制度改革。通过取消增值税扣税凭证认证、二维码一次性告知、办税事项全区通办、建立“绿色通道”、取消非许可类的审批等，降低准入“门槛”。

创新市场准入制度。推出针对外商投资准入的“负面清单”，明晰外资市场准入限制。

开展“减证便民”专项行动。梳理完成《西咸新区证明事项和盖章环节保留清单》，公布并完成两批群众和企业“最多跑一次”事项清单，涉及新区各部门137项事项，新城872项事项。

2.深化经济体制改革，产业定位逐步清晰

明晰产业定位，围绕战略性新兴产业、现代服务业和都市农业三大领域，聚力打造先进制造、电子信息、航空服务等主导产业集群。加快编制新区产业规划。完善产业政策，出台《支持总部经济发展优惠政策》《扶持民营经济加快发展进一步扩大投资若干意见》等政策措施。完善新区招商和产业政策体系，坚持错位互补、协同发展，主动融入全市“三廊两轴两带一通道”产业布局，制定《西咸新区产业招商行动计划（2018—2020年）》等政策措施。

3.深化对外开放体制改革，强化自贸区建设

围绕自贸区总体方案，针对69项试点任务，实施台账管理制度。建设“国际贸易单一窗口”和“企业走出去一站式综合服务窗口”，实行审批服务“一口受理、全区通办”。依托西安咸阳国际机场，加快构建物流枢纽，

引进普洛斯、韵达、圆通等航空物流项目10余个，在建和建成高端仓储面积78万平方米，海航集团、法国赛峰及东航、深航、川航等总部基地、航空维修、培训项目先后开工建设。按照“一园两地”模式建设中俄丝路创新园，中方园区一期已交付。西安交通大学发起的丝绸之路大学联盟落户西部科技创新港，已有35个国家和地区的135所高校加盟。发起成立举办“一带一路”协同创新孵化国际发展论坛和沿线国家创新创业论坛、“起航新丝路·丝绸之路文化使者”等活动，通过秦汉新丝路数字文化创业产业基地、沣东中影国际影视基地等项目，加强与丝路沿线国家影视合作，打造“一带一路”国际影视产业中心。

4.坚持招商和双创两轮驱动，持续激发市场活力

创新顶层设计，坚持招商和双创两轮驱动，提出“西咸双创五大行动理念”和“西咸双创123行动计划”，出台《鼓励大众创业万众创新的暂行办法》《促进高层次人才引进的若干政策》等。成立陕西西咸新区招商工作委员会，由党工委管委会主要领导任主任，严格落实“一把手”招商制度，创新重大项目协调服务机制。打造统筹科技资源改革示范基地、国家技术转移西北中心、软通动力西北总部和运营基地等项目，设立院士专家工作站，成立全省检验检测技术创新联盟。建成光谷创业咖啡、西咸文旅众创空间、京东众创空间、腾讯众创空间等产业特色鲜明的众创载体。重点建设“硬科技”小镇、中国西部科技创新港和西北工业大学“翱翔小镇”等“硬科技”平台，实施“硬科技一十百千”工程。举办2017全球硬科技创新大会暨“创响中国”（西咸）等近百场特色活动，主流媒体累计发布稿件超过500篇。

（三）防范和化解地方政府债务风险情况

陕西西咸新区严格按照省财政厅下达的债务限额对政府债务执行限额管理，并将政府债务分类纳入预算管理。成立了陕西西咸新区政府性债务

管理领导小组，由管委会主要领导任组长，全面加强新区政府性债务管理工作。2017年初，政府性债务余额612.12亿元，2017年争取债券资金117.66亿元，截至2017年底，政府性债务余额598.85亿元。

（四）污染防治攻坚战情况

全年空气质量优良天数176天，同比增加10天。强力实施铁腕治霾“1+1+10”方案，扎实推进“无煤城市”建设，在五个新城各建成一个洁净煤配送中心，全面取缔了区内散煤销售点，拆除20蒸吨以下燃煤锅炉和小设施443台，地方燃煤锅炉全部清零，全年规模以上减煤40万吨，散煤治理27万吨。实施柔性治水。打造23处湖泊湿地、45条大小水系，新增水面1063公顷。启动实施“八水绕长安”水系项目4个，昆明池试验段形成707亩水面，渭河、沣河等多个治理项目已建成。切实做好水污染防治，辖区5条河流的250个排污口全部截流封堵，渭河出境断面均达Ⅲ类水体标准，沣河接近Ⅲ类标准，以“五路两侧”绿化为重点，加快推进新区增绿美化三年行动计划，全年共实施绿化项目110个，总面积5000亩的大西安城市中央公园项目启动建设，新区绿色版图不断扩大。

图2-14 陕西西咸新区茯茶镇的夜晚

（五）2018年工作展望

2018年，陕西西咸新区将以创新城市发展方式为主线，以建设大西安新中心为目标，系统推进创新驱动、改革推动、开放带动，统筹把握稳增长、惠民生、防风险，持续发力抓重点、补短板、优环境，坚定不移发展现代产业，突出抓好宜居环境、营商环境建设，全力推动新区经济社会高质量发展。

1.大力实施产业兴区战略

（1）深化供给侧结构性改革，全力打造先进制造、电子信息、临空经济、科技研发、文化旅游、总部经济六大千亿级主导产业集群。大力推行产业链、资本链、创新链招商，完善政策体系。积极发展医养健康、茯茶等特色产业，大力培育智能终端、数字经济等新经济、新业态、新模式。实施旅游产业融合计划，加快全域旅游发展，推进三产深度融合。

（2）坚持创新驱动发展，主动融入科创大走廊，规划建设丝绸之路科技创新谷。加快建设科统基地、硬科技小镇、西北工业大学翱翔小镇等项目。深化国家双创示范基地建设，推进“123”双创行动，办好“创响中国”西咸站主题活动。

（3）加强各类要素保障。探索建设人才改革试验区，发挥国家级人力资源服务产业园作用，提升高层次人才一站式服务平台建设水平，加快实施高层次人才千人计划。推进闲置土地“两清理一整顿”，做好建设项目用地指标保障，做到产业项目应保尽保。

（4）全力防范化解债务风险。提升新区政府债务管理的制度化、系统化、精细化水平。不断创新融资模式，积极争取债务置换和新增债务资金，切实开好政府举债融资的前门，坚决堵住违法违规融资的后门，进一步降低债务成本、优化债务结构、严控隐性债务规模，全力防范和化解好债务风险。

2.全力推进大西安新中心建设

（1）加强规划管理。完成《西咸新区城市总体规划（2016—2035）》报批和新轴线区域综合规划、昆明池区域综合规划编制，完善城市“双修”、地下空间利用等专项规划，实现新区控规全覆盖，形成全区规划“一张图”。

（2）加快重点区域建设。开展“长藤结瓜”式开发建设，推动各新城、园办核心板块、重点区域开发。加快新中心、新轴线建设，启动地下空间综合利用、绿地丝路国际中心、保利西北总部、宝能总部基地、海航西北总部等项目。

（3）推进城市精细化管理。出台市政市容管理服务新标准，落实“路长制”“所长制”，持续开展“厕所革命”“烟头革命”，完善城市垃圾、废弃物收集处理机制，高标准建设垃圾无害化处理项目，全力打造清洁城市。

3.持续打造最佳宜居环境

（1）系统推进宜居环境建设。编制实施新区宜居环境建设三年行动计划，统筹推进教育、医疗、交通、文化、养老、生态、社区等项目建设，着力打造环境优美、社会安全、文明进步、生活舒适、经济和谐、美誉度高的宜居西咸。

（2）构建均衡优质的公共服务。大力发展教育事业，全面实施改善中小幼薄弱学校办学条件、高中普及攻坚行动计划。加快建设一批高水平标准化、示范学校，加快沣东新城医院、陕西中医药大学二附院等三级医院建设。

（3）完善城乡商业设施，提升各类商务办公、产业园区、社区的商业、餐饮等配套功能。开展养老服务质量提升行动，完善多元化养老服务体系。加强公共文化产品供给，抓好文艺创作和非遗保护，规划建设周、秦博物馆。

（4）建设文明宜居的美丽乡村。出台美丽乡村建设方案，每个新城启动1～2个优美（特色）小镇、2～3个美丽乡村示范样板项目、10个综合整治村项目，完善提升张裕瑞纳城堡酒庄、茯茶镇、沣滨水镇等优美小镇，持续放大三产融合发展效应，深化农村人居环境整治提升。

4.持续推进最优营商环境建设

（1）全面深化"放管服"改革。推进相对集中行政许可权试点，优化"一窗受理、并联审批、限时办结、统一出件"模式，完善权力清单、责任清单、负面清单、收费清单动态管理机制。全面推行"3450"综合行政审批效能体系，实现审批服务"全区通办、一网直办"。深化商事登记制度改革，试点"证照分离"改革，扩展"微信办照"功能。加强信用信息监管，建成公共信用平台，推进"信用大数据"监管综合改革。完善"双随机、一公开"联合抽查市场主体机制，强力实施失信联合惩戒，形成主体自治、行业自律、社会监督、政府监管的市场监管格局。

（2）系统推进国家级试点改革。制定实施创新城市发展方式三年行动计划，积极探索、实践新的理念、思路、模式，建设创新城市发展方式国家试验区形成整体方案并取得可示范推广的经验。坚持分类指导、协同推进，蹄疾步稳地深化新型城镇化、开放型经济新体制、服务贸易等国家级改革试点。

（3）优化政务服务管理。着力提升公共服务智慧化水平，建设新区政务服务综合一体化平台，构建新区、新城、镇街、村（社区）四级政务服务体系。实施便民服务标准化试点。建成新区12345公共服务热线平台，将新区政务服务外网纵向延伸到街镇和村（社区）。深化行政效能革命，年内基本公共服务事项网上办理率达到60%以上，"最多跑一次"事项占比达到70%以上，行政许可事项网上办理率达到65%以上。

5.大力推进生态环境建设

（1）全面落实城市水系规划，启动昆明池建设、太平河治理，实现沙河引水，加快推进沣河流域治理。开展全域建绿、见缝插绿、立体增绿，新增绿化面积900万平方米。加快大西安中央公园建设，年内新增植树造林面积1500亩以上。规划建设五陵塬森林公园，打造大西安北部绿肺。

（2）编制实施新区生态建设规划和环境保护规划，建立空气质量和水质的新区内横向生态补偿机制。制定实施大气污染防治三年行动方案，加强铁腕治霾，实行精准治霾。系统推进治水治脏，严格落实“河（湖）长制”，强化巡查执法，确保渭河水质稳定达到省考Ⅳ类标准，沣河、泾河水质稳定达到Ⅲ类标准，力争太平河、新河达到Ⅳ类标准，水环境全面改善。大力推广中深层地热供热，重点推动新建项目、老旧小区改造项目使用地热供热。完善清洁能源应用政策，加快建设“无煤城市”。

6.强化民生保障

（1）全力打赢脱贫攻坚战。严格按照脱贫攻坚“四清四实”要求，统筹推进产业、金融、就业、教育、健康、民政、文化等领域帮扶工作，确保新农合、大病保险、医疗救助、商业保险覆盖率实现“四个100%”，重点补齐产业、金融扶贫短板，完善内生造血机制，年底前贫困人口全部脱贫，贫困村实现清零。

（2）大力实施乡村振兴战略。完善促进城乡融合发展的体制机制和政策体系，深化农村集体产权制度改革，所有涉贫村启动“三变”改革。加快构建现代农业产业体系、生产体系和经营体系，大力发展都市农业、农村电商、乡村旅游等新业态。

（3）夯实社会保障基础。坚持把扩大就业放在第一位，城镇登记失业率不高于4%。完善社保经办体系，推进机关事业养老制度改革，积极稳妥做好被征地农民的社会保障。统筹做好社会救助，完善特困人员救助供养机制，实现动态管理下的应保尽保、应退尽退。关心关爱残疾人，制定落实残疾人精准康复服务措施，建立定点康复机构评估机制，稳步提升残疾人就业和权益保障水平。

7.全面提升对外开放水平

（1）高水平推进自贸区建设。完善新区自贸政务服务平台功能，实现国际贸易“单一窗口”国家标准版试点运行，抓好“走出去”一站式服务平台建设。深化空港、陆港联动，推进服务业扩大开放和外商投资管理体制改革。加大多式联运、通道建设、航空服务、口岸经济等先行先试力度。

（2）加快建设西安国际航空枢纽。依托国家级临空经济示范区，大力发展枢纽经济、门户经济、流动经济。编制完成西安航空物流枢纽建设发展规划，积极申报综合保税区、跨境电商综合试验区等试点，扩大指定口岸种类。启动机场三期扩建工程，开工长安现代物流园区，建设国际快递产业园区，加快海航现代物流等企业资产向空港集中。

（3）提升国际合作交流水平。贯彻落实《关中平原城市群发展规划》，深度融入“一带一路”建设，增强新区核心竞争力、示范带动力。按照“一园两地”模式加快中俄丝路创新园建设，探索中外合作产业园区建设新模式、新机制。依托文物遗址、科技创新等资源，发挥丝绸之路大学联盟、创新驱动共同体联盟等作用，加强与“一带一路”沿线国家和地区合作，打造“一带一路”文物数字化交流合作平台和国际科技资源离岸统筹中心，积极引入更多国际创新资源。

八、贵州贵安新区

图 2-15 贵州贵安新区综合保税区

（一）2017 年发展成效

1.经济取得跨越式发展

2017年，贵州贵安新区完成地区生产总值350亿元，同比增长42.6%（现价），其中直管区完成150.4亿元，同比增长32.8%；工业总产值完成570亿元，同比增长60%，其中直管区完成200.7亿元，同比增长270%；全社会固定资产投资完成620亿元，其中直管区完成500亿元；直管区一般公共预算财政总收入完成30.7亿元，同比增长71.7%，其中一般公共预算收入完成16亿元，同比增长38.6%；直管区社会消费品零售总额完成90亿元，同比增长757.1%；规模以上工业总产值和增加值分别实现182.07

亿元、36.02亿元，同比分别增长779.6%、681.2%；计算机、通信和其他电子设备制造业实现产值169.34亿元、同比增长1380%，实现进出口额25.1亿美元、同比增长1347.6%。

2.大数据引领产业飞速发展

以大数据为引领，深入推进中国南方数据中心示范基地建设，华为、腾讯、三大运营商二期等重大数据中心开工建设，苹果icloud中国(贵安)数据中心项目奠基。建成贵阳·贵安国家级互联网骨干直连点，富士康逐步扩大产能，长江汽车首台新能源汽车下线，中航发飞机发动机涡轮叶片项目落地，华芯通芯片项目进展顺利，国内首个电动集中出行020共享平台一起行（EGO）上线运行。白山云“深度威胁识别”产品获国内云计算市场权威认证——可信云“安全类技术创新奖”。全年新增市场主体5205户，同比增长82.57%，新增注册资金1243.1亿元，市场主体总数达14189户，注册资金达3758亿元，分别是新区成立之初的7.85倍和469倍。

3.城市配套服务能力大幅提升

生态新城（中心区），同济贵安医院、西部绿色金融港（一期）、市民中心等项目即将建成，贵安中心、城市规划与建筑艺术馆、省档案馆等项目快速推进，中心区城市形象加快展现，人气商气加速集聚。

花溪大学城，幼小初高一体化学校、数字经济产业园等项目建成投入使用，百度、阿里巴巴、现代汽车等60余家企业相继入驻园区办公。贵阳中医学院附属医院、美术馆、歌剧院等项目启动建设，永辉超市、书城等生活配套企业相继引进入驻，“城市美起来、老师住下来、学生留下来、产业兴起来、双创干起来”的一流现代化新型城市正在加快建设。

马场科技新城，综合保税区进口商品直销中心、贵安云谷综合体、富贵安康小镇、泰豪e时代等产城融合配套项目投入使用，综合保税区（电子园）累计建成面积 57.1万平方米，龙山工业园、高端装备制造产业园二期标准厂房、七星湖智能产业园、华侨城 VR研发产业园等项目加快建设。

商住发展环境，坚持“精心规划、精细开发、精明增长”理念，着力推动碧桂园、山语城、群升大智汇、中影贵安国际影视城等重点房地产项目建设。支撑产业发展的基础性和功能性重要配套设施得到较大改善。

4.推进生态文明示范区建设

按照“围着山转、跟着水走、显山露水”的思路，构建万水千山城市生态系统。推进山、水、林、田、湖“五景融合”，推进“十河百湖千塘”水系、“五区八廊百园”工程和“绿色贵安三年会战”等重大环境工程。重点打造建设212公里城市道路绿廊，在骨干路网两侧配套建设生态砂基透水和雨水收集系统。

5.统筹推进城乡融合发展

实施高标准脱贫十大工程，集体经济收入达10万元以上，实现村集体经济和贫困户高标准脱贫“双提升”。实施美丽乡村建设“六大工程”，20个升级版美丽乡村示范点建设加快推进。总面积400万平方米的14个新型生态智慧社区按照农民市民化、打造生活新方式、创建保障新体系、探索增收新渠道“一化三新”的城乡统筹发展模式基本建成，推动6万农村人口就地就近城镇化。稳固普及十五年免费教育。深入推进城乡居民医疗、养老和最低生活保障制度全面并轨。“十件民生实事”全面完成，人民群众幸福感、获得感持续提升。

（二）体制机制创新进展

1.创新政府服务模式

（1）构建政府数据聚通用体制，全面提升政府服务能力。实施《贵州政府数据“聚通用”攻坚会战实施方案》，基于“云上贵州”系统平台搭建“云上贵州”贵安新区“智慧贵安”云平台，将其作为新区各部门部署业务平台和存储数据资源的唯一云平台。统筹和推动政务大数据应用示范，统一论证和支持建设16个信息系统，将“政务公开”“在线服务”“政民互动”等进行API化改造，统一接入云上贵州App平台，完成“互联网+”政务服务和民生服务App应用在云上贵州App平台上线运行。全面完成新区“僵尸系统”、已迁云系统及计划接入数据共享交换平台系统等系统数量的核查工作，形成“一报告，三清单”。

（2）实施大数据人才培养新模式。为保障以大数据为引领的五大主导产业的人才支撑，创新大数据产业人才培养模式。依托华为大数据学院、贵安电子科技职业学院等教育载体，引入混合所有制办学模式，借助行业标杆企业的先进理念，革新教学方式，快速提升学生实际动手能力，培养输送大数据人才。同时，大力推进“双创”示范基地建设，将阿里巴巴创新中心打造成新区人才培养典型示范基地，形成“人才+基地”的培养模式。通过阿里巴巴的技术、贝格的项目和高校人才资源，建立大数据清洗加工基地，为高校学生提供学习就业平台，进一步探索了“技术+项目+人才”新型合作模式。

2.构建科技创新模式

（1）创新推动贵安制造迈向“贵安智造”。以国家大数据产业发展集聚区、国家绿色数据中心试点为契机，加快新能源汽车、军民融合和智能装备等产业集群创新发展，实现贵安制造向“贵安智造”转变。

新能源汽车制造。结合磷、锰等新能源汽车电池材料的资源优势，围绕新能源汽车产业链，把汽车整车、电池材料和车桩网一体化项目，把新能源汽车制造和新能源汽车应用紧密结合起来，促进新能源企业产业快速健康发展。

航空航天制造。吸纳具有高端技术尤其是关键技术的航空航天制造商零部件和发动机零部件制造商；在航空维修方面，在已有航线维护基础上形成机体维修、发动机维修和部件维修三方面的综合维修产业，形成完整的航空经济与管理、市场等方面的综合培训体系，拓展产业链上的金融租赁、航空商业会展等配套服务。

“大数据+物联网+智能制造”产业。加快突破智能控制系统、高精度、高稳定传感器、关键功能部件、网络化系统集成等一批关键共性技术，促进“两化”融合下的产业发展模式创新。

大数据作为引领产业转型升级的新动力。大力发展大数据产业，推动大数据、物联网、互联网等新一代信息技术与制造技术融合发展，提升传统制造业的智能化水平，着力发展工业机器人、装备机器人、智能工厂设施、智能物流设施、智能交通设施等高端产业。

扎实服务平台建设。推动高端智造众创空间等各类平台建设，创新打造“制造业+互联网”新型商业模式。借助网上平台，提供技术支撑、产品构建、市场推广、融资对接、联盟企业创意众包等服务，采取股权投资的方式支持项目的成功孵化。

（2）推进大数据与三次产业深度融合。坚持以供给侧结构性改革为主线，以高端化、绿色化、集约化为主攻方向，以“双千工程”为抓手，推进大数据与实体经济深度融合，加快发展壮大实体经济。

一是以贵澳农旅产业示范园为依托，重点开展农业物联网示范，应用物联网技术开展环境实时监测控制、测土配方施肥、病虫害远程诊断、大宗作物病虫害预警、农产品气候品质评价等应用平台。

二是依托高端装备制造产业园，推进“互联网+”协同制造专项行动计划，大力探索推进以新能源汽车制造为基础、以车桩网一体化建设为纽带、以绿色能源综合体为节点、以大数据信息化联通底端、以智能云平台实现统筹管理的新能源产业发展的“贵安模式”。

三是重点有序推进打造基础网络、大数据平台、智慧城市运营平台、智慧政务、智慧城管、智慧安监、智慧环保、智慧旅游等先期工程。进一步推进新区智慧旅游典型示范项目，打造全域旅游全平台，加深大数据和旅游业的融合。

（三）防范和化解地方政府债务风险情况

1.构建金融领域信用制度

印发《贵安新区开展涉金融领域失信问题专项治理工作方案》，按照“区别对待、分类化解”原则，着重针对新区涉金融经营异常企业和非法集资预警企业开展专项治理。

2.推进政府债务管理，严防政府债务风险

制定出台政府性债务管理实施意见和新区债务化解工作方案，进一步明确政府与平台公司等企业资产和债务现状，落实债务主体和偿还责任主体，加快政府债务置换进度，逐步化解和规范公司借款，多措并举支持公司市场化实体化转型升级。

3.强化项目审计，化解政府债务风险

针对平台公司自新区成立以来承建的项目进行梳理和分类甄别，按照“公益性、准公益性、经营性”等性质进一步明确和界定项目性质，针对已明确的新区存量建设项目逐一加快项目审计决算，有效推动了政府债务化解进程。

（四）污染防治攻坚战情况

1.推进生态环保数字化监管

印发实施《贵安新区直管区建设项目环境保护事中事后监管专项行动方案》《贵安新区直管区生态环境保护负面清单制度》《贵安新区全面推行

河长制工作方案》《贵安新区土壤污染防治工作方案》等，建成贵安数字环保云平台，探索实施环保扁平化监管方式。

2.狠抓污染防治

建成农村生活污水收集处理村寨8个、MBR一体化污水处理设施4个、净化槽22个，关停原有砂石矿山35家，全面实现燃煤锅炉全淘汰。从2017年度开始，原则上每年安排2600万元加强新区生活垃圾收集转运运维管理。

3.强化水源保护

关停饮用水源二级保护区原有排污企业60家，拆除饮用水源一级保护区原有违章建筑112户，面积约5.6万平方米。

4.规范化管理危险废物

危险废物转移率和工业固体废物处置利用率均达100%。开展土壤污染防治实地核实，划定详查单元25个，核实农用地详查点位197个。

图2-16 贵州贵安新区花溪大学城

（五）2018年工作展望

2018年，贵州贵安新区将坚持“稳中求进、稳中求快、稳中求好”工作总基调，以供给侧结构性改革为主线统揽新区经济社会发展全局。

1.着力打好打赢风险防控攻坚战

切实增强风险意识和底线思维，着力抓好重点领域风险防范化解，守牢安全“红线”。

（1）切实防控政府债务风险。实施“增收节支提效”计划，确保近期现金流平衡、远期实现资产与负债动态综合平衡“两个平衡”。落实债务管理责任制，稳妥消化存量债务，加快推进PPP化债、融资平台公司市场化转型，严格落实政府性债务管理“七严禁”，切实控制新增债务。切实防控金融领域风险。坚决打击违法违规金融活动，健全防范处置非法集资等工作机制，筑牢“防火墙”；加强房地产金融、土地供应管理，建立租购并举、多主体供应、多渠道保障的住房制度，促进房地产健康发展。

（2）切实防控安全生产风险。健全公共安全体系，严格落实安全生产责任制，强化交通运输、建筑施工、地质灾害等重点行业领域专项排查整治，加强对人员密集场所公共安全防控，坚决遏制重特大事故发生；坚持源头严防、过程严管、风险严控，保障食品药品安全。

2.大力发展生态建设，着力打好污染防治攻坚战

坚持用绿水青山构筑金山银山，深入推进生态文明示范区建设。大力推动直管区88个可绿化山头共2.16万亩绿化建设，调整林草种植结构，提高退耕还林还草经济效益，着力加快推动石漠化治理、古茶树保护开发等项目建设，推动经果林、优质畜草、智慧牧场等林草基地建设。

加快完善农村生活污水处理设施，力争非搬迁村寨生活污水治理覆盖

率达90%以上；落实河长制，深入推进14条主要河流（湖库）、26条河流（干流和支流）及28湖库（含人工湖）的日常管理及治理保护，饮用水源保护区内污染源关闭拆除工作取得突破性进展；加快推进月亮湖、云漫湖、车田河、马场河等精品旅游景区集群发展，推动河湖治理、保护与沿线旅游业、涉水产业融合发展。

深入推动实施大气污染防治，打好治污、减尘攻坚战，大力整治城乡秸秆、垃圾焚烧污染，严格控制建筑工地扬尘污染，大力推广使用清洁能源，巩固燃煤锅炉淘汰成果，加快纯电动新能源汽车推广进程，环境空气质量优良率保持100%；推进蓝天工程与康养旅游融合发展。加快安平生态区、梅岭国际温泉度假公园、恒大童世界等“万水千山·田园贵安”系列康养项目建设，推动生态养生、健康养老、运动休闲等康养产业发展。

加强农业面源污染防治，实施土壤改良修复、农药残留治理、地膜污染防治、秸秆综合利用、畜禽粪便治理、重金属污染修复等工程，加快精品蔬菜、精品茶叶、高峰葡萄、林卡辣椒等一批优质农产品基地建设，推动有机蔬菜、优质大米、精品水果等生态农业和农产品“泉涌”发展，全力打造“贵安山禾”农产品品牌，努力实现百姓富、生态美的有机统一。

3.扎实推进大数据战略，构筑新时代产业体系

发展以大数据为引领的电子信息、大健康医药、高端装备制造、文化旅游、现代服务业五大主导产业，推动大数据与实体经济深度融合发展，做强核心业态、壮大关联业态、拓展衍生业态。依托综合保税区（电子园）、高端装备制造产业园、数字经济产业园等重要发展平台，加快推进三大运营商二期、腾讯、华为、超算中心、FAST天文数据中心、集成电路产业园、生物科技产业园、生物医学大数据中心、数字经济产业园二期等重点项目建设；加快推进苹果icloud数据中心、晶泰科第六代AMOLED显示面板生产线、富士康诺基亚全球研发中心、华侨城V谷数字城、中商国能（厦门）、航洋宽带等重点项目前期工作。依托新区数据存储中心独特优

势，推动互联网、大数据、人工智能和实体经济深度融合，大力引入和掘金大数据产业链上游资源端、中游技术端以及下游应用端企业。加快挖掘大数据核心价值，打造集大数据储存、挖掘、分析、清洗、展示、应用、数据产品评估和交易等于一体的大数据全产业链条。

4.加快提升和完善城市公共服务配套

完善贵安与贵阳协同发展“五联十同”机制，以互联互通为重点，加快推进轨道交通S1号线、湖林铁路外迁改建、贵红大道、观潭大道等一批重大项目，加快打造利益共同体、发展共同体。

花溪大学城，按照规模、速度、效益相统一原则，围绕高等院校及人才集聚、骨干路网建设等综合公共服务配套建设、国家双创示范基地建设、数字经济产业园区建设等方面加快打造主体鲜明、高端人才汇聚的教育文创高地。

湖潮生态新城，重点加快建设高铁站及站前配套设施、同济贵安医院（一期）、规划建筑艺术馆、碧桂园、山语城、综合体三期等重大项目，加快突出主力形象区定位，提高集聚度和承载力，尽快将中心区形象亮出来。

马场科技新城，以完善产业公共服务配套设施为重点，不断加快内部产业加密路网、学校、医院、购物综合体、公租房和商品房等重点公共配套项目布局和建设进展，强化综合保税区（电子园）、高端园公共服务配套水平，为发展以大数据为引领的全产业链打下坚实基础。

高峰旅游城，以强化旅游服务功能为突破口，加快环高峰山农旅产业带建设，重点发展现代山地高效农业和休闲观光农业，着力完善旅游“吃、住、行、游、购、娱”六要素。同时，突出新区直管区整体公建配套基础设施建设，注重城乡统筹发展。不断提升智慧城市管理水平，营造便捷化的智慧生活、发展高端化的智慧经济、完善精细化的智慧治理、建设协同化的智慧政务和建设智慧化的社区、村庄、商圈、园区和新城。

九、青岛西海岸新区

图 2-17　青岛西海岸新区东方影都

（一）2017 年发展成效

1.综合实力迈上新台阶

2017年，青岛西海岸新区连续四年综合考核全市第一，主要经济指标保持两位数增长。2017年地区生产总值历史性跨上三千亿台阶、达到3213亿元，总量在19个国家级新区中稳居前三强、超过省内7个地市，对全市经济增长贡献率达到45%；一般公共预算收入244亿元，总量超过省内9个地市，税收占比达到80%。先后荣获全国科技进步先进区、全国爱国拥军模范单位等国家级荣誉称号70多项。

2.军民融合创出新模式

深入践行军民融合发展战略思想，在体制机制、政策制度和发展模式创新上积极探索实践，建立了“平台+区域”融合发展模式，以古镇口融合区为载体平台，以军民融合创新中心等“六大中心”为支撑平台，带动形成“一核引领、多区联动、全省协同”的发展布局，推动军队和地方深度融合、国防建设和经济建设协同促进、战斗力和生产力同步提升。

3.海洋经济实现新发展

全面经略海洋，着力推动海洋传统产业走向远海、海洋新兴产业走向深海、海洋服务业走向陆海统筹。海洋生产总值年均增长19%，从590亿元上升到1019亿元，占青岛的35%、山东的6.9%、全国的1.3%。着力打造世界一流的海洋港口，前湾港建成亚洲首个自动化集装箱码头，董家口港获批国家一类开放口岸。2017年完成港口吞吐量5.1亿吨，完成集装箱吞吐量1830万标箱，分别居世界第七位、第八位。

4.动能转换打造新引擎

紧紧抓住山东新旧动能转换综合试验区建设的重大历史机遇，率先启动新旧动能转换存量变革、增量崛起等“十大工程”，成立千亿级产业联盟，家电电子、船舶海工、汽车、装备制造、石油化工五大集群产值均占全市的“半壁江山”，世界最大的海上浮式生产储卸油装置（FPSO）巴油P67、俄罗斯亚马尔LNG项目核心模块等一批世界顶级装备在新区建成交付，获批国家级家电产品质量提升示范区、全省首批大数据产业集聚区。规划建设循环经济基地、智能制造基地等“四大基地”，中央活力区经济中心、实体经济总部中心、绿色金融中心等“七大中心”，引进总部项目33个、各类金融机构31家，打造新旧动能转换引领区，在青岛勇当能打善战的劲旅，在山东勇当先行先试的尖兵。

5.持续创新激发新活力

51项区级重点改革落地生根，45项改革列入国家和省市试点，15项改革形成具有全国影响的创新经验。《山东省青岛西海岸新区条例》颁布实施，赋予新区省级行政管理权限。率先取消社会投资类项目前置审批，实行市场准入“多证合一”、土地“一地多用”，市场主体由6万户增长到23万户。各类创新平台累计达到520家，高新技术企业累计401家，发明专利申请量和授权量居全省首位。成立招才中心，在美国、德国等发达国家设立引才引智工作站，出台“梧桐树”聚才计划20条新政，人才总量48万人、占全市1/4，获评国家引智示范区、省人才改革试验区。

6.扩大开放释放新动力

全面融入“一带一路”建设，对沿线国家和地区出口总额达到47.5亿美元，在境外设立非金融类投资项目191个、总投资48亿美元。十大功能区成为新区对内对外开放的主力军、主战场、主阵地。青岛开发区转型性建设初具规模，获批东部唯一智能化工业园区示范试点，综合实力名列国家级开发区前五强；前湾保税港区综合实力在全国同类保税港区中排名第二；董家口经济区加快建设第四代港口、循环经济示范区和现代化蓝色新港城；国际经济合作区中英、中法、中俄创新产业园加快建设，中德生态园被誉为“中德国际合作的典范”；古镇口军民融合区积极推动军民融合深度发展；灵山湾影视文化区创建为省重点文化产业园区，成为国内外影视文化产业的一颗耀眼“新星”；国际旅游度假区获批国家级旅游度假区；海洋高新区成为全国首个海洋新材料高新技术产业化基地；现代农业示范区获批省级农业高新区；交通商务区加快建设国家级综合客运枢纽和高铁商城。

7.城市软实力大幅提升

扎实开展软实力提升工程“十大行动”，啤酒之城、影视之都、音乐之岛、会展之心“四张国际名片”熠熠生辉。“音乐啤酒节”盛况空前、亮点纷呈，近200万海内外游客涌入新区尽情狂欢。青岛电影交易博览会、电影金凤凰奖颁奖典礼等影视活动成功举办，青岛电影博物馆开馆，助力青岛荣获联合国教科文组织授予的“世界电影之都”称号。全球最大的青年交响乐交流平台——欧盟青年音乐节登陆新区。以“东亚联通、丝路共赢”为主题的东亚海洋合作平台成果丰硕。高水平举办了世界摄影大会、国际水大会、军民融合发展论坛、夜跑国际马拉松等高端论坛和赛事活动，新区知名度、美誉度大幅提升。

8.发展成果人民共享

坚持关注民生、听取民意、联系群众、解决具体问题等理念，不断增强群众获得感、幸福感和安全感。民生支出占年度财政支出的80.7%。坚持教育优质均衡发展，全国城乡义务教育一体化改革发展现场会在新区召开，“三优三美”方案成为全国样板。持续降低创业成本，实现新增就业8万人，深入实施“技能新区”工程，培育新型职业农民。实施健康新区战略，在全市率先探索建立新型健康服务共同体。制定实施乡村振兴三年行动计划（2018—2020年），延伸完善提升12个特色小镇品质，加快建设财富小镇、艺术小镇等16个产业小镇，藏马山医养小镇等3个小镇创建为省级特色小镇，泊里镇获批山东省新生小城市试点镇；24个村创建为省市级美丽乡村示范村，达尼画家村入选“中国美丽休闲乡村”。综合管廊、海绵城市试点深入推进，旅游度假区、滨海大道等区域亮化工程获评全球百佳示范工程，成为新区靓丽的风景线。重大交通设施取得突破性进展，青连铁路征迁全部完成、铺轨全线展开，地铁13号线实现全线轨道贯通，1号线进入主体施工阶段，董家口疏港铁路路基工程全线完工。

（二）体制机制创新进展

1.军民融合体制机制进一步完善

（1）创新组织管理体制，围绕破解军地分割的体制壁垒，成立青岛西海岸新区军民融合发展委员会，设立军地联席会议及其办公室，联席会议办公室与古镇口军民融合创新区管委“一套机构、两块牌子”，“一体运行、职能融合”，推动军地需求对接、工作协调、政策落实。

（2）创新工作运行机制，建设军民融合创新、技术装备保障、军队保障社会化服务、军地人才培养、军工产业发展、基础设施统筹规划建设等“六大中心”，着重建立需求对接、资源共享、要素整合、监督评估等运行机制，构建融合运行体系。

（3）创新政策制度体系，强化规划引领，将军民融合发展规划与新区经济社会发展规划、城市规划、资源利用规划融合衔接，做到“四规合一”。强化政策创新，出台《军民融合深度发展创新办法》等制度机制，以贯彻落实中央“军转民”“民参军”以及民建军用、军建民用，军民共建共用的要求为重点，出台《军民融合产业发展导则》《军民融合基础设施规范标准》等制度标准。强化法治保障，山东省人大常委会审议通过的《青岛西海岸新区条例》，将军民融合发展专设一章，在全国首次把军民融合发展纳入地方性法规。

2.完善海洋科技创新模式

（1）着力强化海洋科技创新平台建设，海洋物探及勘探设备国家工程实验室揭牌启动，国家海洋基因库实验室投入运行，成立国际海洋基因组学联盟等新型研发组织，新增省部级以上重点实验室、工程研究中心等创新平台31个、累计达101个。中科院青岛科教园、中船重工海洋装备研究院等10余个高端平台开工建设。

（2）着力强化科技企业培育力度，哈尔滨工程大学青岛船舶科技园获批全省首批制造业创新中心，自升式海工平台、“海洋渔场1号”等高端装备在新区交付使用，中船重工柴油机总部成功落户。组建了“双创”金融服务站和孵化器种子基金，国家级孵化载体达18家，在孵企业突破1500家。2017年，新增国家高新技术企业145家、累计达401家，高新技术产业产值突破2300亿元。

（3）着力强化科技成果转化，加快构建产学研用相结合的成果转化服务体系，哈尔滨工程大学青岛船舶科技园入选国家级军民融合科技服务机构，搭建海水淡化膜等6家公共服务平台，产学研合作日益紧密，技术交易额同比增长20%、超过19亿元，获批中国产学研合作创新示范区。荣获3项国家科技奖、14项山东省科技奖。4家单位新获批国家知识产权优势企业，8项成果获中国专利奖，富斯林化工获签500万元专利权质押贷款，发明专利指数位居全省前列。

（4）着力深化科技体制机制改革，推进国家级引智示范区建设，顺利完成人才股权期权及分红激励改革第二批10家单位试点任务，相关改革情况被省委改革办《改革情况交流》专题刊发，并呈送中央改革办。

（三）防范和化解地方政府债务风险情况

对风险企业实行动态管理，一企一策制定推进方案，采取企业重组一批、银行机构核销一批、法院加快执行一批、资管公司收购一批、应急周转防控一批等方式，多途径化解银行不良贷款。实行恶意逃废金融债务行为人“黑名单”制度，进行媒体曝光，并在政府采购、资质资格评定、工程招投标等环节实施联合惩戒。开展互联网金融风险专项整治和清理整顿，分类处置网络借贷机构等7大类230余家重点机构。

（四）污染防治攻坚战情况

牢固树立“绿水青山就是金山银山”的绿色发展理念，以改善环境质量为核心，全面推进“蓝天、碧水、净土”三大工程，坚决打好大气、水和土壤污染防治攻坚战，加快补齐生态环境短板，实现污染防治攻坚目标。2017年，全区空气质量优良率达75.7%，细颗粒物（PM2.5）、可吸入颗粒物（PM10）较去年同期分别降低12.8%、4.5%，完成13个水污染防治重点工程，对重点河流开展全面检查，对黑臭水体进行集中治理，修复治理山体14处。完成6条河道截污改造治理。加快推进蓝色海湾整治，清理恢复自然岸线125公里，打造世界级最美海湾。

图2-18　青岛西海岸新区国家海洋基因库

（五）2018年工作展望

青岛西海岸新区的发展愿景是“深度军民融合、全面经略海洋、建设美丽新区”，发展思路为“一个主题、两大使命、三大特征、四大任务、五大新区、六大战略”。一个主题，即以海洋经济发展为主题；两大使命，即承接海洋强国、军民融合两大国家战略使命；三大特征，即陆海统筹、城乡一体、军民融合；四大任务，即军民融合示范区、海洋强国新支点、改革开放桥头堡、经济社会发展龙头；五大新区，即活力新区、美丽新区、魅力新区、平安新区、幸福新区；六大战略，即创新驱动、开放带动、文化引领、人才支撑、生态优先、转型发展战略。2018年工作思路概括为：“一条主线、五个率先、七大实效”，努力争当全市经济社会发展的龙头。

1.突出一条主线

把深入学习宣传贯彻习近平新时代中国特色社会主义思想和党的十九大精神作为贯穿全区工作的主线，积极推进党的十九大精神在新区落地生根、开花结果。以全面从严治党为统领，提高政治站位，坚守廉洁底线，营造风清气正的良好政治生态。

重点开展三项活动：一是为了提高党员干部的政治站位和工作本领，深入开展“大学习、大调研、大改进”“三大”活动；二是为了克服形式主义、官僚主义，开展说实话、办实事、见实效“三实”活动；三是为了贯彻落实好防范化解重大风险、精准脱贫、污染防治三大攻坚战任务，开展进乡村、进社区、进企业“三进”活动，作为“不忘初心、牢记使命”主题教育的活动载体。

2.实施五个率先

一是率先推进创新发展。深入实施创新驱动战略，规划建设绿色制造、大数据等5个应用型科技创新中心，加快推进海上试验场、海洋大科学研究中心等10家“国字号”科研平台，培育200家高新技术企业，努力争当创新高地。二是率先建设活力新区。弘扬“充满斗志的创新意识、充满激情的创业精神、充满活力的创造力量”，激发党员干部队伍活力。着力营造稳定公开透明的营商环境，激发经济社会发展活力。坚持改革创新、先行先试，激发体制机制的内生活力。三是率先建设美丽新区。大力实施蓝色海湾整治行动，开展裸露山体和河道治理，努力把新区建设得更加时尚美丽，打造蓝绿交融的城市风貌。四是率先建设魅力新区。重点实施城市软实力提升工程，提升城市形象和文化品位，加快建设军民幸福、干部自豪、令人向往的魅力新区。五是率先实现高质量发展。坚持五大发展理念，充分发挥军民融合、城乡一体、陆海统筹的独特优势，率先建设特色鲜明的现代化经济体系，推动新区高质量发展。

3.彰显七大实效

一是军民融合见实效。发挥青岛军民融合创新示范区核心区的引领带动作用，立足当前抓提升、立足近期出经验、立足长远见实效，以“六大中心”为着力点，以落实28项示范任务为重点，尽快形成可复制可推广的经验。

二是新旧动能转换见实效。围绕“十强”产业，加快建设智能制造、海洋制造等“四大基地”，中央活力区经济中心、实体经济总部中心等“七大中心”，实施项目签约、开工、竣工“三大战役、挂图作战”，推进总投资3500亿元的610个重点项目。

三是海洋经济发展见实效。全面经略海洋，制定《新区海洋经济发展三年行动计划（2018—2020年）》，充分发挥港口优势和功能区平台优势，推进海洋传统产业走向远海，海洋新兴产业走向深海，海洋服务业走向陆海统筹，健全完善现代海洋产业体系，加快构建起科技产业、港口开放、生态文明、服务保障“四位一体”的支撑体系。

四是乡村振兴见实效。认真落实习近平总书记在参加十三届全国人大一次会议山东代表团审议时的重要讲话精神，将“五个振兴”落到实处，实施乡村振兴三年行动计划，做好乡村振兴战略这篇大文章。

五是社会治理创新见实效。以社会治理为抓手，做好重大活动期间安保维稳工作；以学习宪法修正案为契机，推进依法治区，建设法治平安新区；以民生实事为重点，夯实基层基础，做好民生保障。

六是生态环保见实效。深入开展城乡环境综合整治和蓝色海湾整治行动，坚决落实中央环保督察组反馈的整改事项，白天看绿化、晚上看亮化、全天看美化，全面提升城市品质。

七是提升开放水平见实效。重点规划建设好中德、中英、中法、中俄产业园四大国际合作园区，努力打造啤酒之城、影视之都、音乐之岛、会展之心“四张国际名片”。举办好上合组织国家电影节、东亚海洋合作平台、青岛国际啤酒节等赛事节会活动，让世界感知新区，让新区走向世界。

十、大连金普新区

图 2-19 大连金普新区全景

（一）2017年发展成效

2017年，大连金普新区抢抓机遇，埋头苦干，推动经济社会良好发展，全年实现地区生产总值2342.9亿元，增长7.5%；规上工业总产值2790.1亿元，增长10%；固定资产投资465.1亿元，增长21.9%；社会消费品零售总额702.3亿元，增长9.3%；财政一般公共预算收入152.5亿元；实际利用外资20.2亿美元，增长51.6%；外贸出口总额1005.6亿元，增长13.9%。

1.全力推进大连自贸片区建设

大连自贸片区自2017年4月挂牌建设后，坚持以制度创新为核心，对标国际先进经贸规则，积极探索建立符合国际化、法治化、便利化要求的制度体系，发挥了自贸试验区全面深化改革和扩大开放试验田的作用。复制推广116项前两批自贸试验区的改革创新经验，协调中央、省、市直部门推出支持大连片区建设措施89项，出台人才引进、法治保障、商事制度改革措施66项，总结评估出20项制度创新案例并向商务部报送7项。建成自贸区综合服务大厅，创新微信叫号、微信核名等多项服务举措，实现外资企业注册负面清单管理，实施“建筑师负责制”“质量监督免检监管试点”等建设项目管理新机制。80%检验检疫项目实现网络报关报检即审即放“秒通关”，通关成本平均降低10%，国际贸易线下办理手续时间缩减1/3。研究制定金融创新工作方案，拓宽企业跨境融资渠道、降低企业融资成本、“走出去”金融服务更加多元。成立自贸试验区检查工作组和审判团队，片区法庭和仲裁庭正式挂牌。2017年4月10日挂牌至年底，片区新注册企业5456家，注册资本696.75亿元；新增外资企业90家，注册资本5.44亿美元。2017年，片区60平方公里范围内完成规模以上工业总产值543亿元，固定资产投资总额251亿元，实际利用外资金额19.8亿美元，港区集装箱吞吐量944万标箱，中欧班列开行438列，货运量3.5万标箱。

2.强化招商引资和项目建设

坚持内资外资一起招，签约项目65个，协议投资总额1100多亿元。增资及扩产扩建的日资企业62家，新增项目近百个，增加投资额约5.75亿美元。启动“小窑湾金融城”建设，注册设立了百年保险资产管理、汇普金融控股等68家金融类企业。推进博格华纳二期等70余个项目全面开工，光洋智能装备制造产业园等80余个在建项目复工，英特尔二期、辉瑞制药二期、富士冰山新工厂、柏德皮革新工厂、松下电池一期、远东工具二期等一批大项目建成投产。完成建设项目投资356.3亿元，增长48.3%。深化战略合作。中东欧产业园申报和普湾经济区英特尔配套产业园规划建设工作全面启动，推进与华信、海航、宝能等大型企业集团的战略合作。旅游业蓬勃发展。实现旅游综合消费190亿元，增长13%。都市现代农业加快发展。新增设施农业5110亩，创建9家省级休闲农业、渔业基地，建设海洋牧场1万亩，水产品产量达39.4万吨。

3.不断提升城市功能

编制完成《金普新区特色风貌规划》。金普城际铁路动迁工作全面完成，9号线一期工程前期工作启动，大连湾跨海交通工程的甘井子航道改扩建工程开工筹备工作基本就绪，完成投资5.47亿元，新建、续建、改扩建公路75条222.6公里，全区公路密度提高到每百平方公里79.9公里。

4.切实保障和改善民生

投资7300万元，完成老城区居民燃气入户改造工程、老年人免费体检等10个惠民实事项目。新增城镇就业16581人，登记失业率控制在2.98%。城乡居民低保标准统一提高到670元/人。金湾小学、大地小学、素质教育中心以及2所公办普惠制幼儿园建成投入使用。全区10所公立医院全部取消药品加成，完成金州区四院、口腔医院移址改造工作，家庭医生签约服务重点人群覆盖率达45.2%。完成714户棚户区改造、44.8万平方米“暖房子”工程，560户在外逾期过渡居民回迁新居，落实498户公租房、271户廉租房政策。

（二）体制机制创新进展

1.管理体制改革稳步推进

强化新区的统领作用，推进全区一体化管理。强化功能区的经济功能，分离社会管理与公共服务职能。探索街道去经济化改革。启动保税区管理体制改革。成立自贸试验区管委会与新区管委会合署办公，顶层设计新区深化体制机制改革方案，于2018年初全面启动。

2.审批制度改革取得进展

《金普新区开展企业投资项目承诺制工作方案》正式下发，编制政府权力、责任、行政许可、中介服务事项、财政专项资金管理、行政事业收费“六项清单”，12个审批职能部门、151项行政许可事项全部入驻行政大厅，实现“一口受理、同步审批、统一收件、统一发证，清单之外无权力，大厅之外无审批”。不断拓展服务功能，推行“不见面审批”“审批导航”和“帮办代办”服务，为重点项目开辟“绿色通道”，开通微信公众号“指尖办事大厅”，启动“多证联办”改革。创新服务方式，推出涉及13个部门共50个审批服务事项的“容缺受理”和涉及5个部门的12个审批事项的“企业承诺制”工作机制，其中“企业承诺制”共减少申报材料20件，压缩审批环节11个，缩减审批时限86个工作日。151项行政许可事项实现网上办理率100%，其中39项实现了全程在线审批，全程在线审批率为25.83%。

3.对外开放形成新格局

制定《金普新区促进招商引资发展的若干办法（试行）》，编制完成“商务50条”，举办首届大连侨商海外联盟峰会、首届航天创新经济发展论坛，组织“国际大樱桃节”“草莓文化旅游节”等特色产品展会。推出“关地协同机制”，与成都海关合作开展跨省自行运输业务，海关出台“异地委托监管”等新政，试行“主动披露”制度，完善海关特殊监管区域政策，试行企业内销选择性征税、保税展示交易等措施，组织辖区企业参加面向“一带一路”沿线市场的各类展会，推动辖区企业走出去。大连捷通物流有限公司等出口企业面向“一带一路”沿线国家“海外仓”合作平台建设快速推进。

4.人才集聚高地逐步显现

构建人才政策体系，开设5年多次有效F字签证受理端口，申请开设永久居留受理端口。出台《关于推进大连金普新区、中国（辽宁）自由贸易试验区大连片区人才工作的若干措施》，推出人才政策19条，同时制定了15个配套实施办法，与苏州市吴中经济开发区、中智（大连）对外服务有限公司签订了人才战略合作协议，与上海浦东新区人力资源和社会保障局达成了合作协议。自2017年4月1日起，全面实施外国人来华工作许可制度，为外国高端人才来华工作开辟了"绿色通道"，截至2017年12月，共为外国人制证1122张，其中A类人员259人，引进地方级领军人才1人，产业发展急需紧缺人才13人。

5. 多规合一改革工作阶段性成果显著

研究制定新区"多规合一"总体工作框架、技术路线及实施方案；开展了新区"多规合一"规划编制和平台建设；与辽宁省测绘地理信息局合作，先行开展了地理信息基础底图编制工作；同步研究与"多规合一"匹配的规划管理体制机制改革等工作。配合省测绘局开展了新区空间格局动态监测，实现新区空间动态基础数据共建共享。

6. 争取省级经济社会管理权限下放

2017年1月，《中共辽宁省委、辽宁省人民政府关于推进大连金普新区建设发展的实施意见》（辽委发〔2017〕2号）（以下简称《实施意见》）正式印发，赋予新区省级经济社会管理权限，除法律法规和国家明文规定外，凡属省级的行政审批与管理事项，原则上全部下放或委托给新区。2017年3月，新区向大连市政府提出恳请有关部门解决的64项问题，7月，新区向市政府上报了《关于申请向金普新区下放省级经济社会管理权限并给予政策支持的请示》，拟申请省级各部门对新区下放经济社会管理权限并给予支持政策，其中管理权限100项，支持政策25项。经市政府同意、省发展改革委协调，下放到新区的权限、政策29项。

（三）防范和化解地方政府债务风险情况

1.对政府债务规模实行限额管理

新区严格按照大连市下达的债务限额对区本级债务实行限额管理，限额报经区人大批准后在网上公开，将债务余额严格控制在规定的限额内。

2.政府债务收支纳入全口径预算管理

2017年，政府债务还本付息97.71亿元，其中还本83.59亿元、利息14.12亿元。政府债务还本通过发行置换债券解决，全年发行置换债券83.55亿元，其中，一般债券43.06亿元；专项债券40.49亿元。提前偿还系统外债务6亿元。

3.完善政府债务风险防控体系

陆续出台《债务风险应急处置和偿债资金管理暂行办法》《地方政府债务风险评估和预警管理暂行办法》《偿债准备金管理暂行办法》《政府债务风险化解规划》等规范性文件，成立政府性债务管理领导小组，研究制定《金普新区政府性债务风险应急处置预案》，加强日常政府债务信息监测、分析。

4.积极开展违规融资自查整改工作

新区认真组织开展地方政府及所属部门融资担保行为摸底排查工作，限期整改。

5.推进融资平台公司市场化转型和融资

出台相关文件，将原融资平台承担的地方政府一类债务全部剥离，纳入政府预算管理。原融资平台公司不再承担地方政府举债融资职能，转型改造后举借的债务实行市场化运作。

6.开展清理偿还政府欠款专项工作

拨付资金6044.8万元用于偿还企业工程款、政府采购款和保证金等款项，化解政府性债务中拖欠工程款334万元。

（四）污染防治攻坚战情况

1.党政齐抓、强化措施，统筹打好污染防治攻坚战

制定并印发了《金普新区环境保护职责规定》，强化环境保护“党政同责、一岗双责”，印发了《新区大气污染防治行动计划实施方案》《金普新区水污染防治工作方案》《金普新区土壤污染防治工作方案》，明确了各部门的工作职责、任务分工和工作要求，全区共同打好污染防治攻坚战形成合力。

2.源头控制，综合施策，全面推进结构治污

出台《金普新区促进工业发展的若干办法（试行）》和配套实施细则，制定《大连金普新区煤炭消费控制方案》，严格煤品管控，2017年规模以上工业企业煤炭消费总量为321万吨，比计划总量下降29万吨。重新调整和扩大高污染燃料禁燃区，由原来的33.98平方公里扩大到151.47平方公里。

3.突出重点，强力攻坚，确保各项工程稳步推进

大气攻坚，累计拆除燃煤锅炉173台，提标改造20吨以上燃煤锅炉36台，完成挥发性有机物整治项目78个，完成裸露点源治理4330公顷，主要街路机械化湿式清扫率达98%，建成区低尘机械化清扫率达到95%，淘汰黄标车1.6万辆。

水污染攻坚，完成4家印染企业低排水染整工艺改造，省级以上工业聚集区全部建成污水处理厂或依托现有城镇污水处理厂，实现污水100%

集中处理，推进西海污水处理厂二期建设及一期深度处理工程，对金州老城区约52平方公里范围内的污水实施截流和雨污分流，46个规模化养殖场完成配套建设粪便污水贮存处理设施，规模化养殖场废弃物处理利用设施比例达到70%，对登沙河流域进行全面治理，开展31个超标入海排污口（河流）整治，完成治理16个，完成污水管线长约26公里、污水收集井和检查井共计690余座。

土壤污染防治，对预布设在本辖区的168个土壤环境污染点位进行核实，并按要求划定详查单元，以耕地为重点，分别采取相应管理措施，对拟收回土地使用权的重点行业企业用地，以及用途拟变更为居住和商业、学校、医疗、养老机构等公共设施的重点企业用地进行排查，强化未污染土壤保护，严控新增土壤污染，开展污染治理与修复，改善区域土壤环境质量。

4.严格查处、严格执法，形成对违法行为的高压态势

立案查处环境违法行为183件，同比增长200%；处罚额583万元，同比增长100%，其中实施按日计罚2件、行政拘留移送4件、刑事移送2件。

图2-20 大连金普新区大连港大窑湾集装箱码头

（五）2018年工作展望

2018年，大连金普新区将牢牢把握“坚持党对一切工作的领导、坚持创新驱动、坚持开放引领、坚持产城融合、坚持全域统筹、坚持幸福共享”六条基本原则，突出做好构建新体制、培育新动能、展现新作为三项重点工作，加快建设欣欣向荣的国际化现代化滨海新城，争做引领带动辽宁振兴发展、大连“两先区”建设的排头兵。力争全区地区生产总值年均增长10%、一般公共预算收入年均增长15%、固定资产投资年均增长20%，努力在全省全市经济发展中的支撑作用更强、改革创新的示范作用更优、城乡统筹的引领作用更新。

1.深化重点领域改革

一是加快推进新区管理体制机制改革。坚持学习借鉴上海浦东等先进经验与紧密结合新区实际相统一，突出功能区的经济发展功能，强化街道的社会管理和服务职能，理顺条块关系，明晰权责界线，加快建立科学设置、衔接有序、运转高效、充满活力的管理体制和运行机制。二是进一步落实省委、省政府《关于推进金普新区建设发展的实施意见》。该《实施意见》从总体要求、完善管理体制、强化创新驱动、深化对外开放合作、构建现代产业体系、推进城乡统筹和生态建设、提升要素支撑、强化组织保障8个方面，明确了30条重点内容。全力争取市里、省里有关部门支持，按照《实施意见》中明确的责任分工，推动各项政策早日落实到位。三是深化“放管服”改革。建立负面清单管理制度。推行“证照分离”改革试点。推进相对集中行政许可权、行政处罚权改革。四是落实构建开放型经济新体制试点试验任务，确保试点试验终期评估交出合格答卷，形成一批可复制推广的先进经验成果。五是加快推进“多规合一”改革，完成空间规划及相应专题研究的编制及报批工作，完成空间“一张图”及信息平台建设。

2.高标准建设大连自贸片区

一是全面复制推广第二批40条经验做法，统筹协调市直部门合力推进234项改革试验任务。二是完善第三方评估机构和智库平台的参与机制，加快推进投资自由化、国际贸易“单一窗口”、金融开放创新、事中事后监管体制改革、航运中心建设、产业转型升级、法治保障体系建设、人才科技保障体系建设等重点课题研究，不断推出大连特色创新案例。三是进一步健全企业投资服务体系，完善自贸试验区企业数据库和政策措施，加快启动信用信息管理和事中事后监管系统建设。四是加强与东北亚各国之间的经贸投资合作，加快产业集聚，助力经济转型升级。五是深入研究、加快探索、适时申报建设大连自由贸易港。六是联合海关、检验检疫等口岸部门，在冷链通关、微波检疫等领域再推出一批全国有影响、全省可借鉴的“大连经验”。

3.千方百计抓招商引资和项目建设

一是全力推进英特尔三期、“合资整车”、宝能文化综合体、东风日产第二工厂、逸盛大化聚酯切片、大众变速器二期、融科储能二期、中触媒等对区域发展具有引领带动作用的大项目早日签约、落地、开工、达产。二是重点培育通用航空、生物医药、精细化工、军民整合、储能等战略性新兴产业，制定支持实体经济发展的实施意见。三是加快发展民营经济，支持本土大中型企业和小微企业发展壮大，形成外资、民资、国资共同参与新区开发建设的崭新格局。四是开发建设小窑湾金融城及国际商务中心。积极推进金融创新，加快推进宝能环球金融中心、中交二航局总部、德泰“双创”大厦等重点项目建设，着力引进黄金交易、证券公司、民营银行、财产保险公司及股权投资、融资租赁等项目，大力发展会展业。五是促进保税区特殊监管区优化升级，推动市场物流行业深度融合，支持中欧班列常态化运营，加快建设“四个中心”核心功能区。

4.大力推动自主创新示范区建设

一是以落实“三年行动计划”为统领，举全区之力加快建设自主创新示范区，为大连建设东北亚科技创新创业创投中心提供强力支撑。二是深化科技体制改革，清理和消除妨碍公平竞争的规定及做法，创新财政投入方式，以环境优化推动市场主体创新，力争全年实现净增国家级高新技术企业60家、主营业务收入达810亿元、研发投入31亿元。三是强化企业和科研机构创新主体地位，构建中小企业创新公共服务体系。全年新增市级以上孵化器和众创空间5个，总数达37个；新授权发明专利400件，有效发明专利总数达2000件。

5.进一步提升城乡建设水平

一是编制《金普新区总体规划》和近期实施意见，启动《蓝线专项规划》《近期交通整治规划》修编等工作。二是加快推进覆盖新区全域的轨道交通路网规划编制工作。开工建设大连湾跨海交通工程、环城一号路、振兴路改造、屯屯通油路等重点交通工程，打通永安大街、金七线等断头路。三是完成中央及省委环保督察整改工作要求，进一步加强大气、水、土壤污染防治工作，使天更蓝、水更清、山更绿、空气更清新。四是实施市容市貌净化、绿化、美化、亮化工程，进一步提高城市管理科学化、精细化、数字化、社会化水平。五是深化农村综合改革，以美丽乡村建设为载体，打造一批最美村庄。六是启动农村饮水并网工程，争取5年左右实现全区城乡供水一体化。

6.扎实推进民生改善和社会建设

一是坚持以创业带动就业、以培训促进就业，实现更加充分的就业。二是优先发展教育事业，研究解决入学新生增长与教师和校舍不足的突出矛盾，以及群众普遍关注的入园难、大班额等突出问题。三是实施健康新区战略，更加注重预防为主，更加注重重心下沉，更加注重优质服务，全方位全周期保护和促进人民健康。加快大连医科大学附属医院新区医疗中心建设步伐，启动盛京大连医院建设工程。四是推进农村社区服务中心项目，继续实施棚户区改造工程、“暖房子”工程，启动“畅通新区”工程。五是加大社会矛盾纠纷排查化解力度，加强安全隐患排查和食品药品监管，加强社会治安综合治理，确保社会安全稳定、群众安居乐业。

十一、四川天府新区

图 2-21 四川天府新区“一带一路”产业功能区

（一）2017年发展成效

1.经济保持较快增长

2017年，四川天府新区深入贯彻党的十九大精神，认真践行习近平新时代中国特色社会主义思想，坚持“世界眼光、国际标准、中国特色、高点定位”，着力优化完善城乡规划、提升城市极核功能、加快培育主导产业、深化体制机制改革，主要经济指标保持快速增长态势。实现地区生产总值2384.9亿元、增长8.6%，完成固定资产投资2301.3亿元、增长42.3%；地方公共财政收入完成203.1亿元，增长18%；地方公共财政支出完成339.3亿元、增长10.4%；实际利用外资17.68亿美元、增长19.5%。

2.现代产业加速集聚

紫光IC国际城、天府国际生物城、吉利新能源整车、京东方（成都）健康产业园、中电子8.6代液晶面板、国家农业科技中心、中科院光电所、海康威视成都研发基地等重大高端产业项目落户新区，中航成都科技文化博览中心、中电科成都科研基地、北航西部国际创新港、中德天翔环保、京东物流、万科黑石、长安特种车、中广核一期等重点项目加快建设，全国首条柔性AMOLED高分辨率触控显示屏生产线建成投产。全年汽车制造业和电子信息产业共计完成产值2250.2亿元，分别增长5.4%、26.9%。

3.创新改革全面推进

突出科技创新的支撑作用，引进中国科学院、北京大学、清华大学等一批校院地协同创新项目和航天科工、中科曙光等一批国家级实验室，引进培育科技型企业和创新团队突破4000家，引进院士、“国家千人计划”“长江学者”等高层次人才285名和各类专业性人才近15万人。成立和运营知识产权审判法庭、完成保税物流中心（B型）可行性研究报告、形成自贸试验区行政权力清单等32项试验任务。

4.城市功能不断增强

西部国际博览城正式投用，天府商务区、“两湖一山”国际旅游文化功能区等形成承载能力。教育、卫生等公共服务设施不断完善，兴隆湖、锦江生态带、鹿溪河生态区等生态环境建设成效显著。成都直管区“六横六纵”骨干道路基本建成。

5.开放合作再上台阶

加快推进自由贸易试验区开放合作平台建设，“中国–欧洲中心”、四川天府新区海关等平台投用。创新运用专业精准招商、专业委托招商、借助驻华机构招商“三大模式”，赴北美国家和北京、上海、深圳等地开展专题推介和招商活动，成功举办外国领团天府新区行、高端产业专题推介会等招商活动，引进法国阿尔斯通、美国雅保新材料、德国库卡工业机器人、中建天府新区新材料产业园、国际航空动力产业等重大项目。

6.建设全面体现新发展理念的国家中心城市示范区取得新进展

坚持“绿水青山就是金山银山”，集约集成利用山水林田湖多元要素汇聚的生态本底，持续提升兴隆湖生态湖区等生态景观，启动一批重大生态项目。坚持突出发展新经济在构建新区现代化经济体系中的带动作用，努力打造全省乃至西部地区最具标识度、最具带动力的新经济成长高地。坚持聚焦建设主导产业生态圈，切实做强开辟产业“新战场”的项目支撑，在天府中心集中开工熊猫大厦、国际会议中心等一批重大项目。

（二）体制机制创新进展

四川天府新区运用改革思维，增强改革定力，注重改革实效，统筹推动重点领域和关键环节改革。

1.创新规划编制重塑新区空间经济地理

编制规划以鹿溪智谷为中心的“1775”核心区城乡全域空间结构和“一山两楔三廊五河六湖多渠”生态景观格局。创新形成5类27项规划成果，包括分区规划、总体城市设计、重点区域的城市设计和控规等方案。

2.推进行政管理改革建立新的体制机制

四川天府新区成都党工委管委会原23个工作机构优化调整为16个。

产业发展相关专业机构6个，占机构总额的37.5%。推动人事管理由“身份管理”向“岗位管理”转变，注重干部人事规范管理，推进基层公务员职务与职级并行工作。

3.积极推进全面创新改革试验

发挥天府菁蓉中心、科技创新服务中心的载体支撑功能，带动聚集诺基亚全球技术中心、启明星辰创新中心等一批知名研发机构和创新型中小科技企业。制定《成都天府新区知识产权综合管理改革试点方案》，大力推进新区知识产权管理、执法等改革。以天府国际基金小镇、成都科学城等集聚区为载体，促进四川发展、天府金租、华西金控等项目开工，引进一批知名金融机构。推进商标注册便利化改革，受理商标注册申请7000多件，通过商标质押，企业成功融资金额6800多万元。

4.积极探索自贸试验区开放体制机制

编制完善核心区——成都直管区三年任务清单，细化试验任务94条，形成“天府国际基金小镇社会共治模式试点”“自贸试验区3.0版本国地税联合办税改革”“知识产权类型化案件要素式快审机制”“商标注册便利化改革”等改革创新案例15个，建立自贸专区服务，实行“一套材料、一表登记、一窗受理”工作模式，配备人脸识别、多语种智能翻译等智能服务设备，为自贸区企业提供国际化、智能化、便捷化服务。增设国际人员往来单一窗口，提供园区入驻咨询、涉外政策咨询、涉外证件业务办理、工商税务办理、涉外公证服务及生活服务咨询等业务，吸引金融、航空航天、信息技术、新能源等领域新注册企业4200多家，注册资本超过1317亿元。

5.推进土地管理制度改革试点

创新土地指标跨区域交易试点改革，规范耕地异地占补平衡指标交易，积极探索农村集体经营性建设用地开发利用，创新城镇规划建设区外现状集体建设用地就地流转模式，鼓励农民宅基地整理节余指标用于农村招商引资项目。坚持以科学规划引领产业集聚发展，将新发展理念融入规划编制，重塑新区空间格局和经济地理。截至2017年11月底，核心区聚集重点产业项目138个，完成供地项目60个、面积9144亩，已签约项目24个、面积16095亩，在谈项目54个、面积33098亩。

6.深化行政审批创新改革

精简审批环节，将10项工程建设类行政审批事项纳入试点范围，对124项审批服务事项一站式办结。制定《成都天府新区行政许可标准化建设实施方案》，编制行政许可标准体系表，完成近百个事项和流程的标准化，建立全流程服务，对企业注册、许可申报22类231项业务实现“一窗通办”。开通全程网上审批事项44项。

7.推进公安“大部门、大警种”改革试点

建立“大指挥、大政工、大监督、大维稳、大治安、大刑侦、大交通、大法制、大警保”9大警种体系，设置9个部门，比传统内设机构精简10个。推进“一警多能”，科学统筹警务资源，充实基层警力，基层民警占分局总警力94%。整合刑侦、技侦、通信、情报等人力和技术资源，建立合成化协同作战机制和大要案件侦破模式，完善案件受理、执法监督和涉案财物管理机制。

8.积极促进民生事业改革

制定《教育管办评分离改革试验区建设试点的实施意见》，出台教育权力清单和学校权限清单。制定《深化教育领域综合改革的实施意见》，创新人才培养、资源配置方式，改革学校办学治理体制。推进“两自一包”办学体制试行，对13所适宜购买服务的民生幼儿园“委托运营”办园

体制并确定承办主体。完善分级诊疗制度，推进家庭医生签约，签约服务覆盖率达50%以上。试点“医保精细化智能服务平台”项目，强化对参保人员就医、购药真实性的精准监控。

（三）防范和化解地方政府债务风险情况

充分发挥社会资本在天府新区建设和新兴产业发展中的作用，积极引导社会资本投入并参与天府新区建设发展。推进新区城市投资建设运营公司设立，与央企或知名国企开展股权合作。

扎实推进现有PPP项目建设。加快推进成都市天府新区第一污水处理厂及成都科学城生态水环境综合整治PPP项目、天府新区核心区综合管廊及市政道路工程（一期、二期）PPP项目建设。

扎实推进成都天投集团“双创债”发行工作。依据成都天投集团“双创债”发行工作方案，年内将启动审批工作，完成审批后，根据市场资金情况，择机发行债券募集资金。

（四）污染防治攻坚战情况

1.塑造碧水蓝天城乡形态

坚持生态优先、绿色发展，以“三治一增”为抓手，坚决打赢大气、水、土壤污染防治“三大战役”主动战、攻坚战。2017年，四川天府新区环境空气质量优良天数达227天，比2016年增加38天。

2.积极推进大气污染治理

制定《成都天府新区直管区大气污染防治行动方案2017年度重点任务》及《实施成都天府新区直管区“治霾十条”推进铁腕治霾工作方案》。强力防治燃煤污染。永久停用或淘汰新区81台燃煤锅炉。专项整治新区39

家页岩砖厂，已淘汰28家。印发实施《成都天府新区直管区臭氧污染防控行动方案》，清理整治汽修企业288家。制定实施《天府新区成都直管区突发环境事件应急预案》《天府新区成都直管区重污染天气预警响应工作方案》，应对突发重污染天气。

3.狠抓水污染防治

制定《2017年度成都天府新区直管区水污染防治工作实施方案》，将岷沱江流域、地表水环境共9个断面纳入考核。天府新区第一污水处理厂（一期）建成投运，新兴污水处理一厂（一期）加快建设，镇级污水处理厂（站）提标改造及维护工作完成建设。

4.积极开展土壤污染防治

印发《成都天府新区直管区土壤污染防治工作实施方案》，开展工业园区土壤环境质量现状调查，建立土壤环境容量基础数据库。积极开展重金属、化工行业企业迹地土壤污染风险排查，开展农用地土壤污染状况详查点位核实工作，布设926个点位。

5.扎实推进主要污染物总量减排

新区完成水污染物总量减排项目（结构减排）50个，大气污染物总量减排项目（结构减排）16个，预计完成削减量为化学需氧量639.768吨、氨氮90.335吨、总磷90.82吨、二氧化硫856.65吨、氮氧化物396.97吨。

6.强化环境监管和执法

印发《成都天府新区直管区网格化环境监管实施方案》，制定重点污染源、一般污染源和特殊污染源名单，随机抽选，重点对被抽查单位防治设施运行情况、污染物排放情况、环评及排污许可证执行情况等进行抽查。受理各类环境信访投诉149起，查处率100%，回复率100%，未出现一起越级投诉、上访和群体事件发生。查处环境违法案件76起，下达处罚决定书70份，罚款200余万元。实施查封、扣押案件2起，限制生产案件3起，移送公安部门案件5起，行政拘留4人。

图2-22　四川天府新区锦江生态带

（五）2018年工作展望

2018年2月11日，习近平总书记视察天府新区时指出，“天府新区是‘一带一路’建设和长江经济带发展的重要节点，一定要规划好建设好，特别是要突出公园城市特点，把生态价值考虑进去，努力打造新的增长极，建设内陆开放经济高地”。

四川天府新区将高举习近平新时代中国特色社会主义思想伟大旗帜，牢记习近平总书记嘱托，聚焦担当国家使命、彰显城市特质、锻造带动能级、走好“一带一路”，统筹推进“五位一体”总体布局和“四个全面”战略布局在天府新区的具体实践，加快建设以人民为中心、全面践行新发展理念的公园城市，努力打造新的增长极，加快建设内陆开放经济高地，全力规划好建设好“一带一路”建设和长江经济带发展的重要节点，切实担当新使命，奋勇开启新征程，全力实现新作为，坚决不负新时代，向党中央国务院交上一份体现发展质量、顺应人民期待的新区合格答卷。

1.聚焦担当国家使命，强化“节点”意识，提升规划好建设好天府新区的格局和境界

进一步强化“天府新区是‘一带一路’建设和长江经济带发展的重要节点”的意识，站在联动两大国家战略的高度，积极担负培育对外开放新优势、促进东西部协同发展、带动区域转型升级的责任使命，按照国内一流、世界领先的标准谋划新区建设，努力实现经济高质量发展、城乡高水平建设、市民高品质生活，彰显“新时代”国家级新区的鲜明时代特征。

2.聚焦彰显城市特质，践行以人民为中心的价值坚守，加快建设美丽宜居公园城市

坚持“绿水青山就是金山银山”，进一步巩固生态本底、优化空间布局、提升城市功能，塑造“山水相依、人文共生”的城市形态，构建“推窗见田、开门见绿”的生态人居，加快打造“人城境业”高度融合的大美新区。

3.聚焦锻造带动能级，深入实施创新驱动发展战略，努力打造新的增长极

加快构建现代化产业体系，依托“一带一路”产业功能区和新一代人工智能产业功能区建设，突出科技创新的支撑作用和新经济的突破带动作用，积极争创综合性国家科学中心，高标准推进“独角兽岛”规划建设，发挥产业功能区的聚合功能，加速实体经济产业链、供应链与价值链重塑，促进产业跨界融合，支撑经济高质量快速发展。

4.聚焦走好“一带一路”，着力更全面、更深入、更务实的立体开放格局，加快建设内陆开放经济高地

强化“带头开放、带动开放”观念，以自贸试验区建设为依托，以发展国际会展业为带动，以中意文创国别合作园区、川港创意设计产业园为重要载体，以保税物流中心（B型）、国际会议中心等重大项目实施为支撑，以加快推进开放通道、开放口岸、开放平台建设为抓手，深度融入“一带一路”建设和长江经济带发展，加快构建全方位、宽领域、多层次、高能级的对外开放平台和新格局。

十二、湖南湘江新区

图 2-23 湖南湘江新区夜景图

（一）2017年发展成效

2017年，湖南湘江新区实现地区生产总值2209亿元，同比增长11.2%；规模以上工业增加值1173亿元，同比增长12.0%；固定资产投资2313亿元，同比增长16.3%；实现社会消费品零售总额697.14亿元，同比增长14.8%；一般公共预算收入346亿元，同比增长10.8%。

1.发展质量不断提高

经济结构不断优化。高新技术产业增加值占地区生产总值比重超过40%，高新技术产业投资同比增长108.2%；全社会固定资产投资中产业投资同比增长46.1%，占比达48.3%，同比提升9.8个百分点；完成民间投资1295.99亿元，同比增长16.0%，占比达56.0%，同比提升1.3个百分点；研发经费投入占GDP的比重超过4.4%。长沙高新区创新能力进入全国前10位；宁乡经济开发区、望城经济开发区产值双双迈入“千亿园区”；宁乡高新区“一园一中心”（湖南省大学科技产业园、湖南省高等院校知识产权服务中心）投入使用。

2.发展动能加速转换

全年共签约项目200个，总投资2617亿元，同比增长15%，引进了9个投资过百亿元的重大项目；累计完成重点项目投资1425亿元，投资完成率124%；长沙亿达智造小镇、伟创力、清控科创、国金新能源汽车、华大基因、中通智慧物流园等项目签约落地；湘江欢乐城、宜家荟聚、康程婴童、澳优智慧工厂、中锂隔膜新材料、中南大学科技园（研发）总部等项目开工建设；红太阳光电、湖南粮食集团宁乡食品产业园、中信戴卡一期、沃特玛新能源、海普声域等项目竣工投产；梅溪湖国际文化艺术中心建成运营。移动互联网、增材制造、北斗导航、现代金融以及创新创意等新兴产业加快发展，大王山旅游度假区建设步伐加快。湖南金融中心已聚集法人机构、省级分行和持牌金融机构近20家；发挥产业基金作用，投入财政资金5亿元，通过母基金、直投基金等方式撬动社会资本130多亿元进入实体经济；新增上市企业5家，达29家。

3.创新活力显著增强

岳麓山国家大学科技城建设全面拉开。麓山南路综合整治加快推进，“两山一湖”双创基地正式运行，智能系统测试区建设快速推进，2017军民融合新材料新工艺高峰会议成功举办，中电软件园二期、湖南航天麓谷产业园、长沙信息港军民融合产业园等加快建设，军民融合产业产值达400亿元。双创空间或基地达到80余个。

4.重点改革深入推进

以深化供给侧结构性改革为主线，坚持问题导向攻坚克难，着力打造改革试验田。一是深化综合体制机制改革，承接到位市经济管理权限44项；调整了新区财税分配体制，与岳麓区理顺了城市管理体制。二是深化金融创新改革，推进湖南金融中心规划建设，湘江基金小镇正式运营，率先放开私募股权投资基金注册。三是深化要素市场改革，出台《湖南湘江新区产业用地有偿使用管理暂行办法》等文件及配套细则，通过灵活多样的供给管理方式提高产业用地利用水平；深化人才引进培养制度改革，综合采取项目招商“嫁接”引才，柔性方式灵活引才，拓展国际渠道引才等方式吸纳优质人才。四是深化政务服务改革，实施“最多跑一次”“两集中三到位”“互联网+政务服务”改革，在全省率先实现所有投资审批事项“一网通办，在线办结”，审批时效整体提升40%。

5.城市品质有力提升

完成长沙高铁西城概念规划、综合交通规划、绿道近期建设等专项规划编制工作，开展了梅溪湖二期以及大王山旅游度假区控规编制优化工作。湘府路快速化改造、长望路西延线、麓景路南延线等项目开工建设，雅礼洋湖中学等一批中小学建成开学；滨江、洋湖区域能源中心投入使用。洋湖湿地公园入选国家水利风景区，梅溪湖二期综合管廊、海绵城市示范性项目顺利推进，造绿复绿101公顷。

（二）体制机制创新进展

2017年，湘江新区加强改革科学谋划，在拓宽视野、放大格局中强化使命担当，聚焦重点改革事项、增添改革创新活力，在岳麓山国家大学科技城、湖南金融中心、知识产权、土地利用模式、双创示范基地、政务服务、生态文明、国有企业、人事制度等重点改革工作上取得新突破、新进展。

1.突出放管服改革，切实优化发展环境

全面使用投资项目在线审批平台和施工图管理信息系统，房建类、市政类项目审批时限分别提速25%、40%以上。推行“互联网+政务服务”，推进新区政务服务App建设。创新开展“沟通面对面、服务零距离”活动，践行服务企业“十项承诺”，设立重大产业项目服务专窗，为企业提供24小时全过程全方位服务。加快理顺行政执法关系和权限，承接44项市级经济管理权限，增创新区发展优势、激发新区发展活力。

2.突出创新创业改革，持续增强发展动能

抓双创平台建设。岳麓山国家大学科技城建设全面拉开，明确校区、城区、景区、园区“四位一体”建设思路以及23.19平方公里的核心区建设范围。实施麓山南路综合整治、中南大学科技园（研发）总部、“两山一湖”等一批重大工程，总投资近200亿元。成立长沙北斗产业安全技术研究院、北斗卫星导航产品质量检测中心、卫星导航仿真与测试开放实验室等公共服务平台，聚集军工资质企业60余家、民参军潜力企业80余家，军民融合产业产值达400亿元左右。抓双创主体培育。累计培育智能制造研究院、新材料研究院等重大创新平台200多个；建成麓谷·创界、梅溪湖创新中心等双创平台50多个。出台新区创新创业人才奖励扶持政策，对16个入选个人及团队实行奖励、金额2000余万元。新增市场主体3万余个，注册企业1.7万余个，同比增长23 %。新区战略新兴产业投资同比增长29.5%，高端装备、人工智能、基因技术、信息终端、增材制造等新兴产业发展迅速，其中，移动互联网产业新引进企业1451家，产值同比增长75%。抓双创氛围营造。出台专项激励措施，举办互联网创新大会等高规格双创对接活动10多场，将“智汇湘江·科创新区”打造成为区域性科研

创新转化的品牌。

3.突出要素市场改革，充分释放发展活力

推进金融改革创新。湖南金融中心建设初具规模。制定完成湖南金融中心概念规划和城市设计方案，形成空间业态、交通组织等4个专项规划方案，明确2.8平方公里规划范围。湘江基金小镇正式挂牌，发布《关于支持湘江基金小镇发展的若干政策意见》《湖南金融中心及湘江基金小镇扶持政策申报实施细则》《湘江基金小镇一站式服务方案》等。放开私募基金注册，即将入驻的各类私募股权基金、基金管理机构100多家，管理资产规模突破1000亿元。设立300亿元新区产业基金，通过母基金、直投基金等方式撬动社会资本130多亿元。参与科技成果转化基金、移动互联网产业基金、智能制造产业基金等20多支子基金运营。推进人才引进培育机制改革。组建新区人才服务中心，设立2亿元人才发展专项资金，建设留学生创业园、中意技术转移湖南分中心和国际科技商务平台，集聚各类人才总量超过20万名，海外人才5000多名。推进差别化土地供应方式改革。研究制订《湖南湘江新区产业用地有偿使用管理暂行办法》《产业用地认定和供应实施细则》《产业用地全生命周期管理实施细则》，探索弹性年期、分段计收、租让结合等土地供应方式，重点保障新兴产业用地需求。实施省级知识产权综合改革试点，探索“基地+基金”科技成果转化新模式。

4.突出生态文明改革，厚植绿色发展优势

对纳入生态补偿的行政村实施流域、大气、生态等因子多元补偿，全年共计拨付资金2600多万元。基本完成肖河、雷锋河等4处黑臭水体治理，构建生态技术指标体系，辖区40余条市政道路采用绿色市政特色技术。形成绿色建筑全过程闭合式管理机制，累计新增绿色建筑面积1550万平方米。实施新区三年大造绿行动实施方案，完成造绿复绿面积101公顷。推进海绵城市和综合管廊建设试点，洋湖湿地公园新入选第十七批国家水

利风景区。滨江、洋湖区域能源中心投入使用，可节能30%以上。

（三）防范和化解地方政府债务风险情况

认真落实国家、省、市有关部署，把债务风险防控摆在突出位置。一是落实政策坚决果断。2017年1月1日后，新区再未批准过非棚改类政府购买服务项目，以后也将继续按财政部《关于坚决制止地方以政府购买服务名义违法违规融资的通知》文件要求执行。二是执行政策不打折扣。今年以来，新区管委会严格按照国家发展改革委、财政部等相关部门的法规政策要求，限制没有收益的公益性道路基础设施采用PPP形式建设。麓景路南延线工程原打算以PPP形式建设，在研究完PPP相关政策后，管委会认为采用PPP形式可能会增加政府负债，于是决定采取以财政直接出资的形式建设。三是督查落实抓铁有痕。每年对全系统举债融资特别是政府举债进行一次全面排查和整改规范，做到有错必纠、绝不护短。到2017年底，累计整改违规政府负债资金58.29亿元。政府性债务55.028亿元，政府债务余额为57.61亿元，实际综合债务率为51.13%。

（四）污染防治攻坚战情况

一是抓规划标准推进污染防治。根据“三个三分之一”的建设开发思路（即新区范围内三分之一为建设用地、三分之一为生态用地、三分之一为农用地）推进新区建设，划定禁建区351平方公里，建立总数达48项的生态标准体系，在土地出让、规划设计等项目建设过程中明确生态指标要求，并通过项目审批监管严格把关。二是抓重大工程推进污染防治。实施黑臭水体整治、蓝天保卫战、大造绿等专项行动计划，列入国家住建部黑臭水体整治监管平台的4处黑臭水体治理基本完成，新区核心区实现落后产能全部退出。三是抓技术应用推进污染防治。大力推广应用绿色市政技术，推进市政类项目工程全面实施海绵城市设计和建设。推广绿色建筑，新区绿色建筑总面积已达870万平方米，装配式建筑总面积达95万平方米。推广集中分布式能源，已建或在建水源或地热源热泵项目9个，总供能面积约500万平方米，年节能折合标煤约1.5亿吨。四是抓生态补偿抓污染防治。深化生态补偿试点，按照“谁保护谁受益，谁损害谁赔偿”的原则，每年安排3000余万元生态补偿试点专项资金，对因保护生态环境及功能影响经济发展区域给予一定的经济补偿。

图2-24 湖南湘江新区智能驾驶测试场

（五）2018年工作展望

2018年，湘江新区主要预期目标：地区生产总值增长10.5%；规模以上工业增加值增长11%；全社会固定资产投资增长13%；社会消费品零售总额增长14%；一般公共预算收入增长11%，地方一般公共预算收入增长8.5%。同时，为推动高质量发展，体现新区示范引领，确定六大特色指标：高新技术产业增加值增长13%；产业投资占固定资产投资总额比重达50%以上；全社会研发经费投入（R&D）占GDP比重达4.8%；市场主体增长12%以上；生态文明建设支出占一般公共预算支出20%以上；单位GDP能耗下降速度确保与长沙市同步。

1.突出产业项目建设，着力壮大实体经济

在投资导向上，聚焦实体经济发展，着力提高产业投资在固定资产投资中的比重，提高工业投资在固定资产投资中的比重，提高技改投资占工业投资的比重，提高民间投资占全社会固定资产投资的比重。在主攻方向上，盯紧先进储能材料、高端装备与人工智能、基因工程和生命技术、信息终端、3D打印和工业机器人五大高端制造业，以及移动互联网、现代金融、文化旅游三大现代服务业，加快构建“5+3”产业发展格局。·是抓产业链建设。先进储能材料产业重点引进力神动力电池，补齐电芯链条；信息终端产业突出龙头带动，借助伟创力、中兴通讯等做大做强；高端装备和人工智能产业重点突破人工智能战略项目的引进；基因工程和生命技术产业重点突出以华大基因、人和未来为主体的“基因谷”建设；增材制造引进1～2家龙头企业；移动互联网引进京东等企业，举办好全新2.0版的岳麓峰会。二是加快促进中国电科麓谷产业基地、中国长城科技集团总部项目等重大产业项目落地，力争神州数码、云彩控股、熊猫电子、中核湖南第二总部、和光传媒等一批意向项目尽快签约。三是加强国家级双创示范基地建设，切实做好2018年“智汇湘江·科创新区”科技成果转化项目系列路演。四是提高产业基金运营效益，设立科研成果转化基金，引进天使基金、风险基金、并购基金等支持产业发展。五是制定新区的重大项目工程包，争取新区更多的重大产业项目、重大科创项目、重大产品创新、高端科技人才等进入全省“五个100”支持笼子。

2.突出重点片区建设，着力提升承载功能

规划新区—湘潭轨道快线，开工建设潇湘大道南延线、黄桥大道南延线，推进湘府路快速化（河西段）、岳宁大道、枫林西路（三段）、长望路

西延线等重点交通干线建设以及大王山片区交通提质，建设一批公共停车场、城乡绿道、自行车专用道、共享单车及共享汽车停靠点、新能源汽车充电桩，加快岳麓山国家大学科技城建设，抓好湖南金融中心建设。

3.突出改善城乡面貌，着力提升新区品质

开展泛梅溪湖片区“百日整治”行动，抓好支路网、城市慢行系统等“微改造”“微建设”，突出抓好岳麓山、桃花岭、尖山、象鼻窝等山体生态修复。加快推进看云中小学、坪塘中学、湘江中学等教育配套建设，推进亿达健康科技城、爱尔国际医疗产业城等项目落地与建设，新建和提质一批站厕、垃圾中转场和农贸市场，建成联江公园、桐溪水乡、银盆岭公园等一批精品景观工程，加快梅溪湖二期综合管廊建设。推广新能源汽车和清洁能源，加大工业节能减排力度，加快龙王港、靳江河、后湖等水域治理，全面完成核心区城市黑臭水体治理。完成原蜂巢颜料厂、滨江新城遗留工业场地土壤修复等项目。

4.突出加大攻坚克难，着力强化要素保障

规范包装推介梅溪湖国际新城二期、岳麓山风景区基础设施提质改造、大王山交通提质及停车设施、通用机场等一批重大PPP项目，引导金融机构、母基金、子基金等精准对接实体经济融资需求，支持建设园区信用体系、科技金融政策体系、信贷风险补偿，全面完成93个征拆项目、1.7万亩的征收拆迁任务。

5.突出增长动能转换，着力深化改革创新

在长沙高新区、大学科技城周边各规划建设10万平方米左右租赁房或限价商品房；利用好1.37万亩储备土地，盘活存量土地资源；理顺管委会与公司权责边界，促进平台公司转型创新发展。推进“放管服”改革，全面实现网上办理或“只跑一次”，开展知识产权综合管理改革试点，建设

长沙高新区保税仓；组建进出口服务公司、贸易融资担保公司；深化与国际友好城市的交流合作。

6.突出体制机制改革，着力推进高质量发展

2018年，湘江新区将重点围绕科技创新、现代金融和“人才新政”等重点领域，为新区发展注入改革基因、增添改革活力、打造改革品牌。在科技创新改革方面，高标准抓好岳麓山国家大学科技城、军民融合创新示范区两大功能平台建设，开展“智汇湘江·科创新区”科创合作对接系列活动，编制发布“麓谷创新指数”，探索成立科技成果转化子基金，畅通产学研金用对接机制，促进科技成果与产业、市场、资本等之间的深度对接。在金融创新改革方面，加快湖南金融中心建设，依托基金小镇促进私募股权基金产业集聚，打造区域性基金机构服务中心、股权投资服务中心、基金产品创新中心和金融综合配套中心；依托产业投资基金，通过母基金加直投基金的运作模式，采取股权投资等扶持方式，支持新兴产业项目培育。积极探索设立碳排放交易所、有色金属交易所等机构，发展科技金融、文化金融、绿色金融等特色金融。在人才体制机制改革方面，落实省、市人才政策，深入实施高精尖人才领跑工程、紧缺急需人才集聚工程、青年人才筑梦工程、国际化人才汇智工程以及“工匠”铸造工程等；在人才创业贷款、人才动态支持政策、拓展人才交流互动平台等方面进行大力支持；在用人单位自主权、人才评价制度改革、人才引进培育奖励制度、创新人才引进方式方法、科技人才激励等体制机制上放权、松绑、激活。

十三、南京江北新区

图 2-25 南京江北新区产业技术研创园

（一）2017年发展成效

2017年，南京江北新区实现地区生产总值2218亿元，同比增长9.1%；一般公共预算收入217亿元，同比增长9.3%；固定资产投资1632.9亿元，同比增长4.9%。其中，直管区地区生产总值1201亿元，同比增长11%；一般公共预算收入127.2亿元，同比增长12.6%；全社会固定资产投资767.9亿元，同比增长17.7%；规模以上工业总产值2593.9亿元，同比增长17%；社会消费品零售总额351.6亿元，同比增长13%，主要指标增幅均明显高于江苏省、南京市平均水平。

1.创新创业氛围更加浓厚

（1）高端资源加速集聚。全面加强与海内外高端科技创新资源合作，组建中德智能制造研究院、剑桥大学科创中心、伦敦国王学院—南京生物医学研究院、江北新区硅谷创新中心等高端创新平台。全年新申报高新技术企业74家，新增新型研发机构16家，累计引进领军型科技创业人才、高层次创业人才近500名。

（2）创新载体建设提速。与东南大学共建集成电路产业服务中心，与南京工业大学共建先进生物技术研究院，与深圳清华大学研究院、中国科学院上海有机所等国内知名高校院所合作共建一批新型研发机构。已认定的市级新型研发机构数量占全市总量近40%。

（3）创新生态逐步优化。细化落实“创新十条”政策措施，发布“创新活力指数”，创新国家级新区创新评价体系，启动实施“灵雀计划”，组织完成首批高新技术企业、研发机构、孵化器奖励政策兑现，共向400家企业兑现资金和科技创新券近9000万元。

2.产业集群优势更为突出

（1）集成电路方面，首期投资30亿美元的台积电（南京）公司12吋晶圆项目加快建设。在台积电带动下，安谋电子、新思科技、晶门科技等百余家集成电路产业上下游企业集聚新区，国内排名前10的IC设计企业有一半落户新区。

（2）生物医药方面，依托生物医药谷、国际健康城等核心载体，集聚生物医药企业400余家，有序推进国家健康医疗大数据中心及产业园建设试点工程。

（3）新能源汽车方面，南汽新能源汽车基地、自主品牌乘用车产能提升等重大项目建成投产，新能源乘用车产能稳居南京市前列，整车产能突破50万辆。

（4）新金融方面，全面推动扬子江新金融集聚区中心区建设，吸引注册资本120亿元工银金融资产投资公司、供销金融等20余家新金融机构和华泰证券产业基金、盈科资本投资基金等70余支基金集聚新区。

3.城市功能品质逐步展现

（1）核心区框架全面拉开。国内规模最大、功能最全的地下空间工程一期开工建设，绿地金融中心、综合管廊二期53公里等一批产业项目和功能项目有序推进，智慧新区5G通信实验网和江苏省首个窄带物联网商用项目加快建设。

（2）基础设施加快建设。S3宁和城际一期正式开通，长江大桥公路桥维修改造、长江五桥、和燕路过江通道南段以及浦仪公路西段等重大工程顺利推进；扬子江隧道北接线快速化改造工程建成通车，长江隧道北接线快速化改造工程主体完工；“一环三线”快速路网全面启动。

（3）生态环境显著改善。实施107项环境整治项目，扎实推进大气、水、土壤污染防治，17条黑臭河道整治全部达标，全年空气质量优良天数同比增加23天，PM2.5均值下降15%。河长制管理实现全覆盖，绿水湾湿地公园、青龙绿带等重大生态工程加快推进。

4.群众获得感幸福感持续提升

（1）民生事业加快发展。南京一中江北新区分校等一批优质学校投入使用，创建省市优质幼儿园8所，新增省级标准化居民学校10所。鼓楼医院江北国际医院门急诊、大众健康科创中心基本建成，南医大第四附属医院、南丁格尔国际护理学院加快建设。

（2）保障体系逐步健全。新开工建设保障房174万平方米，竣工97万平方米，完成棚户区改造约105万平方米。城乡低保标准一体化率达100%。

（3）社会治理成效突出。开展社会矛盾和安全隐患大排查大整治行动，集中实施危险化学品、交通运输、建筑施工、房屋租赁等领域专项整治，全面推动落实企业安全生产主体责任。

（二）体制机制创新进展

1.完善新区管理机制

新区对管理体制进行了优化调整，把国家级南京高新区、南京化工园整建制并入新区管理，同时划定了直管区、共建区和协调区，功能和规划各有侧重。其中，直管区共386.25平方公里，托管了顶山、泰山等7个街道，并在直管区内划定33.2平方公里的核心区，集中开发，发挥引领示范作用。经省政府同意，新区直管区依法被赋予46项省级管理事项权力。

2.深化行政审批改革

相对集中行政许可权，形成涉及12个行业领域的首批集中事项清单共77项，开展企业登记注册、项目备案等工作。数字化联合图审，制定完善《南京江北新区建设工程施工图设计数字化联合审查实施管理办法（试行）》，建立施工图联合审查工作机制。制订完善《南京江北新区关于积极推进"证照分离"改革试点工作方案》，梳理选取出与企业经营活动密切相关的行政许可事项，明确事项实行告知承诺制的审批条件和操作流程。推行"投资项目在线审批监管平台"运行，实现备案项目全程不见面，不见面审批率为94%。在确保新开办企业3个工作日办结的基础上，推动缩短商业银行开户等手续办理时间，努力实现2个工作日内办结；产业项目从立项到施工许可30个工作日办结。

3.推进服务贸易创新发展试点

在西坝港区申报建设保税物流中心（B型）；编制"江北新区服务贸易创新发展规划"，制定促进服务贸易创新发展的十条政策和专项资金管理办法，组建20亿元全国首个服务贸易基金，组织南瑞、扬巴、沙索3家企业申报商务部“重点服务进口业务贴息”获110万元扶持资金；推动中法产业合作示范区、中德智能制造研究院、中瑞健康共生城等产业技术创新平台落户新区；重点打造研创园、南京软件园、国际健康城等服务贸易特色集聚区，生物医药谷获批为南京市服务贸易集聚区。

4.推进健康医疗大数据试点

联合东南大学、南京医科大学等院校共同创建健康医疗大数据应用技术重点实验室；引进瑞典“共生城”理念及技术，共建国际健康社区；启动健康医疗大数据及人类基因展示馆建设，综合展示健康医疗大数据的未来科技。大数据中心年内存储容量可达52PB，采用全球最先进的基因检测设备搭建两套基因测序公共平台，预计每年可检测30万～40万人次。

（三）防范和化解地方政府债务风险情况

1.锁定融资平台类单位及债务底数

对各融资平台类单位进行再清理和甄别，以2017年9月30日为时点，凡是政府没有承担偿还或担保责任的以及没有承担公益性项目建设举债的予以剔除，并实行锁定，以后一律只减少不增加。对截至2017年9月30日的有关债务数据逐项逐笔进行再清理、再核实、再甄别，严格区分政府债务、政府负有偿还责任债务、政府负有担保责任债务、非财政性资金偿还且非政府担保公益性项目债务、政府或有债务、企业经营性债务等，对政府负有偿还责任、担保责任以及公益性项目债务进行锁定并纳入化债范围。

2.制定债务化解目标和化解方案

成立江北新区政府性债务管理领导小组，并制定《江北新区地方债务化解方案》《江北新区政府性债务风险预警办法》《江北新区（直管区）政府性债务风险应急处置预案》，强化债务风险预警和评估、应急处置和考核问责。本着积极稳妥的原则，每年通过预算安排一定财力用于化解债务。

（四）污染防治攻坚战情况

1.深入开展大气污染防治

完成超低排放改造。南京化工园热电公司完成一期3台锅炉超低排放改造，新区环保管辖范围内4家燃煤电厂（化工园、玉带、南热、华能）已实现超低排放全覆盖。

推进常态化检漏修复。完成VOCs泄漏检测与修复（LDAR）管理系统建设，并完成南京化工园产业区第二轮93家企业VOCs检漏、评估与修复工作。

实现在线监控全覆盖。南京化工园产业区103家企业工艺废气排口完成VOCs等在线监测设施安装、联网和备案工作，实现产业区企业全覆盖。

启动废气指纹库建设。8月启动气态污染物特征因子“指纹库”建设，完成50家182个排气筒的调查分析以及126个排气筒的监测工作。

完善大气预警体系。完成南京化工园产业区二号大气预警站建设。

落实VOCs专项整治。完成131家工业企业VOCs综合治理。完成18家包装印刷企业和44家汽修喷漆企业VOCs综合治理。

强化扬尘整治督查。实施扬尘治理专项行动，建立巡查督查机制，推动“南京生物医药谷树屋十六栋项目”工地创建绿色文明工地，完成南京化工园热电煤场封闭等重大扬尘改造工程。

保障大气环境质量。2017年1—2月及11月至今实施冬春季大气环境管控，6月4—7日启动蓝色预警响应，共出动698人次对管控措施落实情况进行督查。

2.全面落实水污染防治

实施断面达标整治。完成滁河双城渡口、朱家山河张堡断面达标方案的编制并组织实施，完成朱家山河老江口等4个断面达标方案的编制并报批。

完善在线监控。化工园产业区74家企业完成雨水（清下水）排口在线COD监测设备安装。

完成地表水在线建设。南京化工园产业区内河完成8个点位在线监测建设并通过验收。

提高废水处理能力。完成诚志和金浦锦湖2家企业中水回用改造项目建设；完成北部污水处理厂项目建设，配套建设的万家坝路污水提升泵站项目、1号提升泵站项目已完工；完成龙翔码头公司3万吨洗舱水接收量的设施建设。

完善截污管网建设。完成秃尾巴河、上城路污水管道改造以及南浦路、柳州东路污水管道连通等2公里管网建设任务。

推进畜禽养殖治理。新区25家规模化畜禽养殖场中11家已关停，4家已完成整治并通过农业部门验收，完成60%的整治任务。

3.组织实施土壤污染防治

开展土壤基础调查。制定江北新区土壤污染防治行动计划和土壤污染修复规划，完成土壤污染调查农用地点位详查核实工作，确定第一批土壤环境重点监管企业名单。

提升危废处置能力。新奥一期项目已进入试生产阶段；天宇二期项目已竣工；福昌5号炉危废库项目已建成；绿环智能化项目已投用。目前新区共有10家危险废物经营单位，工业危废焚烧处置能力4.89万吨/年、医疗危废焚烧能力1.80万吨/年、综合利用能力10.067万吨/年、填埋能力0.96万吨。

强化危废处置管理。新区437家产废企业均在网上进行月度申报登记。此外，完成103家企业危废梳理核查、102家单位医疗废物检查。

完善一般固体废弃物监管。完成98家企业一般工业固体废弃物调查工作，设置约300平方米的一般固废临时集中贮存库。

图2-26　南京江北新区南汽自主品牌新能源汽车制造基地

（五）2018年工作展望

2018年，新区将深入贯彻落实党的十九大精神，以习近平新时代中国特色社会主义思想为指导，进一步解放思想、开阔视野，抓住用好国家重大战略机遇，推动改革发展，努力把新区打造成为长江经济带的创新支点、重要增长极和全球有影响力的现代化新城。

1.高质量推进创新名城先导区建设

（1）实施“两落地一融合”工程。加强与中科院、南京大学、东南大学等一流高校和科研院所的战略深度合作，累计创建新型研发机构30家，衍生孵化科技型企业40家。

（2）加快集聚创业创新人才。实施“创业江北”人才计划，到2018年，引进和培养科技顶尖专家5名，培育创新型企业家7名。

（3）大力培育创新型企业。新增高新技术企业200家，累计集聚创新型领军企业20家、高新技术企业400家。

2.高质量推进产业高地建设

（1）全力打造“两城一中心”。芯片之城，以台积电为引领，着力培育“芯”人才和“芯”动能。基因之城，以国家健康医疗大数据中心及产业园建设试点为契机，引进国际一流的生物医药企业和研发机构。新金融中心，以工银金融资产投资公司为核心，推动商业银行、信托、基金等同链产业集聚。

（2）狠抓产业项目推进。聚焦百亿级企业招商引资“移大树”，强化科技型中小企业扶持“育小苗”，实施高新技术产业“倍增计划”，加快培育“灵雀”企业、“瞪羚”企业。加大南汽新能源汽车、先声百家汇等重大项目推进力度，全年完成产业投资400亿元以上。

（3）加快产业转型升级。加快推进化工产业转型，鼓励和支持企业加速向新材料、生命科学、高端专用化学品等新兴产业领域转型，重点推进迈达等企业制造业与互联网联合创新项目建设，支持南钢打造省级智能工厂。

3.高质量推进新城开发建设

（1）加大基础设施投入。完成南京长江大桥公路桥维修改造及20公里综合管廊建设目标，加速推进南京长江五桥等重点工程，开工建设仙新路过江通道，优化新区过江交通。推进地铁4号线二期、11号线一期及S8号线南延等轨道交通与铁路南京北站建设。

（2）高标准打造核心区。推进CBD地下空间一期、绿地金融中心、新区市民中心、南京美术馆新馆、江北图书馆等重大项目，加快建设扬子江新金融集聚区。

（3）推进城市精细化管理。完成江北大道、长江隧道及扬子江隧道北接线、大桥北路等24公里主干道沿线环境综合整治。

4.高质量推进社会民生改善

（1）推动公共服务均衡化。持续增加教育资源供给，开工建设13所公办幼儿园，推进18所中小学项目建设。建成鼓楼医院江北国际医院，推进南京医科大学四附院建设，支持妇幼保健院等专科医院发展。

（2）加大社会保障力度。出台新区就业创业扶持政策，吸纳留住超过2万名大学生到新区就业，城镇登记失业率控制在3.5%以内。实施棚户区改造300万平方米，新开工建设保障房340万平方米。

（3）创新社会治理方式。继续完善“大联勤+”工作机制，突出重点区域治理，建立以信息化为支撑的治安立体防控体系。

5.高质量推进生态文明建设

（1）加大“263”专项整治力度。编制《江北新区生态红线保护规划》。推进减煤、减化，严控燃煤项目，实现超低排放全覆盖。完成群英河、安业河、创业河等37条河道环境综合整治，提升河道水质。

（2）打好污染防治攻坚战。落实空气质量保障应急机制，确保全年优良空气比例达标。推进大厂、桥北、高新污水处理厂迁建扩建、提标改造工程，城镇污水处理率达到93.5%。总体稳定工业固体废物利用率、危废规范化处置率、生活垃圾无害处置率保持100%。

（3）持续改善生态环境。投资42亿元建设青龙绿带、滨江风光带等重大生态工程。完成大厂生态防护林、杜圩城市生态湿地公园等生态修复工程。

6.高质量推进改革开放合作

（1）稳妥推进综合改革。以健康医疗大数据、增量配电、新型城镇化、证照分离等重大改革为重点，持续深化“放管服”改革，力争“不见面审批”事项达审批服务事项95%以上，努力实现“2330”目标。健全“多规合一”与土地管理机制，大力开展“人地挂钩”改革试点，创建土地综合利用示范区。

（2）促进开放型经济发展。借助长江-12.5米深水航道、中欧中亚班列等江海联动、水铁联运综合交通优势，加快对接国内外综合性开放平台，构建与国际接轨的通行做法和贸易规则，积极申报海关特殊监管区，推动保税物流中心建设。

（3）加强区域协同合作。进一步强化与浦东新区、舟山群岛新区、上海自贸区等联动发展，主动融入长三角一体化；加快推进西坝综合港区及北沿江高铁建设，推动区域联动发展。

十四、福州新区

图 2-27 福州新区国际会展中心

（一）2017 年发展成效

1.抓好经济建设，实现“新增长”

2017年，福州新区实现地区生产总值1648.17亿元，同比增长10.1%；固定资产投资1359.69亿元，同比增长18.4%；规模以上工业增加值约819.55亿元，同比增长10.3%；一般公共预算收入225.94亿元，同比增长9.9%，分别约占福州市总量的23.2%、24%、37.2和22.6%。

2.深化对台交流，呈现“新亮点”

产业融合持续深化。推进与台湾产业深度交接、融合发展。据不完全统计，全区累计批准台资项目342项（含第三地），新设台资企业达337家，注册资本26.79亿元，其中，捷联电子、华映显示、华映光电3家企业产值超百亿元。

台湾青年工作成效显著。着力促进台湾青年到榕创业就业，设立台湾青年创业中心，入驻台湾青创企业300余家，吸引创业就业台湾青年700多人。成功举办五届海峡青年节，累计上万名两岸青年参加，促进两岸青年常态化交流。

对台举措亮点不断。开展台湾地区信用记录查询业务，发行台胞信用卡；率先实施榕台技能工种“一考双证”，推动榕台职业资格互认；挂牌成立在榕台湾居民任职资格评审（试点）办公室，开辟台湾地区人才职称评聘绿色通道。

加快与平潭一体化发展。积极推动岛区共建共享、融合发展，加快福平铁路、长平高速、福建省平潭及闽江口水资源配置等项目建设，构建与平潭互联互通的大交通格局。充分发挥新区、平潭两地比较优势，探索以产业园区为载体的合作共建发展模式。

3.扩大对外开放，拓展“新空间”

对接“一带一路”建设。组织举办第三届海丝（福州）国际旅游高峰论坛、第十九届海交会、2017年城地组织（UGLG）亚太区执行局和理事会会议暨“海洋经济与城市发展”研讨会等重大活动。积极推动与“一带一路”沿线国家的经贸交流，40家新区境内企业备案对境外投资总金额21亿美元，引入英国英富来公司与内优联物流公司合作，完成福建首票跨境电商空运直购模式。

打造对外交通网络体系。推进福州新区空港、海港建设，加快建设国际性综合交通枢纽。福州港共有万吨级以上生产泊位55个；江阴港2017年新开通“印尼线”“马尼拉线”“越泰线”等航线，福州新区“海丝”航线已达6条；福州国际机场通航点82个，福州—纽约直飞航线实现首航。

推动投资贸易便利化。以自贸区为试点，推出一批体制创新举措，其中5项在全国复制推广，39项在省内复制推广。推出65项贸易监管创新制度，促进货物入区及整车进口口岸通关时间大幅缩短。江阴汽车整车进口口岸进口整车突破1万辆。

加强新区推介招商。出台新一轮经济创新发展十项政策49条措施，举办闽商回归对接会等大型推介活动，赴国内重点城市和港台、欧美、东南亚等地区推介招商，成功引进神州、爱马仕物流等项目，国开金融、上海复旦大学团队等大型平台落户新区。

4.推进产城融合，打造“新典范”

推动产业优化升级。重点推进电子信息、机械装备、石油化工等主导产业提升发展，以及纺织化纤、冶金建材等传统产业转型发展，58个新区“两化”（工业化和信息化）融合项目列入福建省重点项目。积极培育扶持大数据、物联网、VR产业、现代物流、金融服务等战略性新兴产业和高端服务业。总投资300亿元的京东方项目已吸引总投资达80亿元的东旭光电、联华林德气体等项目落地动建。

提升城市功能品质。以适度超前的标准，加快滨海大通道、道庆洲大桥、地铁6号线、福平高铁、绕城高速公路东南段等重大交通项目建设，推动电力设施、环保处理、地下管廊等市政公建设施布局，提升城市综合承载能力。推动海峡文化艺术中心、北京师范大学福清附属学校、福州滨海新城医院，马尾沿山棚户区改造等民生保障项目建设，2017年基础设施投资超600亿元。

推进滨海新城建设。在福州新区闽江口区域规划建设188平方公里的滨海新城，策划两批136个、总投资3000亿元的重点项目，着力打造以“大数据+”为发展重点的宜居宜业智慧城市。

加快重点区域建设。以滨海新城建设为重点，协同推进三江口、江阴湾组团等总面积约185平方公里的7个新区近期重点区域和组团的建设，引进国开金融、海航集团、山水文园集团等琅岐岛全域文旅项目投资方，推动琅岐岛全域整体开发，通过PPP等方式加快建设一批“镇级小城市”项目，加快打造新区现代城市群。

5.注重绿色发展，提升“新品质”

推进生态创建。福州新区涉及的4个区、市均成功创建为省级生态县（市）区，其中3个已获得国家生态县（市）命名，19个乡（镇）街道获得国家级生态乡镇命名。

注重生态保护。引入“城市公园群”理念，全面实施水系治理、湿地保护、园林绿化提升等生态建设工作。推进三江口“海绵城市”试点建设，设立福建闽江河口湿地国家级自然保护区等5个湿地自然保护区，福建长乐海蚌资源增殖保护区等2个海洋保护区，以及83个饮用水源保护区。

加大节能减排力度。加快发展非化石能源，积极推进清洁能源替代，新建福清海上风力发电厂、华龙一号全球首堆示范工程福清核电5号机组，大大降低能源污染排放量。

推行绿色建筑。在滨海新城率先大规模实施装配式建筑，在涉及财政及国有企业投资的新建保障性住房、教育、医疗等公建项目优先采用装配式建造。落实新材料产业“十三五”规划，推广使用高分子自粘胶膜防水卷材、烤瓷板等新材料，以及水泥土复合管桩、跳仓法等新工艺应用。

（二）体制机制创新进展

1.探索创新管理运行机制

完善新区建设管理模式。建立完善“市县协同、两级联动”管理运行模式，成立福州新区福清、长乐、仓山功能区和江阴港城经济区管理机构，组建市级滨海新城、三江口和琅岐岛建设指挥部，集中各方资源推动新区建设。

建立完善新区统计体系。结合福州新区实际，认真研究制订了具有福州新区特色、科学合理的新区建设发展统计监测体系和新区地区生产总值核算方案，顺利完成新区地区生产总值核算相关指标全行业统计，为新区开发建设提供科学真实的数据支撑。

创建新区顾问制度。积极创新高层次人才引进机制，聘请引进了清华大学、复旦大学等5名国内外熟悉国家级新区建设专家作为福州新区顾问，组建新区发展“智库”。

2.整合完善新区规划体系

引进高端规划团队。邀请清华大学吴良镛院士、新加坡刘太格博士等知名院士、专家参与新区规划设计，引进美国SOM设计团队、中国城市规划设计院、国家森林城市研究中心等10多个国内外一流规划设计机构、企业以及规划、建筑、园林等方面的专家来指导编制新区各项规划，确保规划高起点、高标准。

建立新区规划体系。梳理形成福州新区近期规划清单20余项，加快编制完善新区规划体系。《福州新区发展规划》《福州新区总体规划》《福州新区产业发展规划》等重要规划已基本完成，全面启动综合交通规划、滨海新城城市设计等20余项规划编制工作，为开发建设奠定规划支撑。

加快实施“多规合一”。基本完成福州新区范围内各县（市）区规划“一张图”，初步建立“多规合一”信息联动管理平台和协调机制等，新区规划的统一性、连续性和实效性有力增强。强化立法，《福州中心城区空间发展规划》已获市人大常委会审议通过，为新区规划“一张蓝图绘到底”提供有力保障。

3.努力创新综合发展平台

优化营商环境。深入推进“放管服”改革，成立了福州新区审批窗口，科学制定审批流程图和办事指南，全面承接省级经济管理权限。积极推动审批改革，设立滨海新城代批窗口，启用福州新区管委会审批专用2号章，在全省首创审批权限代批模式。

创新投融资模式。健全银企对接、政银合作等机制，与国开金融合作推动“投贷结合、融建结合”新模式，进一步拓展福州新区融资渠道。建立马尾基金小镇，集聚基金类、股权投资类、资产管理类投资机构158家，基金管理规模超1000亿元。

强化创新引领。紧抓福州新区列入首批国家级双创示范基地机遇，加快高新区海西创业基地、福州外语外贸学院创业创新示范中心等双创载体建设，成功举办2017年“创响中国”福州站活动，已建成4家国家级、61家省市众创空间。

设立海洋产权交易平台。探索全省境内海域资源高效配置方案，试点开展海域使用权、无居民海岛使用权、海砂开采使用权等海洋产权集中交易业务，推进海域资源一、二级交易改革，着力将生态资源变为生态资本、发展资本。

4.积极探索产城融合新模式

完善住房供应体系。坚持“房子是用来住的，不是用来炒的”理念，加快推进构建涵盖青年创业公寓、租赁住房、共有产权房、安置房、商品房五类住房的供应体系。试行租购并举，福建省第一幅租赁住房地块已在福州新区滨海新城正式挂牌出让。

加快推动补齐民生短板。按照“城市、功能区、街道、社区”四级体系，加快在新区规划配置功能完善的医养、商业、社区服务、居家养老以及文化馆、图书馆等生活设施和公共活动空间。并按“先地下、后地上”的理念，加强新区地下空间利用。

探索规建管一体化平台建设。利用BIM和3DGIS、云计算、大数据、物联网等先进信息技术，同步形成与实体城市共生的数字城市，实现规建管统筹协调和资源共享，服务福州滨海新城规划、建设、管理各个阶段，为智慧城市更为广阔领域的应用奠定基础，该理念在国内尚属首创。

加快新旧动能转换。针对大数据、物联网等新兴产业的培育发展，福州新区与赛迪研究院合作编制《中国福州物联网产业发展规划》，出台《支持物联网产业发展五条措施》，启用全国首家物联网开放实验室，并与国内三大运营商及华为、英飞凌、新大陆等多家知名企业签订战略合作协议，带动传统企业向物联网方向转型升级。依托东南大数据产业园建设，注册落地了133家大数据企业，并通过省电子信息集团、复寅精准医学产业园、网龙公司等招商平台，吸引了近60家产业链上下游项目。

（三）防范和化解地方政府债务风险情况

1.多策并举，合理分工化解债务风险

推出《福州市政府性债务风险应急处置预案》，建立健全全市政府性债务风险应急处置工作机制；建立工作小组，由市政府对全市政府性债务风险应急处置工作实行统一领导，市直有关部门按照职责分工，做好市级政府性债务风险应急处置工作；开展债务风险摸底排查、债务风险防控督导等一系列检查措施，对债务总体风险情况、还本付息风险情况、存量风险情况、债务逾期风险情况等进行多方面排查。

2.预警监测，做好风险防范工作

加强政府性债务的动态监测，建立政府及其部门协议承诺用以后年度财政资金支付事项的统计监测和报告制度，做好财政承受能力评估，加强事前审核和监控；加强对可能导致债务风险事件的信息数据等情况的收集分析和预估研判。严格控制新增债务规模，多渠道筹措资金偿还债务，逐步降低政府债务风险。

（四）污染防治攻坚战情况

1.深入实施空气质量提升计划

建立空气质量与重点任务“双预警通报”机制，实施挂牌督办，加强重点区域巡查，督促重点任务落实。开展多层次、高频率施工现场与道路扬尘督查巡查，城市扬尘污染明显降低，道路洁净度明显上升。强化联防联控，实施轻微污染天气应对办法，全力以赴完成重要会议空气质量保障任务，福州市全年环境空气质量位居全国重点城市前列。

2.推动落实水环境治理

贯彻落实“水十条”和“河长责任制”，督促完成工业污染防治、城镇生活污染治理和近岸海域生态环境保护等十大项整治项目。全面实施城区水系治理工作，实行内涝、水体黑臭、源头控污、水系周边环境整治“四位一体，同步推进”。

3.全面启动土壤污染防治

落实《福州市土壤污染防治行动计划实施方案》，编制福州市土壤污染治理与修复规划，建立土壤环境重点监管企业名单和土壤污染治理与修复项目库。

4.加强环境执法监管

继续完善环保网格化监管和环境执法“双随机”抽查机制，推进移动执法系统应用，建立市、县（市、区）、乡镇（街道）、村（社区）四级网格监管体系，建成网格监管信息系统。

5.继续实施生态环保体制改革

推动实施环保机构监测监察执法垂直管理制度改革。配合做好“多规合一”和生态保护红线划定。全面推进排污权核定，推动生态环境损害赔偿试点、环境污染第三方治理、企业信用评价和高风险企业环境污染责任保险工作。

图 2-28　福州新区健康医疗大数据中心

（五）2018年工作展望

1.主动站位全局，积极对接国家战略

围绕对接海丝核心区建设，加快江阴港、松下港等开发建设，提升空港规模，强化与海丝沿线国家在金融创新、经贸示范园区建设、设施互通等方面的合作联动。围绕承接自贸区政策辐射，推动“两区”资源整合、优势互补。坚持开发与保护并重，构建“显山、露水、透绿、亲海”的生态格局，扎实推进福州新区双创示范基地建设，探索研究区域性创业创新扶持政策，打造两岸众创优空间等平台。

2.着力先行先试，构建改革创新高地

创新投融资机制，坚持“政府主导、市场运作、自求平衡、滚动发

展”的思路，发挥财政投入杠杆作用。深化“放管服”改革，进一步完善配套政策措施，推动省级审批权限全面实现代办审批，以滨海新城为试点开展相对集中许可权等改革工作。

3.加快区域开发，打造城市建设样板

打造融合发展样板，引领带动琅岐岛、三江口、福清湾、江阴湾等重点区域和组团开发。依托东南大数据产业园、马尾物联网孵化基地和产业园、江阴化工新材料基地、生物医药健康产业园、临空经济区等载体，加快发展战略性新兴产业和高新技术产业。扎实推进福平铁路福州段、地铁6号线、滨海新城快线、东部快速通道、国家健康医疗大数据中心及产业园等重点项目建设，瞄准重点产业、龙头企业，密切跟踪京东方二期柔性面板、康乃尔MDI等一批在谈项目，推动更多大项目、好项目落户。

4.致力扩大开放，深化对外交流合作

加强两岸产业深度对接，办好对台交流研讨等活动，培育一批具有全国影响、各方认同的两岸交流品牌。加快设立海关特殊监管区，优化整合福州出口加工区，积极申请设立福州空港综合保税区。重点推动罗源湾港区、黄岐港区扩大对外开放，推动江阴保税港区升级为自由贸易港。争取把平潭综合实验区、自贸区福州片区的政策优惠和政策创新功能辐射到新区，推动新区与平潭两地联动发展、共建共享。

5.健全保障体系，确保各项工作落实

发挥各个功能区的主体作用，加快构建福州新区投融资、人才培养引进、要素资源、审批服务、创业创新等综合性平台。用活用好国家和省、市支持举措，结合新区发展需求着力研究新区发展新政策新措施，进一步完善项目服务绿色通道，提升投资贸易便利化水平，增强新区建设的服务保障能力。

十五、云南滇中新区

图 2-29 云南滇中新区下线的全国最大盾构机“彩云号”

（一）2017年发展成效

2017年，云南滇中新区上下深入学习贯彻党的十九大精神，始终坚持新发展理念，主动服务和融入国家战略，围绕“一年打基础、三年见成效、五年大跨越”的目标任务，紧盯年度目标任务，大力实施“221”工程，在打基础、育产业、强招商、扩开放、建生态、优环境等方面取得了一系列突破性成果，新区开发建设取得明显成效。全年完成地区生产总值574.43亿元，同比增长12.8%；固定资产投资（不含农户）731.10亿元，工业固定资产投资完成115.63亿元；规模以上工业增加值累计同比增长26.2%；社会消费品零售总额156.06亿元，同比增长15.5%；一般公共预算收入完成56.9亿元，同比增长16.5%。

1.规划建设进展顺利，融合发展取得实效

在规划编制方面。积极对接昆明市整体空间框架，新区总体规划编制完成并上报省人民政府。昆明长水综合交通枢纽规划方案、昆明—滇中新区远景空间发展规划等编制完成，小哨核心区暨国际科技创新城城市设计完成国际咨询。安宁石化循环产业园、嵩明汽车产业园以及空港经济区李其片区、临空产业园、航空物流园等规划编制完成。嵩明—空港片区城市综合交通体系，道路工程、轨道交通、综合管廊、海绵城市等16项专项规划已形成成果，云南东盟产业城规划编制全面启动。

在基础建设方面。启动了新区三年路网规划建设项目180个、847公里，其中68条道路已建成通车，累计通车里程达325公里。全年完成道路交通投资175.9亿元，嵩昆大道（一期）、空港大道（中段）、新昆嵩高速、武易高速等一批项目建成通车。东南绕城高速、机场北高速、哨关大道、呈黄快速、空港2号路施工进度超过70%。嵩昆大道（二期）军长立交、杨嵩大道、南环一级公路、螳川东路等项目开工建设。轨道交通9号线有序推进，安宁线、嵩明线试验段开工建设。

在配套建设方面。保障性安居工程有序推进，完成年度投资38.8亿元，8870套棚改项目全部开工建设，基本建成4198套。科技创新园电网改造项目建成投用，启动片区地下综合管廊建设37公里，新区城市供水、污水处理和输变电等配套项目启动建设。安宁市、安宁工业园区成为省级装配式建筑示范城市和示范园区。

2.产业培育扎实推进，聚集效应逐步显现

加快构建产业平台。昆明综合保税区顺利通过国家十部委联合验收，安宁工业园区成为全省首个产能过千亿元的工业园区，全省首个新材料产业生态集群示范园落户安宁。临空产业园、汽车产业园、中关村电子城科

技产业园、空港商务区、空港智园、智能终端产业园加快推进。新材料产业园和200万平方米标准化厂房建设全面启动。

积极抓好产业培育。新开工产业项目57个、续建32个、竣工45个（当年开工竣工项目7个）、前期项目24个。中石油炼油、中铁电建盾构机、云天化聚丙烯和异辛烷、三鑫医疗、鑫科管道、泊尔恒药业等重大项目建成投产。北汽新能源汽车项目、东风云汽、中汽中心、昆钢智能钢构等项目开工建设。聚光环保科技、梦工厂机器人柔性制造、环胜智能制造、美欧迪手机、鹏达手机、讯昇手机、广耀新能源等13个项目竣工投产，临空产业园电子信息产业制造集群初见雏形。

稳步推进片区开发。重点推进小哨片区、航空物流园片区等10大片区土地储备及前期综合开发，全年收储土地10090亩，完成供地3637亩。

3.招商引资提质增效，发展动能持续增强

中国国药集团、康美药业、京东方、中汽中心等世界500强、中国500强及行业龙头企业入驻滇中新区。中关村电子城、中国中药滇中新区产业园、国药中生生物制品产业化基地、国药控股医药健康产业园等工业项目，智慧金融总部创新园、昆明宝象万吨冷储物流项目、云南出版集团电子商务现代物流、港龙国际、国际水产品冷链物流等现代物流项目，工投维骐、海瑞首创等总部经济项目落户新区。为适应投融资政策调整变化，创新投融资方式，组织开展了新区政府举债、直管企业融资、政府购买服务、PPP模式运行、专项建设基金和政府投资基金等规范工作，积极争取了金融机构以及其他社会资本投入新区建设。

4.依法治区实现突破，营商环境明显改善

《云南滇中新区促进发展办法（草案）》已完成社会公开征求意见，即将按程序提请省人民政府审议。深入推进了“放管服”改革，初步完成新区行政审批制度综合改革试点工作的各项工作任务，全面启动“多项合

一、多证合一”，实行重大招商引资建设项目审批服务总协调人、审批代办服务等制度，推进新区行政审批“最多跑一次”。加快推进“互联网+政务服务”，规范优化审批事项网上申报和审批，初步形成了具有新区特色的投资项目“一号申请、一窗受理、内部流转、一网通办”工作模式，基本实现行政审批、公共服务和审批监管电子化、信息化。

5.管党治党深入推进，党的建设全面加强

坚持把党的政治建设摆在首位，深入学习贯彻党的十九大精神，认真开展了理想信念和宗旨教育，坚定执行党的政治路线，严守政治纪律和政治规矩，坚决维护以习近平同志为核心的党中央权威和集中统一领导。压实管党治党责任，强化管党治党措施，推行了党工委班子成员抓基层党建工作责任清单，层层建立完善党建目标责任管理体系，认真开展“基层党建提升年”活动，扎实推进“两学一做”学习教育与新区开发建设中心工作深度融合。与寻甸县塘子街道开展党组织联建共建活动，筹集资金588.5万元助力塘子街道脱贫攻坚。切实加强党工委对群团工作的领导，新区总工会、机关妇委会、机关团工委组建完成。坚持按新时期好干部标准选人用人，积极做好引才引智工作，对接中组部、团中央选派的云南第十六批、第十七批“博士服务团”成员赴新区挂职，干部队伍活力进一步增强。深入开展了“六个严禁”专项整治和“不作为乱作为”问题集中整治，持续加强和改进干部作风，有效防范和杜绝了各种隐形、变异的“四风”问题反弹回潮。严格落实党委主体责任和纪委监督责任，党风政风明显好转。

（二）体制机制创新进展

滇中新区根据《国家发展改革委关于印发2017年国家级新区体制机制创新工作要点的通知》相关要求，重点围绕进一步推进市区融合发展体制

机制创新和探索推动构建延边开放新高地的体制机制等方面大胆创新，全力推动新区体制机制创新。

1.编制完成了《云南滇中新区体制机制创新研究报告》

为落实国家“十三五”规划《纲要》关于鼓励国家级新区体制机制和管理模式创新的部署，推动滇中新区在更高起点上实现更高水平发展，根据国家发展改革委和云南省委省政府关于国家级新区体制机制创新工作的具体要求，启动了滇中新区体制机制创新研究工作，并于2017年10月形成《云南滇中新区体制机制创新研究报告》。报告在总结滇中新区体制机制创新方面的探索实践基础上，系统地阐述了新区发展中存在的深层次因素和体制机制障碍，详细地论述了新区进一步深化重点领域体制机制创新的建议，为新区实现跨越式发展提供思路借鉴。

2.进一步推进市区融合发展体制机制创新，推动形成以市带区、重点保障、市区一体的融合协同发展格局

（1）体制共荣方面。一是融合统筹更加有力。实行昆明市和新区领导交叉任职，由昆明市委书记兼任新区党工委书记，新区管委会主任兼任昆明市委副书记，有效保证了政令统一、决策高效、运转顺畅；联合成立了市区融合发展推进工作领导小组，下设经济工作、社会事业、农业农村、社会维稳、党的建设5个专项小组，集中解决了新区在财政体制、工作移交、公共基础设施建设、汽车等重点产业发展方面的重大问题，有效保障了新区开发建设的顺利推进。二是融合联动更加协调。在昆明市国土、环保、林业、水务、工商、质监、统计7家单位加挂新区相应机构牌子，履行相关职能，有效确保了54项省级和16项州市级审批职权的承接行使，运转更加顺畅，协作更加紧密，行政效率和服务效能显著提升。同时，为有效缓解新区规划编制、项目建设、产业发展、筹资融资等方面专业技术人才短缺的矛盾，从昆明市规划、住建、交运、工信、人事等部门选派35

名同志到新区挂职帮助工作；扩大选人用人的视野，从昆明市提拔2名处级干部到新区任职，干部人才交流日益密切。三是产业合作更加紧密。按照优势互补、协作配套的思路，结合新区和昆明市产业定位，积极推动市区产业发展合理分工、差别竞争、错位发展。通过与昆明市携手合作，创新运用专业化招商、产业链招商、园区招商、代理招商、以商招商等方式，实施定向招商、精准招商，昆明新能源汽车工程中心、中汽中心高原试验室、江铃新能源汽车、航天神州新能源汽车、东风云汽等一批重大产业项目落户新区。四是发展环境更加优化。深入推进了“放管服”改革，积极开展全省行政审批制度改革综合试点工作，巩固提升以相对集中审批权和审管分离为核心的审批体制改革，以服务招商引资、项目落地建设为主线，不断提升行政效能和服务水平，实现新区事新区办。

（2）规划共绘方面。加强规划建设的统筹领导，设立新区规划委员会，主动对接昆明市和滇中城市群规划，理顺空港经济区规划管理体制，积极推动多规同向、多规同步、无缝对接，初步建立昆明统筹、滇中协同、新区管理、高效有序的新区规划管理体制。一是在新区总体规划、重点片区规划、重点园区规划、专项规划编制过程中，充分听取和征求昆明市意见，全面衔接《昆明城市总体规划（2011—2020年）》等相关规划，编制完成《新区总体规划（2015—2030年）》并上报省规划委员会；与昆明市共同组建昆明长水综合交通枢纽建设指挥部，联合组织编制完成《昆明长水国际机场综合交通枢纽规划方案》；对空港经济区纳入昆明市城市总体规划范围内15平方公里的开发建设，严格按照《昆明城市总体规划（2011—2020年）》进行审批。二是由昆明市委托新加坡雅思柏设计事务所编制形成的《昆明—滇中新区远景空间发展规划》，已将滇中新区纳入昆明建设区域性国际中心城市的整体空间框架。小哨核心区控详规、临空产业园、综合保税区、航空物流园、汽车产业园、安宁石化循环产业园等规划已编制完成；嵩明—空港片区城市综合交通体系、道路工程、轨道交通、综合管廊、海绵城市等16项规划已形成专项成果。三是与昆明市携手合作，共建共享共用同一“多规合一平台”，制定出台《云南滇中新区“多规合一”工作方案》。安宁市被列为省级“四规合一”试点城市，规划成果已上报省规划委员会；嵩明—空港片区“多规合一”已形成初步规划成果。

（3）基础共建方面。新区和昆明市聚焦基础共建，密切合作，初步构建了项目规划、融资支持、征地拆迁、项目推进、建设保障、综合执法、质量安全监管、投资分析联报等交通市政基础设施建设融合发展机制，快速推进了新区以交通为重点的市政基础设施建设。一是重大项目共建共推成效显著。由滇中产业发展集团、滇中城投公司和昆明交投公司合作建设的机场北高速公路，融资、征迁、工程建设推进顺利，成为新区和昆明市基础设施共建的成功探索。新区委托昆明市公共资源交易中心开展招投标的空港大道（中段）PPP项目，成功进入财政部第三批PPP示范项目，成为全省第一个市政道路类PPP示范项目。由昆明轨道交通集团负责、新区配合协助的轨道交通9号线、安宁线、嵩明线已启动试验段建设。由昆明市和新区协同推进的长水机场综合交通枢纽前期工作进展顺利。整合城乡公交运输资源，切实加大滇中新区与昆明中心城区公共交通组网力度，促进城乡二元分割的客运体系逐步向城乡公交一体化发展转变，城乡公交运营管理体制初步形成。二是重大项目融资推进顺利。在昆明市的大力支持下，通过市财政的融资增信支持，新区嵩昆大道、哨关大道PPP项目工程建设顺利推进。在市人大、市政府的支持下，新区成功实施空港经济区特许经营权出让，实现收入65亿元。在新区财政和昆明市财政共同努力下，争取新增债券资金22.5亿元，专项用于新区道路交通项目和棚改项目，极大地缓解了新区建设资金压力。在市土储中心协助下，2017年土地储备专项债券10亿元已拨付新区。三是重大项目征地拆迁有序推进。成立了由新区规建部主导、昆明市征地处参与的新区交通市政项目征迁工作领导小组，统筹推进新区本级交通市政基础设施项目征地拆迁，有效推进了空港大道（中段）、机场北高速公路等项目征迁。四是合力推进项目前期报件审批。新区重大项目前期报件审批由新区审批部门牵头，昆明市（新区）国土、环保、林业、水务等部门积极支持配合，开辟绿色通道，加快项目审批，有力支持了昆明综合保税区和空港大道（中段）等项目建设。五是质量安全监管形成机制。经沟通协调，昆明市相关部门积极履行行政监管职能，对新区本级实施的重大基础设施项目进行质量安全监管，并初步构建形成了质量安全监管机制，有效保障了新区工程建设质量安全。六是综合执法管理得到加强。初步构建了由昆明市城管综合执法局牵头、新区规建部综合执法处督促协调、属地政府具体负责的新区范围综合执法工作体系。2017年联动开展违建临建专项整治51次，拆除违法建筑175宗、63万平方米，制止违法建设246起，有效遏制了违建抢建势头。

（4）产业共兴方面。着眼国家"一带一路"建设，科学研判、准确把握产业发展趋势，进一步理清产业发展思路，找准产业发展方向，着力培育产业，加快构建现代产业体系。一是现代特色产业体系逐步构建。明确了以汽车及现代装备制造、电子信息、大健康及生物医药、石油炼化、新材料、航空业、现代服务业7大产业为新区重点发展方向。空港片区重点发展电子信息、生物医药、商贸会展、航空物流、综合保税、临空高端制造，着力打造"港产城一体"的区域性国际航空新城；安宁片区大力推动钢铁、盐磷化工等产业调整转型，重点发展石油炼化、新材料和装备制造业，着力打造新型工业基地；嵩明片区大力发展汽车特别是新能源汽车及零配件、先进装备制造业，着力打造新兴产业基地。二是产业融合发展取得新突破。在市区融合发展推进工作领导小组的统一领导下，成立了北汽集团投资项目协调领导小组、协鑫集团（昆明）产业基地项目工作推进领导小组和昆明市与滇中新区汽车产业发展协调工作领导小组等20余个项目协调领导小组，为高位统筹推进产业融合发展奠定了坚实基础。共建共管的昆明综合保税区通过海关总署、国家发展改革委等国家十部委联合验收，正式封关运行。北汽（昆明）新能源汽车、东风汽车云南有限公司异地搬迁技改项目、中关村·电子城、昆明宝象临空国际产业园等一批项目开工建设。全省首个新材料产业生态集群示范园区落户安宁。同时，随着中石油年产1300万吨炼油项目正式投产和聚丙烯、异辛烷等下游配套项目建成，千亿级石化循环产业园架构基本形成。随着昆明新能源汽车工程技术中心、东风云汽整体搬迁升级改造项目、中汽中心高原实验室项目、江铃新能源汽车等重大项目快速推进，千亿级汽车及现代装备产业园正在形成。随着京东方OLED、中关村·电子城、利宇盟手机、美欧迪手机、鹏达手机、讯昇手机、中国中药配方颗粒、国药中生生物制品、华泰限售股集中交易项目、海瑞首创融资租赁等电子信息、生物医药、总部经济项目的不断聚集，千亿级临空产业园逐步形成。

3.探索推动构建沿边开放新高地的体制机制，加快构建新型投融资体制，创新优化发展环境

为更好地利用云南作为南亚和东南亚辐射中心的重要支点、云南桥头堡建设重要经济增长极的地域优势、政策优势，滇中新区紧紧抓住国内外经济结构调整，着力建立公平开放、竞争有序的现代市场体系，着力拓展开放型经济发展新空间，营造竞争有序的市场环境、透明高效的政务环境、公平正义的法制环境和合作共赢的人文环境，加快构建互利共赢、多元平衡、安全高效的开放型经济新体制，在更大范围、更广领域、更高层次参与国际经济技术合作与竞争，提升滇中新区的国际竞争力。

着力建设对外“大平台”，完善强化各类平台功能。一是加快推进综合保税区建设提升工作。主动学习和借鉴其他综合保税区的成功经验，在吸纳更多企业进入园区的同时严格监管，使昆明综合保税区成为云南辐射南亚和东南亚的对外开放门户，成为云南省重要的国际物流中心、国际采购中心、转口贸易中心和出口加工中心。通过从贸易便利化制度入手，提升滇中新区对外开放水平。在监管制度上，努力构建实现批次进出、集中申报、简化无纸通关随附单证、简化统一进出境备案清单、境内外维修、“先进区、后报关”、区内企业货物自行运输等机制；在投资准入方面，实

行负面清单管理模式。二是积极申报临空经济示范区，积极参与中国（云南）沿边自由贸易试验区申报建设，全面拓宽滇中新区扩大开放综合服务平台功能。三是积极探索整合托管、异地共建、一区多园、飞地经济等多元化发展模式，实现投资主体多元化，提升新区直管园区的对外开放水平和外向度。四是充分借力“南博会”的对外影响力。把“南博会”作为新区融入“一带一路”建设的重要内容，作为滇中新区全面深化与南亚、东南亚乃至泛印度洋地区多边外交、经贸合作和人文交流的重要载体，展示好新区形象、云南形象与中国形象。大力发展会展业，加强与国内外会展业界合作，积极引入国内外知名会展机构在新区办展会，构建对外开放的新渠道、新桥梁，发展新区外向型经济新业态。

着力构建新型投融资体制，创新优化发展环境。一是不断创新融资方式。建立健全管理制度，规范政府举债融资行为。成立了新区政府性债务管理委员会和领导小组，明确了各成员单位职责，进一步压实部门管理责任；组织开展新区政府举债、直管企业融资、政府购买服务、PPP模式运行、专项建设基金和政府投资基金等规范工作，进一步规范举债融资机制。主动加强与平台公司、银行和非银行金融机构的沟通，提前介入融资方案设计，致力创新工作方式，在昆明市相关部门的支持下协助公司完成建设银行空港经济区26.11平方公里范围特许经营权融资、嵩昆路、哨关路存量BT项目转PPP项目等融资工作。积极推动直管国有平台公司发行境外债、永续票据、可交换债券，打造市场化融资平台。二是有效拓宽融资渠道。积极研究银行、信托、基金、保险各类资金特性和喜好，寻找适合滇中新区使用的资金，不定期召开联席会，分析信贷投放现状和形势，促进银信部门全力争取上级资源，根据项目融资需求，主动组织机构对接合作，开展多种形式的银企对接合作，形成项目推介长效机制，同时指导三县（市）区、平台公司有针对性地开展融资工作。至今已分别与中国建设银行、中国农业银行、平安银行、广发银行、光大银行、云南省农村信用联社、北京信托公司、恒丰银行等金融机构签订战略合作协议。三是充分激活民间资源。进一步推进政府和社会资本合作工作，组织开展PPP项目财政承受能力和物有所值工作，积极运用PPP模式，引导社会资本进入基础设施等领域，取得实质性进展。空港大道中段（文林路至机场北高速）和安宁市青龙街道新型城镇化建设一期项目进入国家级PPP示范项目库，云南滇中新区嵩昆路（一期）工程和云南滇中新区哨关路工程项目进入云南省省级PPP示范项目库，哨关路PPP项目融资荣获中国银行行业协会年度银团贷款业务“最佳项目奖”。

（三）防范和化解地方政府债务风险情况

滇中新区认真落实党中央、国务院打好防范化解重大风险攻坚战的决策部署，从组织机构建设、制度建设、工作措施等方面加强对滇中新区政府债务风险的防控，牢牢守住不发生区域性系统性风险的底线，维护了滇中新区财政金融稳定，保障了滇中新区发展。

1.强化组织机构建设，落实政府债务监管

成立了滇中新区政府性债务领导小组和滇中新区政府性债务管理委员会，切实加强财政金融存量债务风险化解，严控新增债务风险。滇中新区政府性债务管理委员会，负责新区政府性债务工作的统一管理、协调工作，进一步明确机关、事业单位、国有企业、融资平台公司的监管职责和要求，进一步压实部门管理责任。

2.以制度建设为抓手，规范政府债务管理

印发了《云南滇中新区政府性债务风险应急处置预案的通知》，督促和指导新区本级、直管区抓好贯彻落实，做到早发现、早报告、早处置，一旦发生风险事件，立即启动应急响应，必要时实施财政重整计划。

3.认真摸底排查，规范整改举债融资行为

按照七部门关于进一步规范地方政府举债融资行为的要求，对新区政府举债融资、融资平台公司融资、政府购买服务管理、PPP模式运作、专项建设基金和政府投资基金等情况进行全面摸底，深入企业清理排查，对发现的问题逐条梳理、制定整改方案，督促积极稳妥分类处置，及时化解处置潜在的债务风险。

（四）污染防治攻坚战情况

滇中新区深入贯彻落实习近平总书记“争当全国生态文明排头兵”的重要指示，坚持把生态文明建设贯穿新区开发建设全过程，以改善环境质量为核心，统筹安排市区生态建设和环境保护工作。

1.严格落实环境保护“党政同责、一岗双责”

认真组织学习环境保护相关法律法规和政策文件，制定了《昆明市、云南滇中新区各级党委（党工委）、政府（管委会）及有关部门生态环境保护工作责任规定（试行）》，健全“党政同责、一岗双责”的生态环境保护责任制，实行“一票否决制”和“责任追究终身制”，形成了横向到边、纵向到底的责任体系，为环境保护工作提供了有力的制度保障和政策支撑。

2.扎实推进重点领域污染防治，环境质量不断提升

坚持市区联动，认真贯彻落实大气、水、土壤三个“十条”和国务院加强环境监管执法的要求，推动构建市区接轨、区域协同的生态同保共育机制、环境监测预警机制、污染联防联治机制，探索创新生态补偿制度，狠抓大气污染防治、水污染防治和土壤污染防治等工作落实，共同维护区域生态安全。2017年，昆明主城区空气质量优级154天、良好206天、轻

度污染5天，优良率98.6%，主城区空气质量达到国家二级标准要求。“昆明蓝”已成为滇中新区又一“城市品牌”。

3.创新环保监管执法机制，严厉打击环境违法违规行为

严格执行新《环保法》，进一步加大环保执法力度，率先在全国建立公检法环保执法联动机制，推出“环保警察、环保检察、环保法庭、环保公益诉讼、环境损害鉴定”等环保新举措，推进联合执法、交叉执法，实现环保执法由“小环保”向“大环保”转变。截至2017年底，辖区内未发生重大环境污染事件。

4.大力推进生态环境建设，人居环境质量持续改善

大力开展植树造林，构筑包括主城—空港经济区、空港经济区—经济开发区在内的“两环八廊”绿化生态屏障。积极推进以滇池流域、牛栏江流域水环境综合治理和采矿采砂采石整治关停及“五采区”植被修复。加大生态文明建设示范区创建力度，安宁市成功创建为全国文明城市，全面提升生态文明建设水平。

图2-30　云南滇中新区现代化炼厂（中石油云南石化）

（五）2018年工作展望

2018年，滇中新区将以学习贯彻党的十九大精神为主题，以狠抓项目建设为主线，深入开展“项目大建设年”活动，大力实施“533”产业发展战略（5大高端制造业集群、3大现代服务业集群、3大千亿级产业园区平台），全面推进“双百计划”（100个基础项目、100个产业项目），以项目大建设推动新区实现大发展，圆满完成“三年见成效”目标任务，以实际行动推动党的十九大精神在新区落地生根、开花结果。

1.狠抓设施完善、功能配套，奋力推进基础设施建设见成效

强化交通保障。统筹推进100个基础项目建设，力争新建通车里程100公里，三年累计通车里程达425公里，加快构建立体化、国际化综合交通网络体系。强化用地保障。年度收储土地4000亩，切实做好重点基础设施、重大招商引资项目、重要民生工程的用地保障，确保新区重点项目特别是“五网”和“四个一百”项目应保尽保、应批尽批。强化资金保障。坚持“争、贷、融、引”多管齐下，打好投资融资组合拳，加快融资平台公司市场化转型，畅通资本进入渠道，激发民间投资活力，吸引更多社会资本参与新区发展，同时着力打好防范化解重大风险攻坚战，进一步规范政府举债融资行为，加强政府债务余额限额管理，切实防范和化解财政金融风险。强化配套保障。积极争取省市支持，在教育、卫生、科技、文化等社会事业发展布局上把新区纳入统筹范围，统一安排建设，适时启动一批房地产项目，全面提升公共服务水平，推动新区由产业承载区向功能完备的城市新区发展。

2.狠抓内培外引、招大引强，聚力推进产业体系建设见成效

大力实施“533”产业发展战略，做大做强汽车及高端装备、石化、

新材料、电子信息、生物医药5大高端产业集群，培育发展高端商务和总部经济、商贸及现代物流、旅游和健康服务三大现代服务业集群，高水平打造安宁工业园区、杨林经济开发区、空港经济区三大千亿级产业园区平台，着力构建布局优化、分工合理、错位发展、特色鲜明的现代产业体系。重点推进100个产业项目建设，确保工业固定资产投资不低于200亿元、招商引资实际到位资金不低于367亿元（不包含PPP、融资类项目）。其中，重点推进北汽新能源汽车、东风云汽、中汽中心高原实验室、中国中药滇中新区产业园、国药中生生物制品产业化基地、中关村电子城、京东方OLED微显示屏、昆明宝象万吨冷储物流等项目，确保北汽新能源汽车、东风云汽一期（一阶段）项目年内建成投产；积极争取江铃汽车、协鑫单晶硅及新能源汽车、宝能物流及新能源汽车配件等项目落户新区。

3.狠抓服务提质、效能提升，倾力推进营商环境建设见成效

加大“放”的力度。继续深入推进相对集中行政许可权改革试点工作，贯彻落实省政府“放管服”改革10条措施，最大限度放宽企业准入门槛，进一步优化项目审批流程，同时做好减税、降费、降成本、降门槛等工作，切实降低实体经济发展成本、交易成本，促进各类市场主体轻装上阵。

优化“管”的方式。按照审管分离、融合发展原则，积极对接昆明市及市级相关部门尽快对授权、委托新区行使的行政许可事项制定相关规定，切实加强行政许可事项事中事后监管。创新监管方式，落实监管责任，妥善解决好新区特别是空港片区、重点开发区域的招商引资、基础设施、道路交通项目建成后的跟进管理问题。

提升“服”的质量。认真贯彻《云南省进一步推广自由贸易试验区可复制改革试点经验实施方案》，加快推行“四个一”综合审批模式，继续实行审批服务总协调人、行政审批代办等制度，实现审批一颗章、政务一张网、服务一条龙、办事跑一次。加快建立与省级、昆明市体制上融合、

平台上支撑、标准上统一、政策上配套、机制上衔接的“互联网+政务服务”工作机制，构建平台联动、资源共享、协作协同的网上政务服务平台和实体智能政务大厅，有效提升新区政务服务能力。

4.狠抓环境保护、绿色发展，大力推进生态文明建设见成效

推动绿色发展。大力发展科技含量高、资源消耗低、碳排放少的新兴产业，着力壮大新能源、节能环保、清洁生产产业，推进传统产业绿色改造，淘汰落后产能和技术，推进资源全面节约和循环利用，加快构建绿色低碳循环发展的经济体系。

加强环境治理。严格落实“大气十条”“水十条”“土十条”等环境保护措施，严格执行项目审批环保一票否决制和重点污染物总量控制制度，切实加强滇池流域及牛栏江流域环境保护工作，加大螳螂川、牛栏江等流域水环境污染防治和饮用水源地环境保护力度。2018年，重点加快临空产业园污水处理厂等一批环保治理设施建设，确保园区内所有在建项目实现污水零排放。

推进生态保护。实行最严格的环境保护制度，划定生态保护红线、永久基本农田、城镇开发边界三条控制线，大力开展植树造林，推进湿地、水系、植被等生态系统保护和修复，全力打造“城在林中、林在城中、山环水绕、鸟语花香”的产业新城、美丽新区。

5.狠抓制度建设、完善机制，着力推进工作落实见成效

建立项目推进机制。围绕项目建设主题，加快研究建立项目调度、协调反馈、责任落实等制度，确保每个项目都有牵头领导、责任领导、责任单位、联系人和联络员，随时发现问题、解决问题、反馈情况。

建立人才培育机制。突出“高精尖缺”导向，积极主动与专业机构、科研院所和行业领军人才深化交流合作，全面建立战略合作关系，探索人才引进、激励保障机制，加快吸引聚集更多高层次人才到新区创业就业。

建立考核奖惩机制。树立以招商引资定优劣、项目建设论英雄的鲜明导向，加快制定出台新区机关全员聘用、不胜任聘用岗位人员调整等制度，推行竞争上岗、能上能下、岗变薪变的新型用人机制，将考核结果与干部晋升和待遇挂钩，充分激发新区广大干部干事创业的精气神。

十六、哈尔滨新区

图 2-31 哈尔滨新区全景

（一）2017年发展成效

2017年，哈尔滨新区实现地区生产总值764.3亿元，增长7.6%；规模以上工业增加值增长6.3%；完成固定资产投资743.6亿元，增长12.2%；实现社会消费品零售总额214.9亿元，增长12.1%；实际利用外资21.2亿美元，增长11%；完成公共财政预算总收入117.6亿元，增长26.7%。

1.新动能、新产业培育取得明显成效

（1）培育创新主体。获批国家级“双创”示范基地，谋划推进深哈

合作高新技术产业园区，启动6.5平方公里科技创新城二期建设；投入10亿元作为母基金放大新区产业基金，总规模已放大到50亿元；新增省级以上各类研发机构30家，省级以上各类研发机构总量达到230余家。

（2）促进成果转化。推动“哈尔滨科技成果展示交易中心”建设，全年新认定高新技术企业122户，国家认定的高新技术企业总户数达到428户，占全省46%，比上年提高6.2个百分点。

（3）发展新兴产业。海能达、安天科技、工大机器人等新一代电子信息产业项目实现倍数增长；空客复合材料、万鑫石墨、鑫达高分子、奥瑞德光电等新材料产业龙头项目相继建成投产；元亨生物动物疫苗等29个生物医药产业项目顺利落地，集聚了近40亿元产值规模。

2.结构调整、转型升级步伐明显加快

（1）建设专业园区。启动中铝龙江铝镁产业园、中丹高端供热装备制造产业园一期、3D打印产业园，推动松浦国际服务贸易产业园、利民文化教育旅游产业园、哈尔滨国家级广告产业园等现代服务业集聚园区建设，集聚企业近千家。

（2）加快项目集聚。全年开复工产业项目504个，完成投资211.5亿元，占全市21.8%，其中亿元以上产业项目141个，完成投资额115.2亿元，占全市35.6%。以高端装备制造为核心的制造业实现增加值224.5亿元，增长5.1%，占新区规模以上工业的95.2%，占全市规模以上制造业的36.3%，其中，战略性新兴产业实现产值271.8亿元，占新区规模以上工业的29.5%，占全市规模以上工业的11.2%。

（3）发展现代服务业。启动建设万达俄罗斯青年双创基地、林达外语城，万达文旅城、波塞冬海洋王国等重大文旅项目建成投入运营并成为拉动新区发展新的经济增长点。跨境电商交易额达10亿美元、服务外包超过5亿美元，对外贸易总额占全市70%以上。积极促进义乌小商品城、红星美凯龙、哈南会展中心等大型城市综合体项目开工建设，新开工亿元以上

服务业项目40个，完成投资268.8亿元，增长21.3%，占全市第三产业投资的17.6%。

3.对外开放、要素集聚拉动作用明显增强

（1）对俄合作不断扩大。成功促进“特种耐火材料”等俄罗斯科研成果落地转化；引进中俄金融产业联盟，搭建了中俄本币结算、跨境电商在线支付和对俄投融资三个平台，设立投贷联动中心并筹建新区科技专业支行；近200名俄籍专家长年在新区工作。

（2）发展要素不断积聚。授予新区23项省级管理事权，制定出台10条措施支持入区企业发展，新引进各类金融及类金融机构50余家，各类金融机构数量已达1000余家。

4.规划编制、基础建设水平明显提升

（1）创新规划理念。加快推进重点片区、重点园区控制性详细规划编制任务，已编制完成了科技创新城一期和二期、松浦国际贸易服务中心、奥体中心等重点区域城市设计。

（2）完善基础功能。推进两条地铁新线、松花江水源供水厂、垃圾焚烧处理厂、垃圾中转站、哈飞试飞机场、平房火车站改造等重大功能性项目建设，以及京哈高速公路与哈南第十六大道立交桥、哈南第二大道与哈五路立交桥、北京U型环路、济南路、永达路、南京西路、昆明大街等骨干路网基础配套项目建设 。

（二）体制机制创新进展

1.推行负面清单管理模式

全面实施负面清单管理模式，放宽市场准入领域、收窄政府审批范围。将负面清单嵌入省工商审批系统，实现关键词自动比对，对负面清单禁止

或限制准入的项目自动提示告知。松北区新设立企业4913户，是2016年的2.13倍；新设立企业平均审批时间由3个工作日缩短为2～3个小时以内。

2.实行相对集中行政许可权改革

组建了行政审批服务局，首次将原分散在7个部门的业务关联度大、发生频率高的47项行政许可事项进行统一划转、实行集中审批，并全面承接省政府首批下放的行政许可事项。投资建设事项实现“容缺受理、并联审批”，工业项目审批时限由86个工作日压缩到18个工作日，压缩79%。实行“综合设岗、多岗融合，一人多能、一岗多责”，审批人员精简了71%。

3.创新投融资机制

实施差异化金融政策，“债贷组合、投贷联动、融资租赁、产业链融资以及无形资产质押贷款”等上海自贸区特色金融业务在新区开展；改进政府资金投入方式，投入10亿元作为母基金成立新区产业发展基金；开展专业化金融服务，筹建哈尔滨银行科技专业支行，为科技创新型企业提供专业化服务；实施一系列针对金融企业高管人才的补贴、优惠和各项服务政策，吸引国内一流投资管理团队进入新区发展。新的投融资机制实施以来，新区各类基金规模不断放量集聚，基金总规模已达100多亿元，政府主导的基金以股权形式新投入企业203户、投入资金15.76亿元。

4.创新对俄合作模式

哈尔滨银行发起120多家中俄金融机构组建了中俄金融联盟，联盟总部基地入驻新区，成立全国首家中俄跨境金融服务中心，签署总金额100亿元人民币的贷款合作协议，推动万鑫石墨与俄罗斯莫斯科学院就“特种耐火材料”项目达成研发、转化、生产战略合作，成果已在新区成功转化，吸引俄罗斯青年进入基地创业，选派优秀教师和学生赴圣彼得堡音乐学院深造，引进俄籍专家到新区工作。已有近200名俄籍专家长年在新区工作，4个批次500余名教师、学生定期到俄罗斯学习深造。

5.创新冰雪旅游和冬季发展模式

万达文旅城独具室内多元冰雪设施和四季主题公园“错季发展”的优势特色，在太阳岛、呼兰河口辟建了冰雪欢乐岛，为游客提供差异化选择、特色化体验；冬季发展由“冷环境”向“热经济”转变，多样化打造“暖环境”，发展“新业态”，搞活“夜经济”。入冬以来，接待旅游人数已超过百万，服务业零售总额增长12%。

6.推行经济功能区改革试点

变多部门管理为一部门管理，组建了两个园区管理服务公司；变行政管理为企业化管理，实施公司化运行、扁平化管理；变行政人员身份为保留托管身份，推行了干部身份托管制度；变惯性调增工资为动态绩效薪酬，实行“以岗定薪、按绩取酬”的分配制度。2017年，两个试点园区新增纳税企业457户，租金收入增长160%，全口径税收增长31%。

7.开展跨部门跨领域综合执法改革

将建设、规划、市政、房产等15个行业的401项行政处罚权进行整合，由区城市管理和行政综合执法局集中行使；将不同行业执法人员合理调配，不同类别执法力量协同配合，核发全领域综合执法证件，推动执法人员由单项向全能转变，执法范围由单一行业向综合领域转变。

8.实施“区街一体化”管理体制改革

实施街道管理体制改革，将原来3个镇拆分组建为7个街道办事处，推行“区街一体化”管理；向街道下放区级管理事权 1073项以及公共服务事项39项；将城市管理和市场监管两支执法队伍、119名执法人员下交街道管理，向街道下放人权财权，人由街管，费随事走。

9.开展户籍制度改革

“降低门槛、简化程序、增加依托”，最大幅度放宽落户条件，依托居住地、企事业单位、人才交流中心和派出所，实现了落户零门槛；最大限度下放落户审批权限，方便居民群众，简政放权，吸引人才。截至2017年末，松北区新增落户人口9635人，同比增长6.5倍。其中，大中专以上学历占54.4%；劳动适龄人口占73.5%；60周岁以上落户人口占8.4%。

（三）防范和化解地方政府债务风险情况

1.有效化解政府债务

严格控制债务规模，调整投融资模式，做好债务置换，降低债务成本，优化债务结构，探索PPP模式，多渠道筹措建设资金，处置闲置国有资产偿还债务。化解一类债务70%，政府存量债务的总体置换率达到80%以上。

2.积极防控债务风险

成立政府性债务管理领导小组，制定地方政府债券风险应急预案，合理安排各项开支，建立严格的财务内部管控机制。

（四）污染防治攻坚战情况

1.推进水污染防治，实施流域环境综合治理

（1）落实“水十条”相关工作。制发了《松北区落实〈哈尔滨市水污染防治工作方案〉责任分解表》《水污染防治工作目标责任书》《2017年度松北区水污染防治工作实施方案》，明确了具体责任、目标任务和完成时限。

（2）推进肇兰新河环境综合治理。制发了《肇兰新河松北段环境综合整治实施方案（2016—2020年）》。完达山奶牛场建成日处理400吨污水站，并通过验收；黑龙江永源畜牧的对青一场、对青二场、乐业四场完成污染防治设施整改，并通过验收；投资3700万将禁养区内对青三场8栋鸡舍全部拆除。

2.坚持源头防治，开展"治霾卫蓝"大气污染防治行动

实施《松北区重污染天气应急执行方案》；环保、供热、工信三条战线合力拆并小锅炉；全区47台10蒸吨以下燃煤小锅炉全部被淘汰；如期完成了锅炉提标改造工作。

3.加强环保监管，提升管理水平

一是严把审批关，全年共审批报告书10个，报告表58个，验收项目59个；二是超额完成了排污费征收；三是积极解决环境信访问题，全年共受理环境信访案件538件，处理率、办理率100%；四是双随机检查122家次企业，按时上报，数据准确；五是加强了党建工作，广泛开展了群众性环境宣传活动。

图 2-32　哈尔滨新区太阳岛国家湿地公园

（五）2018年工作展望

1.坚持先行先试，在改革创新上不断积累新经验

（1）推行清单化管理。在行政审批、行政监管、行政处罚和公共服务4个方面推出行政审批服务清单等8张清单，实现清单外无审批、无收费、无处罚、无证明、严兑现“四无一严”目标。

（2）推广自贸区经验。重点围绕“投资管理”“贸易便利化”“事中事后监管”3个领域，在新区全面复制推广19项具体改革事项。

（3）实施“证照分离”改革。统筹推进“证照分离”和“多证合一”改革，减少办事环节，降低企业办事成本。

（4）积极承接省市事权。在有效承接省级23项管理事权的基础上，本着接得住、用得好的原则，继续向省里争取更多事权下放给新区，实现审批服务“不出区”。全面开展“行政执法公示、行政执法全过程记录、重大执法决定法制审核、行政裁量权基准制度”四项制度试点。

（5）探索机构综合设置。综合设置新区党政工作机构，产生加成效应、倍增效应。

2.坚持创新驱动，在产业发展上不断集聚新动能

（1）加快传统产业转型升级。全力推进“中国制造2025”试点区建设，落实“互联网+制造业”哈尔滨行动计划。重点推进工大机器人、工大焊接、奥瑞德蓝宝石、海能达等智能装备项目扩能达产。推动传统产业向中高端迈进，高端装备制造产业力争突破500亿元产值规模，绿色食品产业产值占到全市1/3以上，新一代电子信息技术产业集聚300亿元产值规模。

（2）加快培育新兴产业。加快培育新一代电子信息技术、新材料、生物医药、文化旅游等新兴产业。重点推动中电信数据中心、紫光新能热力

云等新一代电子信息技术产业项目建成投入运营，促进哈药总厂异地升级改造、乐泰药业异地扩建等生物医药产业项目开工建设。

（3）加快改造国有企业。发展混合所有制，鼓励管理层和骨干员工持股，推行市场化选聘职业经理人，实行市场化薪酬分配机制，积极对接多层次资本市场推进国有企业上市，实现资产证券化，加快清退“僵尸企业”。

3.坚持精准对接，在引资引智上不断跑出加速度

（1）以平台建设引资引智。加快深哈高新技术产业园区建设，精准对接高水平研发项目、高科技项目，大力招商引资引智，重点推动“哈尔滨科技成果转化交易展示中心”、香港书城等与深哈合作重点项目建设。

（2）以项目建设引资引智。全年力争谋划储备项目200个，推进开（复）工亿元以上重点产业项目150个以上。

（3）以环境营造引资引智。发挥产业基金引导作用，完善天使基金、各类风投基金投入运营机制，加大政府对基金初期投入支持力度。

4.坚持对俄合作，在对外开放上不断取得新进展

（1）强化科技合作。放大新区42个专业孵化器和12个科技成果转化平台作用，促进俄罗斯、白俄罗斯、乌克兰等一批优秀科研成果在新区落地转化。

（2）搭建金融载体。促进中俄本币结算中心、对俄投融资中心、投贷联动中心和跨境电商在线支付平台“三中心一平台”建成投入使用。

（3）促进文化交流。依托哈尔滨音乐学院组建国内首家中俄交响乐团，引入俄罗斯马戏歌舞驻场演出，加快中俄电影文化中心项目建设，提高中俄文化艺术交流周知名度。

5.坚持突出特色，在文化旅游上不断树立新品牌

（1）突出“凉爽宜人”特色，发展生态旅游。大力发展湿地体验游、

健康休闲游等特色旅游，打造可深度体验、独具特色的生态旅游产品。

（2）突出“冰天雪地”特色，发展冰雪旅游。优化整合冰雪资源资产，打造全国冰雪旅游首选目的地、冰雪人才培养高地、冰雪装备研发制造和冰雪赛事承办基地。依托万达文旅城室内多元冰雪设施、四季主题公园“错季发展”的优势特色，推动冰雪旅游由“一季游”变“四季游”。

（3）突出“欧陆文化”特色，发展风情旅游。挖掘太阳岛俄罗斯艺术馆、俄罗斯风情小镇等异域文化艺术群落优势资源。

6.坚持基础先行，在产城融合上不断打造新亮点

完善路网格局。推动松北片区科技创新城二期“六横七纵”13条道路建设，2018年底前建成投入使用；加快平房片区红旗大街、长寿路延伸工程以及利民片区呼兰河第二大桥与澳门大街连接工程建设。加强主干路网和次干道以下等级道路建设，实现每平方公里次干道路网密度达到5公里以上。

强化基础配套。加快推进松花江水源供水厂、垃圾焚烧处理厂、垃圾中转站、黑小屯变电所、三电厂蒸汽站等配套功能项目建设并尽快形成保障能力，加快地下管廊、新热源改造进度，坚持地上地下统筹规划、同步建设。力促花园小学等4所学校、新区中心医院等5所医院尽快建成投入使用。

十七、长春新区

图 2-33 长春新区一汽轿车总部

（一）2017年发展成效

2017年，长春新区坚持规划引领、项目立区、创新驱动、先行先试，全力加快发展步伐，基本完成了“一年打基础、两年成规模”的目标任务。全年地区生产总值实现889.3亿元，同比增长8.7%；固定资产投资完成714.3亿元，同比增长14.7%；各类市场主体发展到29703户，同比增长41.5%，主要经济指标增速高于省市平均水平，在区域发展中较好地发挥了引领、示范、带动作用。

1.开放平台建设进展较快

长春国际港正式开通，长春至德国汉堡中欧班列实现首发，国际航空港龙嘉机场二期T2航站楼实现暖封闭，龙翔国际商务区A区地下基础工程全部完工，B区欧亚北湖购物中心一期7栋商务楼主体完工，现代物流中心大厦完成地下工程建设，欧亚城市汇集商业中心主体建筑封顶，空港奥特莱斯主题购物公园正式对外营业。

2.现代产业体系加快构建

全年开工项目445个，其中产业项目272个，占61%。光电和智能装备产业园入园24户企业全面开工，9户企业实现投产；亚泰医药产业园新开工单体厂房44栋，全部实现封顶；航天信息产业园天字型厂房全部建成，"吉林一号"实现8颗卫星在轨运行；华阳玄武岩纤维项目厂房进行内部装修与设备安装，开始试生产；鑫源蛋制品中央厨房项目实现达产；东北亚（长春）国际机械城会展中心、商业综合体项目主体工程已完成80%；智能装备产业园36栋钢结构厂房主体基本完成。

3.招商引资取得显著成效

全年共组织开展各类招商活动240多次，实际利用内资241.5亿元、利用外资22.5亿美元，同比分别增长50%和14.16%，新增世界500强企业2户。引进落位项目136个。包括总投资57.8亿元的长春润德集团装配式建筑产业园、总投资45亿元的新城吾悦广场、总投资30亿元的龙浩空港大通关基地以及中国医药集团医药产业园等。储备在谈项目318个。包括京东吉林基地、国际智能锁具产业园等投资10亿元以上项目。重点谋划项目105个。包括大族激光智能装备北方研产基地、九州通健康养老产业项目等投资数十亿、上百亿的大项目。

4.创新创业体系不断完善

北湖科技园被认定为“国家级科技企业孵化器”，入驻高科技企业90余家，吸引创客团队110个；推出“创新券”制度，新认定高新技术企业89户，是去年的2.8倍，总数达160户；长春科技大市场技术交易额突破200亿元；新认定科技型“小巨人”企业48户，总数发展到122家。全区共集聚近100家金融服务企业，驻区银行营业部及网点68个，累计引进股权投资机构38家，注册资金达到62亿元。上市企业10家，“新三板”挂牌企业23家，占全市总数的52%，储备上市（挂板）企业资源69家，吉林省股权交易中心挂牌企业6家。引入120名高端人才，有4人入围第三批国家“万人计划”科技创业领军人才，有6个高科技项目签约落位，“海创联长春创业中心”和“吉林省港澳地区创新创业服务平台”落户新区。

5.区域承载功能显著提升

全年投入建设资金81.72亿元，“三路七桥”物流园内部分启动建设，园外部分中科大街延长线主干线完工，空港路网开工建设45公里，完成17.16公里，四座下穿高速桥半幅实现通车，伊通河北北段绿道、防洪提升改造等工程加快推进。

6.社会事业发展同步跟进

“幸福新区行动计划”确定的62件民生实事全部完成。慧仁、尚德、明达、英才4所学校建成使用，市十一高北湖分校主体封闭；长春工业大学北湖校区三期基本完工，符合条件的建档立卡贫困人口全部纳入农村低保，新农合实际参合率达到96.12%；累计开发就业岗位6700个，安置被征地农民5085人，城镇零就业家庭援助率达到100%。

7.各项改革措施持续深化

全年完成56项改革任务，形成80项改革成果。推进政务服务“一门式、一张网”综合改革，开展“百户企业大走访”活动，全面启动“最多跑一次”改革。推行PPP融资模式，有4个PPP项目进入建设阶段；国开行新型城镇化建设项目成为全国开行系统PPP改造的标杆和典范。

（二）体制机制创新进展

2017年，长春新区以体制机制改革增创新优势、培育新动能、发展新经济，努力走出一条速度快、质量高、效益好的新区发展之路。

1.创新科技管理体制机制，培育经济发展内生动力

（1）实施创新平台提升计划。长东北科技创新中心全年新引进高水平研发机构10个，总数已达到71个；光电子平台获评“国家级孵化链条建设示范单位”，入驻企业75家；光电子科技创新基地、化工新材料科技创新基地等产业孵化基地，集聚和培育了科技企业200余家，省部级重点实验室、研究中心10个，高新技术企业18家，科技型“小巨人”企业14家，专利数量535项。

（2）实施创新企业成长计划。推出“创新券”制度，全年实现交易金额884.68万元，全区高新技术企业发展到160家，科技型“小巨人”企业发展到122家。正式开通科技服务创新服务平台，注册用户达982家。健全企业发展壮大的孵化加速链条，拥有科技企业孵化器、众创空间30个，在孵企业1000余户。

（3）实施科技创新协同计划。长春科技大市场入驻创新型高科技企业137家，全年实现技术交易额突破200亿元。全区集聚近100家金融服务企业，长春科技金融中心升级为省级科技金融中心，全区上市企业发展到10

家，“新三板”挂牌企业达到23家，占全市总数的52%，储备上市（挂板）企业资源69家。

2.创新人才管理体制机制，打造人才创新创业高地

2017年，开展七批“长白慧谷”英才评选，共入选120名高端人才，全年新引进各类高层次人才7000余人，有4人入围第三批国家“万人计划”科技创业领军人才。

（1）坚持政策惠才，完善政策扶持体系。对入选的高端人才最高给予5000万元资金支持或股权投资。注重政策落实，对入选第七批“长白慧谷”英才计划的16个人才项目，一次性给予1670万元的无偿支持。

（2）坚持产业聚才，打造“产才融合”新高地。推进人才项目一体发展，成功承办中国（长春）海外人才创新创业项目大赛，促成6个项目签约，全年新引进116个人才项目，集聚企业管理等高层次人才1000余人。

（3）坚持平台引才，不断拓展引才渠道。共建各类孵化平台30余个，新引进孵化项目240个，带动1260多名高层次人才到新区创新创业。推进“侨梦苑”建设，“海创联长春创业中心”落户新区。

3.创新对外开放体制机制，提升外向型经济发展水平

扩大对外开放合作，全年利用外资22.5亿美元，位居全市之首；实现进出口总额62.87亿美元，占全市的48.79%。

（1）着力打造开放合作平台。国际空港，机场二期建设正在快速推进，T2航站楼实现暖封闭。国际陆港、铁路综合货场试运营，长春国际港开通，长春至德国汉堡中欧班列实现首发。

（2）着力扩大国际科技合作。与30多个国家和地区建立了科技合作关系。规划建设中日、中韩等一批国际产业园，长春中俄科技园建立了8个国际联合实验室，累计引进、孵化80家高科技企业，园区总产值达到15亿元。

（3）提升产业国际竞争力。光电和智能装备产业园累计引进项目24个，其中17家高新技术企业，4家省级技术研究中心；航天信息产业园加快建设，“吉林一号”实现8颗卫星在轨运行。

（三）防范和化解地方政府债务风险情况

（1）防范债务风险，加强债务管理。成立长春新区债务管理工作领导小组，严格实行预算和限额管理，保持政府债务低增长。

（2）坚持分类施策，消化存量债务。对政府融资担保行为进行清理整改，出台相关文件，对政府购买服务即PPP项目中的不规范行为进行清理整改。

（3）创新融资方式，缓解资金压力。申报土地专项债券，采用土地专项债券形式进行融资，以缓解新区建设期资金紧张压力。

（四）污染防治攻坚战情况

2017年，长春新区积极开展大气污染防治、水污染治理、固体废弃物监管等工作。在接受中央环保督察期间，共接到中央环保督察组交办的信访案件127件，基本做到应改尽改，还有7个问题正在按时序积极推进。

1.突出制度体系建设，健全工作协调推进网络

制定了《长春新区生态环境保护工作责任规定》及《长春新区落实水污染防治行动计划工作方案》《长春新区大气污染防治行动计划实施方案》《长春新区落实土壤污染防治行动计划工作方案》《长春新区突发环境事件应急预案》等相关文件，形成了上下衔接、相互配套的工作落实体系。

2.强化大气污染防治，全面改善区域空气质量

全年淘汰79台10吨及以下燃煤小锅炉，20吨以上的8台燃煤锅炉已全部采用高效除尘和脱硫装置，并安装自动在线检测系统。春秋两季共签订禁烧承诺书15265份，除农民自用的秸秆，剩余秸秆95%以上通过机收打捆实现综合利用。查处整改施工扬尘等相关问题155个，查处违规渣土运输车辆630台。

3.突出河湖生态治理，全面提升水环境建设水平

推进“河长制”，确立四级河长65名，河巡查员183名，清理河道132公里，动用各种机械车辆802台，累计清理垃圾杂物1608吨。实施伊通河北北段治理工作，总投资62.92亿元，治理范围14.82平方公里。

4.加强固体废物监管，全面提高综合处理能力

设立50块化肥“零增长”宣传板和9个村级施肥信息公示牌，推进黑土地保护治理工程，开展危险废物规范化管理专项检查，严格执行危险废物标签标识、应急预案备案等制度。

图2-34　长春新区航天信息产业园

（五）2018年工作展望

2018年，长春新区坚持项目立区，坚持开放带动，坚持先行先试，坚持质量与速度并重，坚持打造最优软环境，一以贯之抓落实，拼搏实干见成效，全年实现主要经济指标：地区生产总值增长10%，规模以上工业产值增长13%，固定资产投资增长20%；地方财政收入与经济发展保持同步。

1.围绕提升对外开放水平，在开放平台建设上见成效

加快推进国际物流园、国际航空港、核心商务区建设，加快谋划建设中日、中韩等国际产业园区。

2.围绕构建现代产业体系，在重大项目建设上见成效

力争新引进优质项目100个，引进世界500强企业4户。全年新开工项目309个，春季开工项目73个，以龙头项目为带动，促进产业集群发展。

3.围绕建设创新经济发展示范区，在推动创新创业上见成效

科技支出占一般公共预算财政收入达到5%以上，企业科技研发投入占地区生产总值比重达到2.5%以上。加快建设金融中心，建设“人才公寓”，新引入大学本科以上人才5000人以上，用好用活七项外籍人才出入境优惠政策。

4.围绕建设绿色智慧新城，在推进产城融合上见成效

基础设施建设全年完成投资201亿元，加快推进重大基础设施、生态环保工程和推进智慧城市建设。

5.围绕打造体制机制先行区，在全面深化改革上见成效

坚持合法高效原则，严格执行重大决策风险评估机制和专家咨询制度，抓紧成立长春新区专家咨询组，推进管理体制机制创新和行政审批制度改革，深化国有集团公司管理与改革，切实加强软环境建设。

6.围绕建设幸福美好新区，在改善民生福祉上见成效

全面落实2018年“幸福新区”行动计划。加快发展教育、文化、卫生、体育等社会事业，提高公共服务水平；妥善解决群众关心的征地、拆迁、就业、就医、就学等民生热点问题，持续强化信访维稳和安全生产。

7.债务风险防控工作

2018年，长春新区将加强政府性债务管理工作，规范地方政府举债融资机制。

（1）加强债务风险管理。严格按照市本级政府债务限额管理控制债务规模；完善地方政府债务风险评估和预警机制，出台长春新区地方政府债务风险应急处置预案。

（2）规范投资融资方式。继续督促各开发区、各融资平台及国有企业规范融资行为，进一步完善政府性债务管理信息系统，夯实债务管理基础性工作。

（3）做好债券转贷工作。推进新增债券转贷协议的签署，以及回收转贷债券本息兑付服务费等工作，及时归还市财政局到期债券本息。

（4）积极化解存量债务。化解存量政府债务，降低债务风险，鼓励指导开发区采取盘活预算资金、PPP模式改造、处置政府闲置性资产、核销等多种方式，有效化解存量政府性债务。

8.污染防治攻坚战

2018年，长春新区将按照新出台的大气污染防治实施方案，突出水环境治理、大气污染防治和固体废物监管。

完成新区20吨以下燃煤锅炉的淘汰工作。按照吉林省环保厅下达的挥发性有机物（VOCs）排查整治方案，在新区开展挥发性有机物相关企业摸底排查。根据重污染天气变化情况，调整企业管控清单，进行应急演练。继续在秸秆焚烧、餐饮油烟、工地扬尘等方面加大监管力度、完善监管机制。

9.体制机制创新探索

（1）深化行政审批制度改革创新。长春新区将进一步缩减审批项目、再造审批流程、提高审批效率，努力让群众和企业到新区办事“最多跑一次”。

厘清部门责任，全面梳理审批事项。明确部门职责，对新区及开发区各部门职责进一步明确，合理划分事权，形成“权力清单”和“责任清单”。梳理审批事项，对群众和企业到新区办事事项进行全面梳理。推进审批标准化，对各审批事项的流程和标准进一步规范优化。

分批公布实施目录，完善升级政务服务大厅。以长春高新区为试点，以年办件量在前20位的民生审批服务事项为基础，力争3月公布第一批事项实施目录，约占全部相关事项的40%以上。到2019年末，累计公布事项达到全部相关事项的90%以上，基本实现“最多跑一次”的目标。

完善网络技术保障，全方位提供优质服务。依托网络技术支撑，逐步实现全方位政务服务。推行联审联办服务，发挥实名认证、电子证照、电子印章、网上支付、档案管理、电子监察等系统的作用，探索多级无偿代理服务，持续推广社区代办、自助办理、第三方平台申报等多种方式。

（2）深化科技管理体制改革创新。加快构建以长春新区为核心的“长吉图科技成果转移转化生态体系”，立足全省特色产业发展实际，着力推进跨区域整合创新要素，在科技成果转移转化服务、金融、人才、政策等方面发挥先行先试作用，深化改革，破除体制性障碍。

推动专利预警，引导高价值技术专利集群。以开展企业专利微导航，推动15家重点企业加紧整合国内外技术资源，形成“专利池”。以人工智能、现代农业、星际通信、数据信息、健康医疗等行业专利导航工作为指导，推动建立8个高价值技术专利集群。

推进试点先行，开展企业创新标准、创新方法及研发准备金制度建设试点。依托行业龙头和骨干企业，选取10家左右具备条件的企业开展试点，推动企业核心技术和专利技术向技术标准转化，制定实施与国际、国内先进水平接轨的先进标准。

强化国际技术合作，完善区域平台对接机制。依托中俄科技园、中白科技园等园区，吸引国际技术转移项目入驻新区。推动优势企业前往具有优势资源的国家或地区参与技术开发与转化活动。推动吉林大学、长春理工大学、中国科学院等高校院所与国外相关国家大学、科研机构和企业建立长效稳定的人才交流和合作机制。

十八、江西赣江新区

图 2-35　江西赣江新区全景

（一）2017 年发展成效

2017年，江西赣江新区全年完成地区生产总值667.29亿元，同比增长9.5%；规模以上工业主营业务收入2159.49亿元，同比增长21.4%；固定资产投资1161.36亿元，同比增长17.4%；财政总收入108.07亿元，同比增长18.2%；一般公共预算收入51.8亿元，同口径增长12.9%。

1.体制机制创新实现新突破

组织机构不断健全。明确了管理体制，8个职能部门全部到位。行政审批局、政务服务中心挂牌运行，国土、地税派驻机构运行有序，土地储备交易中心获批成立。新区开发投资集团、江西赣江集团相继成立，中科先进制造产业技术研究院、人才服务中心、沪深驻外联络机构和驻京招商小组开始实质性运作。

积极探索机制创新。梳理了8个重要领域、24项改革事项先行先试。行政审批局统一办理省、市、县三级共260项审批事项，开展投资项目承诺制改革和探索重点建设项目模拟审批模式。出台新区人事管理体制、工作人员聘用管理等办法。

2. 创新驱动发展取得新进展

（1）科技创新不断发力。全年新增2个国家级众创空间，荣获国家科技进步奖、国家自然科学奖二等奖各1项。与中国科学院、中关村科技园区、北京理工大学等一流科研机构和单位深度合作，共建中科赣江（南昌）科创园、生物医药与装备技术研究院、曙光人社云计算大数据中心、北京理工大学赣江实验室、中国科学院微电子研究所；与省内20所高校签订战略合作框架协议。

（2）政策红利不断释放。推出招才引智的“赣江海智”“赣江创新”和“赣江创业”计划。在北京、上海、深圳成立人力资源公司，构建人才服务信息化平台，设立人才发展专项资金及江西人才服务银行。启动金蓝领职业培训园（永修职教园）建设，打造可容纳10万名学制教育和职业学员的培训园区。

（3）金融创新不断提速。出台促进绿色金融发展的实施意见，成功举办绿色金融发展大会。2017年，17家银行、5家保险公司、8家互联网金融公司、2家交易中心、14家投资基金注册成立。成立新区产业引导基金、城市发展基金、科技创新基金，与金融机构开展海绵城市、绿色建筑、绿色环境保险、绿色产业引导基金、清洁能源基金等创新合作，建设腾讯金融科技实验室和人保财险绿色保险研究院、赣江金融学院。

3.生态文明建设迈出新步伐

加快推进“多规合一”。《赣江新区空间发展战略规划》编制完成，《赣江新区总体规划纲要（2016—2035年）》通过专家论证；《赣江新区土地利用总体规划（2015—2020年）》经省政府批复同意。综合交通枢纽、昌北国际机场周边暨临空组团二期、桑海中总投资近20亿元的13个基础设施工程基本完工，绿地广场、总部基地、文化旅游小镇、技术协同创新园等总投资150亿元的12个项目相继启动。三个总投资达52亿元的EPC项目正在加快推进，儒乐湖区域总长近50公里的17条道路已陆续开工建设。

4.经济发展实现新提升

大力发展主导产业。六大主导产业实现转型升级、集聚发展，形成了欧菲光、智慧海派等一批年产值超过百亿元的企业和格特拉克、江铃新能源等一批年产值超过50亿元的企业。随着中国中医药科创城、江铃新能源汽车生产基地及工程研发中心、同兴达智能终端核心零部件等“引爆性”项目开工建设，洛客创意产业园、猪八戒网江西总部等一批项目成功落户。高新技术企业从63家增长到96家；前10个月申请专利数量达到2801件。

大力发展开放型经济。2017年，新区签约项目308个，合同资金1970.3亿元；累计有140个签约项目已开工建设，累计90余个项目已建成投产。

（二）体制机制创新进展

1.顺利推进相对集中许可权改革

挂牌运行了江西省首家设区市级行政审批局——赣江新区行政审批局（政务服务中心），实现了许可事项“三集中”，达到了“一章审批”“二权分置”“三级合一”“四面提速”的效果。

（1）管理创新：即“一颗印章审批”的扁平化管理。赣江新区行政审批局行使省、市、县三级共260项行政审批权限，纵向上扁平化管理，横向上整合职能、并联审批。

（2）模式创新：即“承诺制”和“模拟审批制”的新模式。开展“集中审批、承诺先批、全程监管、失信惩戒”的投资项目承诺制改革和探索“提前介入、平行推进、垂直衔接、及时转换”的重点建设项目模拟审批模式。

（3）机制创新：即实现“中心之外无审批”的工作机制。省、市、县三级行政许可权向新区行政审批局集中，全部在政务服务中心办理，没有划转职能的省直单位进驻中心设置窗口办公，实现业务系统对接和信息资源共享。

（4）监管创新：即“两张清单明权责”的协同监管机制。实行审管分离，编制“审批事项权力清单”和“审批事项监管清单”，建立同级之间、上下级之间相互联动、协同配合的监管体系。

（5）服务创新：即“线上+线下”的一键式、一体化综合服务。搭建赣江新区网上审批平台，建立门户网站、手机客户端、微信公众号等网上办事大厅，与邮政快递签订服务协议，形成“网上办事大厅+实体办事大厅”的线上线下综合服务平台。

2.推进人事管理体制改革

赣江新区对传统的人事管理制度进行改革和创新，转换用人机制，建立科学的绩效考核机制和工资水平决定机制。

（1）变“身份管理”为“岗位管理”。打破人员身份的限制，实行岗位聘用管理，依据岗位条件和工作需要，采用直接聘用、竞争上岗、公开招聘等方式聘用职能部门正科级及以下人员。

（2）变“主观评价”为“量化考评”。完善工作人员聘用后培训、管理和绩效考核办法，建立正确的导向机制和客观的评价机制。

（3）变“铁工资”为“活薪酬”。向优秀人才和关键岗位倾斜，实行绩效工资制，充分调动广大工作人员的积极性、主动性和创造性。

（4）变“只上不下”为“能上能下”。建立落聘人员待岗培训及考核解聘机制，优化人员队伍，激发工作人员的积极性和创造性。

（三）防范和化解地方政府债务风险情况

建章立制规范债务管理。建立新区政府性债务应急处置机制，出台债务管理相关文件。严格风险防范。做好新区政府债务风险防控体系的构建。完善政府性债务风险应急处置工作机制，防范和化解财政金融风险。

（四）污染防治攻坚战情况

出台了《赣江新区贯彻落实生态文明建设实施方案》，编制了《赣江新区生态环境保护规划》和地下综合管廊、区域集中供能等专项规划，科学划定“三区三线”。深入实施“蓝天、清流、净土”行动，加大对工业废气、城市扬尘、锅炉烟气、机动车排气污染整治，制定了《建筑工地及道路扬尘治理专项行动方案》，将绿色发展理念运用到儒乐湖新城的规划建设之中，构建交通慢行系统、滨水生态系统、地下城市系统和智慧能源系统。

图 2-36　江西赣江新区行政服务中心

（五）2018年工作展望

1.培育新动能，推动产业发展再提速

激活存量，支持现有企业增资扩产提升先进产能，提高产品技术含量和附加值，优化园区功能，加快“腾笼换鸟”步伐，提升产业发展层次。培育增量，引入一批大项目落户新区，纵向形成产业链，区域形成生态链。打造新力量，跨界融合、协同发展临空产业、工业设计、大数据和云计算等，发展文化创意、高端商务、生态旅游、空港物流等现代服务业。

2.创新再发力，打造绿色创新综合体

（1）打造双创集市。以大众创业万众创新示范基地为载体，通过创业项目展示集聚一批众创空间、孵化器和产业园区，满足科创主体办公、会议、社交、路演等需求。

（2）打造绿色金融示范街。以绿色金融改革创新试验区为载体，创新金融服务模式，打造各类金融业态融合发展的绿色金融示范街，开展金融科技实验室、绿色信贷、供应链金融等项目。

（3）打造人才服务中心。以人力资源服务产业园为载体，运用人社大数据云计算技术，整合昌北大学城、共青科教城、永修职教园等各层次人才资源以及园区企业信息资源。

3.开放拓渠道，实现合作互利共赢

（1）构建综合立体交通组织。加快构建赣江新区综合交通枢纽，完善和优化昌北机场国内、国际航线布局；加快龙头岗综合码头水港口岸、昌北铁路物流基地陆港口岸建设，大力发展铁水联运、江海联运等多式联运。

（2）大力发展空港物流业。重点发展光电信息、生物医药、时装、生鲜、水果、花卉等特色产品物流，建设产品交易展示中心和国内进出口货

物集散中心；推动快递龙头企业建设区域快递物流基地。

（3）促进贸易便利化。建立同国际投资和贸易通行规则相衔接的制度体系，打造投资贸易自由、规则开放透明、监管公平高效、营商环境便利的“准自贸区”。

4.硬件大提升，建设生态宜居新区

（1）推进组团互联互通。加快推进新区南北向交通联系通道赣新大道，力争2018年中期开工建设。力争2018年底前昌九客专开工，推进赣江新区综合交通枢纽建设，加快昌九高速四改八、昌九大道沿线环境综合整治等工程。

（2）高标准建设现代化新城。加快推进经开组团建设儒乐湖新城和桑海中医药科创城，引入江西师大附中、豫章师范附属学校，开工建设赣江新区医院和国际学校；高标准规划建设临空组团二期，推进永修职教园建设，加快湖东新城建设、共青组团南湖新城建设。

（3）彰显新区建管特色。推进小区域、模块化精细管理，开展“1+5”微健康综合体（物业管理+医疗中心、托幼中心、托老中心、商业中心、文体中心）公共服务设施配套试点。

5.打好攻坚战，积极防范和化解风险

（1）积极防范和化解地方债务风险。加大对各组团债务管理。积极推进各组团地方债化解工作，防范债务风险，对债券资金使用进行监管，加强土地专项债资金管理，开展资金平衡分析，提高土地储备投资效益。

（2）打好污染防治攻坚战。持续开展“蓝天、清流、净土”三大行动，贯彻落实“气十条”“水十条”和“土十条”，突出抓好工业减排、扬尘管控、机动车污染治理，削减大气污染物排放总量，抓好饮用水源地保护、河流水质达标和黑臭水体治理，加强固体废弃物和垃圾分类化、减量化、资源化处理，扎实开展土壤污染治理和修复。

6.体制机制创新

（1）开展商标、版权、专利“三合一”改革试点。开展知识产权综合管理改革试点，整合专利、商标、版权等知识产权管理职能，建立高效的知识产权综合管理体制，构建便民利民的知识产权公共服务体系，探索支撑创新发展的知识产权运行机制。具体举措包括建立赣江新区知识产权联席会议制度，组建新区知识产权综合执法队伍，优化知识产权发展环境，逐步建立专利、商标、版权“三合一”的行政管理体制等内容。

（2）开展“证照分离”改革试点。开展“证照分离”改革试点，推进“放管服”改革，转变政府职能，简政放权，创新监管方式，破解“办照容易办证难”“准入不准营”等突出问题。具体举措包括取消一批审批事项，调整一批“审改备”事项，实行一批承诺制事项，优化一批准入事项，合并一批“多证合一”事项，建立配套政策体系、协同监管机制、分类监管机制、行业自律机制、社会监督机制和信息共享机制。

十九、河北雄安新区

图 2-37　河北雄安新区市民服务中心鸟瞰

（一）2017年发展成效

2017年，河北雄安新区把握北京非首都功能疏解集中承载地的首要定位，坚持世界眼光、国际标准、中国特色、高点定位，围绕建设贯彻落实新发展理念的创新发展示范区，聚焦规划编制、严格管控、生态治理、体制机制创新、群众工作、社会维稳、宣传引导、机构建设、党的建设等重点任务开展工作，实现了良好开局。

1.坚持以习近平新时代中国特色社会主义思想为指导，切实增强贯彻落实重大决策部署的政治自觉、思想自觉和行动自觉

始终把学习贯彻总书记重要讲话和重要指示批示作为首要政治任务，组织新区广大干部群众系统学、深入学、反复学，努力用科学理论武装头脑、指导实践、推动工作。自觉地把高起点规划、高标准建设雄安新区，作为践行“四个意识”、维护以习近平同志为核心的党中央权威和集中统一领导的实际行动。

2.高标准高质量推进规划编制工作，确保经得起历史和实践检验

坚持世界眼光、国际标准、中国特色、高点定位，以创造历史、追求艺术的精神，借鉴国际经验，汇聚全球智慧，精心组织规划编制。按照“多规合一”要求，推进交通体系、产业体系、土地空间利用等专项规划和专题研究，力求把每一寸土地规划得清清楚楚。

3.坚持对接融合、错位发展，聚集优质资源和创新要素

扎实推进融合发展，与京津两市分别签署战略合作协议，加快推进雄安新区中关村科技园建设，引导科技成果在雄安孵化转化落地；全力推动北京支持的学校和医院与起步区同步开工建设，北京市朝阳区实验小学、北京市第八十中学、北京市海淀区中关村第三小学、北京市六一幼儿院雄安校（院）区正式挂牌成立。同时，聚焦发展高端高新产业，以智能、绿色、创新标准严控入区企业，在互联网、大数据、人工智能、军民融合、金融科技等领域，与百度、阿里巴巴、腾讯、中国电信、深圳光启、华讯方舟等开展战略合作，近百家高端高新企业核准工商注册登记，并在生物技术、新一代信息技术和生命健康等领域储备了一批产业项目。

4.坚持生态优先、绿色发展，全面提升生态文明建设水平

着力深化环境综合整治，为新区建设打好蓝绿底色。深入实施白洋淀生态修复工程，大力推进流域综合治理，实施府河、孝义河等有水河道水质提升工程，开展唐河、瀑河等枯水河道疏浚和环境整治，清理河道两岸垃圾和河内沉淀垃圾230多万吨。依法关停“散乱污”企业，治理纳污坑塘，严厉打击污染环境违法犯罪。大力开展绿化造林，营造近自然“千年秀林”。全面实施散煤替代工程，空气质量明显改善，2017年PM2.5平均浓度同比下降21.5%。

5.加强科学严格管控和社会治理，系好新区规划建设的第一颗扣子

坚持新区及周边地区统一政策、统一步调、统一行动，有效遏制了投机炒作。坚持以人民为中心的发展思想，完善户籍、规划、土地、房地产、项目和产业差别化、人性化的长效管控措施，尽量减少对群众生产生活和企业发展的影响，千方百计解决群众现实问题。开展针对性就业培训，实施万人培训、万人就业“双万工程”，着力化解各类历史遗留问题及矛盾纠纷，开展扫黑除恶专项行动，刑事发案率同比下降46.1%，保持了新区大局和谐稳定。

6.坚持统筹谋划、稳扎稳打，积极做好重要基础性工作

率先开工建设一批项目，新区首个重大交通项目京雄城际正式开工建设；扎实推进市民服务中心建设，集成应用BIM、物联网、云计算等信息技术，实现工程规划、设计、建造、运行、维护全过程的智能化服务管理。完成新区范围考古调查工作和“记得住乡愁”专项调查活动，开展空间、资源、环境、灾害综合地质调查，系统梳理地形地貌、河流水系、村镇分布等自然条件，摸清规划建设底数。

（二）体制机制创新进展

雄安新区将体制机制创新作为完成各项工作的基础工程和重中之重，扎实推进、成效初显。

1.顺应新时代规律，为高质量发展破题开路

始终坚持质量优先，按照科学有效、面向未来的发展路径，保持历史耐心，稳扎稳打，坚持先规划后建设，坚持先地下后地上，坚持数字城市与实体城市同步规划建设。汇集国内外顶级专家和一流团队，开门开放做规划，坚持“多规合一”，进一步明确规划法定地位，确保一张蓝图干到底。目前，正在研究新区总体规划、起步区控制性规划、启动区控制性规划、白洋淀生态环境治理和保护规划以及新区层面25项专项规划。

2.落实创新发展理念，着力吸引创新要素集聚

一方面，通过发展高端高新产业打造创新集群。以智能、绿色、创新标准严控入区企业，在互联网、大数据、人工智能、军民融合、金融科技、新一代信息技术和生命健康等领域，与知名集团等开展战略合作。百余家高端高新产业核准工商注册登记，并在新一代信息技术、生物科技和生命健康等领域储备了一批项目。另一方面，通过北京非首都功能疏解提升原始创新。签署战略合作协议，加快推进雄安新区中关村科技园建设，引导科技成果在雄安孵化转化落地。

3.强化体制机制创新，打造适应高质量发展的支撑体系

积极探索符合高质量发展的政策体系和发展模式，配合国家有关部委研究制定支持新区深化改革扩大开放政策体系。创新土地、住房和征迁安置政策。不搞土地财政，探索建立共同获益的土地开发利用模式、租售并举以租

为主的住房供应体系以及一次性补偿与持续性收入相结合的征迁安置办法。创新社会保障服务体系。建立以基于积分指标体系的居住证为载体的基本公共服务供给制度。创新城市建设、管理、运营模式。坚持数字城市与现实城市同步规划、同步建设，开展智能城市顶层设计，打造具有深度学习能力、全球领先的数字城市。创新新区行政管理机制。完善“大部门”制运行模式。

4.坚持以人民为中心的发展思想，加强科学严格管控和社会治理

着力加强科学管控和社会治理，增强人民群众的获得感、幸福感、安全感，为新区规划建设提供一个和谐稳定的良好环境。坚持新区及周边地区统一政策、统一步调、统一行动，有效遏制了投机炒作。充分运用大数据和区块链技术，创新征迁实施体系，全过程实现征迁指挥数字化管理、干部行为数字化监督、服务群众数字化菜单、征迁安置数字化存证、资金兑付数字化保障，确保征迁工作科学廉洁高效。

5.突出信息化、智能化，打牢城市建设基础

以数字为基本要素，从城市规划设计开始，利用GIS系统实现从地下

图 2-38 河北雄安新区白洋淀码头

到地上地理信息的数字化，利用BIM和CIM模型实现城市建筑、设施的数字化标识，实现GIS、BIM和CIM之间的数据打通，构建城市的三维数据空间画像。集成应用BIM、CIM、物联网、云计算等信息技术，实现工程规划、设计、建造、运行、维护全过程的智能化服务管理。在市民服务中心建设，创新实践数字基础建设。

（三）2018年工作展望

2018年，雄安新区规划建设的总体思路是：深入学习贯彻党的十九大精神，以习近平新时代中国特色社会主义思想为指导，牢牢把握高质量发展这个根本要求，聚焦启动区建设谋篇布局，以规划为引领，以政策创新为支撑，以科学管控为保障，有力有序有效推进征迁安置和基础性重大项目建设。

1.全力做好各项规划深化细化工作

精心编制好新区总体规划、起步区控制性规划、启动区控制性详细规划、白洋淀生态环境治理和保护规划，对地质条件、防洪防涝、水资源保障、能源供给、交通组织、产业布局、地下空间等专题专项形成可操作的规划研究成果。强化启动区控制性详细规划与起步区控制性规划的协同，科学安排启动区和起步区功能布局、公共服务布局和产业布局。加强与中央有关部门和北京的对接沟通，科学制定疏解目录、疏解项目空间布局图、疏解项目用地用房政策、疏解人员户籍和积分管理政策、随迁人员住房管理政策。

2.扎实做好新区全面开工建设各项准备工作

制定整体方案，研究制定重点任务推进组织指挥体系图、支撑政策体系图、工程项目体系图。在征迁安置方面，制定出台征迁安置政策，资源变资产、资金变股金，一次性补偿与持续性收入相结合；实行“整体征转、分步实施”，完成好容东安置区、启动区和重要基础设施土地收储任务；合理安排居民搬迁，切实解决好搬迁腾退中的实际问题。在工程实施方面，实行“规划—设计—施工”一体化管理，高效组织推动各项工程建设。

3.启动重大基础性工程建设

轨道交通项目。开工建设京雄城际、石雄城际、京港台高铁京雄段3条高铁及站点，同步建设城市轨道交通廊道。支撑新区发展的重大基础项目。开工建设京雄、容乌新线、京德3条高速公路，加快燃气、水源地及给水设施建设，启动南水北调雄安调蓄库及输水管线建设，推进综合管廊建设及电力等基础设施入地。防洪项目，启动实施南拒马河右堤改造工程。环境整治和白洋淀生态修复项目，做好大清河流域污染综合治理，开展纳污坑塘专项整治，推进清洁取暖，搞好垃圾处理和工业固废外运。植树造林项目，推进近自然“千年秀林”建设，完成10万亩造林任务。容东安置区建设项目，启动容东安置区960万平方米安置房和商住房、148公里市政道路及对应管廊管线、试验社区及教育卫生等配套公共服务设施建设。启动区建设项目。启动区市政道路、综合管廊、20万吨供水厂、10万吨污水处理及再生水厂、220千伏和110千伏变电站、燃气门站及中高调压站、地热能源站、综合通讯楼、防洪排涝、生态绿化等基础设施全面开工。

4.深化体制机制创新

加大创新力度，深化土地、房产、人口、体制机制创新等方面的政策研究，着眼创新发展，构建创新驱动政策体系。广泛集聚全球创新要素，构建面向全球的科技创新合作体系，打造全球创新辐射引领高端平台。着眼绿色发展，构建生态文明政策体系。研究制定具有雄安特色的城市绿色发展指标体系框架。着眼开放发展，构建对外开放政策体系。探索双向投资、国际金融结算、技术贸易、跨境电商等先行政策，开展国际人才绿卡、国际化人才特区等方面政策研究。着眼共享发展，构建社会保障制度体系。探索与北京市在公共服务方面全方位合作机制，提高公共服务水平，促进基本公共服务均等化。

特色亮点篇

典型案例展示

3

2017 年国家级新区体制机制创新典型案例

案例1 上海浦东新区以“三全工程”为重点的“互联网+政府服务”体系

为加快打造提升政府治理能力的先行区，推进“互联网+政务服务”体系建设，有效解决企业和市民“办事难、办事繁、效率低”的问题，上海浦东新区着力推进企业市场准入“全网通办”、个人社区事务“全区通办”、政府政务信息“全域共享”的“三全工程”建设，努力开创开放、协同、高效的服务型政府新局面。

（一）市场准入“全网通办”

对涉及企业登记、金融贸易、食品药品、卫生、文化、新闻出版、治安管理、环境保护、建设交通、人力资源、农业等14个部门业务的104项企业市场准入区级审批事项，通过网上政务大厅实行网上申报、网上预审、网上受理、审查、决定和发证，实现“全网通办，一次办成”。其中，74项事项实行“网上全程办理”，30项事项实行“网上办理，窗口只跑一次”。“全网通办”以提升服务能级为重点，把以往企业必须上门面对面才能完成的审批服务，通过“互联网+政务服务”的有机融合，实现服务模式和运行机制的改革，为企业提供“一个窗口、一次申请、全网贯通”的网上便捷、高度集成的办事服务，使企业真正享受到政府“放管服”的改革红利。

（二）社区事务“全区通办”

针对浦东区域广、人口多、户籍地和居住地分离较多，大部分个人事项需在户籍地办理的情况，改造升级原有社区事务受理信息系统，打造实体服务大厅（受理中心）、网上办事大厅（区级社区事务受理服务平台）和社区自助终端、个人移动端等载体互联互通、优势互补的社区政务服务模式。劳动就业、社会保险、医疗保险、民政救助、助残服务、计生服务、副食品价格补贴、社保卡（居住证）办理、档案查询等170项社区服务事项推行全区通办，实现从以往在户籍地办理向就近办理的“全区通办”模式转变，提高为民服务的便捷度、透明度、亲和度。

（三）政务信息“全域共享”

浦东新区信息共享方面已建成完整的区级“政务云”，建成实现数据落地的政务信息资源共享交换平台，形成共享管理办法、实施细则、人口库、法人库、电子印章等近10项标准规范的基础上，逐步推进内部政务信息“全区共享”，浦东与上海市、国家驻区机构之间“对应共享”，提升公共数据向公众市场开放程度，实现政务信息、企业居民信息“跨领域、跨层级、跨部门”的“全域共享”。

案例2 天津滨海新区电子市民中心

滨海新区电子市民中心是以用户需求为导向、以用户体验为核心、以用户办事便捷为目的，线上线下一体化的公共服务平台，为滨海新区市民提供政务在线服务以及水、电、气、热、有线电视等公共服务在线办理，于2017年10月1日正式上线。一期上线民政、人力社保、卫生、教育4个系统62项服务事项，同时试点设立12个线下综合窗口，分别设在滨海新区市民服务中心及滨海厅、大港厅、汉沽厅，开发区、保税区、中新生态城、滨海－中关村科技园四个功能区服务大厅，塘沽街、汉沽街、中塘镇、海滨街四个街镇服务中心，初步形成了高效便捷、集约共享的在线市民服务平台。

（一）项目建设背景与意义

为解决群众办事难、审批难、跑腿多、证明多等问题，落实国家“互联网+政务服务”的部署要求，滨海新区区委区政府成立专项工作组加快建设滨海新区电子市民中心。

滨海新区建设电子市民中心，落实领会国家“互联网+政务服务”相关文件中“一号申请、一窗受理、一网通办”的要求，深化放管服改革的重要抓手。在汲取国内先进地区实践创新成果的基础上，借鉴其他国家的先进经验，着力探索解决“以整合政府网站发布办事指南居多、实现网上办理少；实现上网办事以行政审批居多、服务事项少；实体服务大厅以进驻部门分设窗口居多、窗口整合综合受理少”等突出问题。新区行政审批制度改革的进一步深化。

（二）办事流程和主要功能

1.办事流程

滨海新区电子市民中心由“两系统一平台一窗”构成。“两系统”基于互联网的“i滨海”服务系统，满足个人、企业网上办事需求；基于政务内网的通用办件和绩效管理系统，供各部门统一用于处理用户办事申请及部门绩效考核。“一平台”是共享信息平台，主要为用户信息库。“一窗”是线下综合窗口，用户可就近选择线下综合窗口申请办理事项。

市民可选择通过电脑（PC）端、手机App、线下大厅自助终端等方式登录滨海新区电子市民中心首页“i滨海”进行首次用户注册，注册成功后即可登录，按照事项索引或模糊搜索选择需要申办的事项，按照办事指南要求填好相关资料并点击提交；提交后用户的办事申请进入后台通用办件系统，由事项职能部门办件人员按照程序受理、流转、审核，审核通过后出件。坚持线上线下并行，提供线上事项服务的部门保留原来的办件方式，市民可选择到线下综合窗口进行事项申办。

2.重要功能

通过“电子市民中心”提交申请材料，实现足不出户办事。

一号在手，服务全有：用户名和密码是市民、企业在“电子市民中心”的唯一标识，用户登录后，即可享受到“电子市民中心”的所有服务。

高效透明，全程留痕：办事流程实现全程记录、公开透明，可查询、可督查、可投诉。

综合窗口，服务在身边：12个线下服务点设置综合办事窗口，逐步实现服务事项“一窗”受理、就近能办、全区通办。

精准服务，办事有提醒：发布各类公共信息，根据用户不同需求，主动推送个性化精准服务和相关信息。

（三）体制机制配套改革成效显著

滨海新区“电子市民中心”不是政府门户网站的整合，也不仅仅是开发“i滨海”系统和办件系统，把便民服务事项放到网上办理，而是政府行政和服务模式的改革创新。

推进服务事项标准化，解决各级服务事项权限、标准、要件不一的问题。科学界定事项范围。以权责清单中的行政确认、行政奖励、行政给付和其他这四类为依据，确定一期上线的民政、卫生、人社、教育等系统服务事项。按照“服务从多、要件从简、时限从短”原则，规范各部门、功能区和街镇的权限，实现名称、材料、条件、依据和时限“五统一”，实现“同一事项、同一标准”，统一编码、动态管理。

推进办事流程规范化，解决办事流程繁复的问题。规范办事层级和环节，针对每一事项明确涉及区级部门、功能区街镇(含村居)不同审核层级，以及每层级初审、复审、审定等环节，并尽量简化；固定办事人员，对每一层级、环节逐一确定人员，配置账号，保证事项实时在线流转；推进服务闭环运行，将受理、审核、出件、纸质证书送达等各程序全部纳入系统，网上服务公开透明、过程完整。

完善综合窗口服务，改变各部门自设服务大厅、专业窗口林立的现状。设立综合服务窗口，一期试点设立12个综合窗口试点，逐步实现一窗通办、就近能办、全区通办；健全受理、审批分离机制，综合窗口现场核对申办材料，各部门专业人员进行实质审查，实现既各负其责又配合密切。

健全运行管理机制，保障电子市民中心权责明晰、分工协作、高效服务。健全开发管理机制，明确开发、运维、办件、管理等不同主体责任分工，既分清工作界面、又协同配合；完善高效顺畅的服务机制，完善首办负责制，由初审单位负责帮助、指导和全程服务，建立终审负责制，由最后办理单位负责整项服务的协调、推动并直至办结；完善绩效考核机制，将电子市民中心各项服务办理、综合一窗的运行、纸质文件物流传递等，全部纳入绩效考核，点赞或差评由群众做主。

案例3 重庆两江新区创新“线上线下立体双创”新模式

重庆猪八戒网络有限公司（以下简称“猪八戒网”），在深入实施创新驱动发展战略指引下，践行创新、协调、绿色、开放、共享发展理念，不断巩固自身作为全国领先的服务交易平台、双创支撑平台以及知识工作者共享平台的地位，采用“线上线下立体双创”模式，利用“互联网+”、大数据等现代化技术工具，一方面为双创企业提供全生命周期服务；另一方面为双创企业提供更有效率的链接和交易撮合，帮助双创企业摆脱服务空间的桎梏，真正实现互联网与双创服务深度融合，互联网平台全方位立体服务于双创孵化、双创模式建设、双创文化推广等。

（一）具体做法

1.大力发挥互联网平台有机连接产业资源的优势

猪八戒网重点打造了Zwork八戒工场这一现代化联合办公空间，通过连接线上千万级的用户，整合线下办公空间、企业经营服务、社群等资源，为全球的双创工作者和处于初创、成长期的中小微企业提供全方位、多层次的办公服务，打造全球最具规模的线上线下联合办公共享平台，实现“一地办公，全球服务”的目标。

2.大力发挥互联网双创平台一站式全生命周期孵化创业创新企业的优势

猪八戒网线上聚集了来自25个国家和地区的1300万家服务商和700万家雇主，依托十年积累的海量交易数据，具备了为企业提供一站式全生命周期孵化创业创新的能力，可为企业提供创办公司、技术开发、营销推广、管理企业、品牌广告等全生命周期服务，助力企业从0到1再到100的发展；同时，平台在线上为双创企业准确引流，在线下通过行业资源再分配，融合多要素形成立体的创业创新服务生态圈。

3.大力发挥互联网高效匹配人才要素并立体连接知识工作者价值体系的优势

猪八戒网有效把握双创和“互联网+”集众智汇众力的乘数效应，让海量的创业创新者和海量的服务需求者直接连接，让人才要素得以高效组合，个体的创造潜能得到最大程度释放。通过完善的平台环境治理和线上线下的基础设施搭建，消除“信息孤岛”“资源鸿沟”，让人才和知识成为创业创新的催化剂。

4.大力发挥互联网平台有效助力政府实现公共资源更合理配置的优势

通过平台生态资源的开放共享，切实帮助中小微企业成长，不仅为政府进一步利用市场资源服务社会，实现公共资源合理配置，提高资源利用率、产出率提供支撑，更为政府进一步实施“放管服”，促进社会公平正义与和谐发展提供支撑。利用自身优势资源在区域构建立体化的双创环境，协助政府促进地区产业发展。

（二）实践成效

1.建成国内领先的双创支撑平台

猪八戒网通过打造线上协同办公平台及落地线下社区（Zwork），连接线上千万级的用户，整合线下办公空间等资源。截至目前，平台已孵化线上线下企业超过15万家，为超过百万人提供就业创业机会。

2.行业孵化作用不断显现

通过立体双创模式吸引小微企业入驻，并通过平台生态扶持他们成长，为创业创新者提供企业全生命周期服务，推动人才的聚集和成长。平台已孵化出设计行业年营收过亿元的天津艺点意创科技有限公司、网站建设行业领先的重庆光荣网络信息技术有限公司等市场主体。

3.供需连接效率显著提高

猪八戒网通过大数据，为平台上供需双方提供更有效率的链接和交易撮合，促进达成交易。以联想为代表的高科技制造业和以谭木匠为代表的传统制造业，都通过猪八戒平台成就了设计、需求发布即获得数万人关注并最终收到数百个不同方案或稿件的案例，真正意义上实现了“单个需求万众集智，单向需求万向融合”。

案例4 浙江舟山群岛新区建立“一窗受理，集成服务”的“一站式”服务模式

浙江舟山群岛新区积极落实浙江省“最多跑一次”改革，以浙江自贸试验区建设为契机，全面推进“一窗受理、集成服务”的“一站式”服务模式改革，形成一系列创新举措。

（一）主要做法

1.行政审批资源协同化

整合行政资源，在接件、办理、出件三个环节实现审批服务事项由“一站式”向“一窗式”转变，单一部门独立收件向跨部门综合收件转变。

管住“入口”，实行一个窗口对外，以服务对象为核心，针对商事登记、投资项目审批、不动产交易登记等“一件事”，梳理关联事项，调整有关部门窗口及后台，对涉及多部门多环节的审批事项，按照相同或相近职能由一个部门窗口牵头统一受理，实行“关联事项”集成化并联办理和“一窗式”对外服务。

管住“中间”，审批过程协同办理，打破部门条块分割和机构设置上的协同障碍，同时将一些中介机构的评审评估事项、公共事业单位的公共服务事项、政府的管理事项等，一并纳入“一窗受理、集成服务”的办理流程中来，由行政服务中心对业务开展全程管理、协调和监督。

管住“出口”，同步办结统一出件。行政服务中心派驻综合窗口统一受理和出件，再转到牵头部门窗口受理，打破审批人员从受理、审批到勘查权利一体化滋生腐败问题，做到受理与审批分离、审批与监管分离，统一提升窗口服务质量。

2.行政审批服务标准化

编写行政审批办事指南和业务手册，细化量化审批裁量标准，综合受理窗口对照材料清单实行“一次告知、一窗受理”。

理清事项，明确综合受理范围。对涉及多个部门需要联审联办的审批项目，按照商事登记类、投资项目类等进行分类，建立事项目录清单，梳理审批过程所涉及的所有部门和所有环节的审批事项，确保集中受理审批事项权责清晰、流程科学。

明确标准，规范审批服务指南。对“一窗受理”所涉及的审批服务事项建立专门的、有针对性和可操作性的服务指南，确保一次性告知明确、完整、清晰，使同类审批事项在办理时做到标准化、格式化、规范化。

精准服务，提升一口说清能力。设置导引帮办服务窗口，为服务对象提供个性化、精准化的诸如资料分发、咨询辅导、申报预审、表格填写等常规性业务帮办指导。设置6个月左右的“一窗受理，集成服务”改革过渡期，对综合窗口人员进行轮岗培训，培养一批通晓全流程审批程序的帮办人员接待、引导项目申请人。

3.行政审批信息共享化

积极推进部门业务专网与政务服务网互联互通，打破部门信息壁垒、前后置审批等“中梗阻”，打造全天候在线的网上审批服务平台。

建设平台，实现审批业务融合。开发建设舟山“一窗受理、集成服务”信息平台，构建独立的一窗综合受理系统和业务智能分发调度系统，从数据层面实现全市的审批业务数据融合，从服务层面实现全市各服务窗口无差异化受理，提升公众的办事体验。

强化对接，实现审批数据共享。舟山新区“一窗受理”平台率先完成与省数据公共服务平台的接口对接，相关证照信息推送至“一窗受理”平台，“一窗受理”平台将材料直接推送给审批部门系统，审批部门将办件进度和结果推送至“一窗受理”平台，并抄送注册登记窗口，实现了先照后证部门窗口之间的无缝对接。

资源共享。服务对象申报资料及各部门批文证照实行电子化且只需提交一次，纸质档案由牵头审批部门一家存档与其他部门共享，其他部门不再留存相应的纸质档案资料。

（二）实践效果

1.行政服务效率明显提升

申请人办理企业投资项目审批，立项、用地、项目报建3个阶段同步进行，中介服务与关联审批事项打包限时办结，全流程的审批时限可缩减到48个工作日。实施不动产登记与水、电、气联办，凭不动产登记受理通知书可提早办理水、电、气过户手续，真正做到“最多跑一次”。

2.行政审批申请材料大幅减少

同一申报材料在前置审批环节已经提供的，后续审批环节不再要求服务对象重复提供，通过项目审批信息库、电子（材料）证照库自行下载等方式补齐。企业投资项目审批的立项、报建、验收3个阶段共需审批申报资料减少1/4。文化娱乐业审批涉及市场监管、文化、卫生、公安、消防等部门，申报材料由40份缩减到17份。不动产交易缩减到只收1份材料，由不动产登记部门统一存档。

3.行政服务质量得到优化

对商事登记“证照联办”事项，综合窗口集中统一组织联合踏勘，积极为申请人出主意、想办法。免收企业投资项目审批办理过程中涉及的工本费、资料费、登记费，暂停征收散装水泥、新型墙体材料专项基金，多项建设前费用移到项目竣工验收前缴纳，减轻了企业的资金负担。针对投资项目，设置全程代办窗口，对投资项目提供全流程代办、咨询等高效服务。

案例5　兰州新区扶持科技型企业快速产业化

兰州新区抢抓国家鼓励发展高新技术产业的机遇，大力扶持科技型企业快速产业化，推进产业迈向中高端水平。

兰州凯博药业股份有限公司是一家拥有医用生物材料核心关键技术的企业，主要生产动脉创伤止血材料，产品可广泛应用于战场、医院、交通、重大自然灾害等领域。兰州新区对该公司高度重视，2016年成功将其引入新区，在政策、资金等多方面给予有力扶持。仅8个月时间，一个投资4亿多元，建筑面积4万平方米的现代化生物医药企业实现了从洽谈落地到全面建成，创造了新区速度。扶持科技型企业快速产业化的主要做法是：

选准项目是关键。对拥有核心技术、科技人才和爆发式增长潜力的拟扶持项目，组织专家重点从技术含量、生产工艺、产品特点、市场前景、技术团队等方面进行评估认定，其要素包括：企业要有核心领军人物，技术团队要有持续开展研发的能力，管理层要稳定可靠、富有创业精神；企业自身具有一定实力，内部经营管理构架和制度体系健全；企业技术领先，产品可填补市场空白，短期内能爆发性成长；生产工艺短期内无人替代，产品的性价比具有绝对竞争优势；产品有广阔的市场空间支撑，有巨大的成长潜力；科技成果已完成孵化，具备产业化条件。

统筹协调是保障。成立由管委会主要领导任组长，多部门为成员的项目建设推进领导小组，协调解决企业在项目建设、生产销售、资金供给、市场推广中遇到的各类困难和问题，做到对症下药、有的放矢，确保项目顺利快速推进。

精准服务是前提。着力打造最优发展“软环境”，开辟项目审批“绿色通道”，对项目前期手续予以全程代办，提供保姆式服务，加快项目建设进度；迅速为项目提供水、电、路、气、交通等配套服务，满足建设需要；充分发挥各级产业类资金、政府引导基金、担保融资平台作用，优先扶持项目建设和研发投入，以借款、抵押担保、股权质押等方式帮助企业实现融资，有效解决企业发展初期资金短缺困难；组织用工招聘会、职业介绍等系列活动，为企业输送劳动力，积极帮助企业职工开展技能培训，为企业发展提供人才支撑。

政策扶持是核心。本着集中最优服务进行扶持、最快速度实现规模化生产、最低风险实现产业化的原则，在土地供应、融资、税收、市场推广、研发支持等方面主动为企业量身定做一揽子扶持政策。

产业配套是基础。围绕项目产业集群发展和配套服务，成立专业化招商团队，开展精准招商，为企业引进上下游配套产业，努力延伸产业链，有效降低企业成本；制定产业配套奖励政策，对其引进的配套型企业，给予双向奖励。

品牌推介是重点。加大宣传力度，多渠道推介，塑造企业形象，提高知名度，拓宽企业发展空间。引导企业积极参与国际产能合作，不断拓展海外市场。

风险防控是根本。督促企业建立健全管理体系和风险管控制度，加强对企业的财务监管和跟踪审计，严格规范资金用途，提高资金使用效率，有效降低政府资金风险。

案例6 广州南沙新区打造地方金融监管重要基础设施——广东省地方金融风险监测防控平台

为有效防范和打击非法金融活动，防控区域性金融风险，提升政府部门对地方金融业态的风险监测预警能力，省市政府经过实践探索，确定依托广州商品清算中心（以下简称“广清中心”）试点建设广东省地方金融风险监测防控平台（以下简称“防控平台”）。

（一）主要做法

广清中心是南沙自贸区重点平台项目，以功能完备、持续有效、降低政府支出、服务监管为基本原则，利用区块链、人工智能、云计算以及大数据等技术研发了非法金融活动监测预警系统、非现场监管系统、网络舆情监测系统和第三方电子合同存证系统四个功能模块。防控平台可有效帮助政府部门由“手工监管”向“信息化监管”、“事后监管”向“提前发现”、“粗放式检查”向“精细化监管”“精准监管”转变，深化科技对监管的积极推动，实现对地方金融风险状况的持续监控和动态分析，极大地提升了监管效能。

(二)创新亮点

广清中心试点建设风险防控平台，加强地方金融监管和沟通协调，健全风险监测预警和早期干预机制，有效防控区域性金融风险，为广东自贸区进行金融改革创新提供支撑。

风险监测范围广、程度深。防控平台覆盖全省21个地级市各区、镇、街乃至社区、村委，涵盖了P2P、地方交易场所、小额贷款等地方金融的11大业态。

监管功能完善。相比国内同类平台具有的功能，该平台增加了“统一登记清算”和“第三方电子合同存证”功能，实现了固化存证、数据互联互通以及信息交叉匹配验真，使监管能深入到交易底层，全方位挖掘风险信息，对企业行为由外到内防控，实现“监控+预警+处置”有效联动。

防控手段更有效，具有打击和控制功能。一旦目标监测企业出现严重违法违规等风险情况，可立即运用资金监管和统一清算模块的功能，对违法违规企业进行限制出入境、停止投资者开户、冻结资金等相关处置。

防控技术先进。防控平台应用区块链、人工智能、云计算和大数据等技术手段，目前已获得9项软件著作权，在国内同类平台中居于首位，并计划再申报10余项软件著作权和专利。

风险模型精准。防控平台针对不同的业态都设置了适合行业特征的风险模型，目前已开发二级指标5类，三级指标共60个，风险监测结果具有较高的准确性。

数据源丰富。在积极对接工商、法院、网络舆情、招聘、投诉等数据源的基础上，防控平台还探索和广州市公安局、信访局、工信委、12345政府服务热线等进行数据对接，吸收了外省金融主管部门通报的相关企业黑名单，通过数据共享，打破数据壁垒，联动各单位，共同维护区域性金融稳定发展。

（三）实践效果

截至2017年12月31日，风险防控平台已对省内20137家类金融企业开展风险排查和监测预警，其中南沙区内的排查企业数5844家，发现五级风险企业2家、四级风险企业5家、三级风险企业62家、二级风险企业35家、一级风险企业5740家，并按排查企业行业分别提出风险防范建议。

案例7 陕西西咸新区“三试联动”发展模式

西咸新区以构建开放型经济新体制综合试点为引领，以服务贸易改革创新试点、自由贸易试验区建设为纵深，协同推进三个试点建设，充分发挥对外开放的综合优势。

（一）主要做法

1.统筹安排试点方案任务分工

按照“三试联动”发展模式，制定“三试联动”改革任务台账，包含28条开放型经济新体制试点任务、69条自贸试验区改革任务、28条服务贸易试点任务，逐一明确责任单位、责任人和完成时限。

2.建立“3+1”联动机制

“3”是指分别成立西咸新区构建开放型经济新体制综合试点试验工作领导小组、西咸新区自贸办、西咸新区服务贸易创新发展试点领导小组；“1”是指三项试点牵头部门西咸新区改革创新发展局内成立了改革创新小组，通过协作配合，创新试点任务，全力以赴做好综合试点试验工作。

3.学习共享改革试点经验

在西咸新区范围内复制推广三大试点经验，相互借鉴，综合运用，重点加强投资、金融、贸易便利化等改革，建设符合国际标准的投资贸易便利化、监管高效便捷化、法制环境规范化的自由贸易试验区，将西咸新区建设成为推进改革和提高开放型经济水平的“试验田”。

4.出台“三试联动”支持政策

以政府服务、投资管理、贸易监管、金融制度等创新为重点，研究出台了《西咸新区总部经济优惠政策》《西咸新区技术先进型服务企业认定管理办法》《西咸新区服务贸易管理与促进办法汇编》《西咸新区扶持民营经济加快发展的政策意见》等，为试点试验建设提供政策支撑。

5.“三试联动”发展取得实效

营商环境得到明显提升，试点示范效应凸显。预计全年完成固定资产投资（含跨区）2093亿元、增长15.6%；按照新财政体制，地方一般公共预算收入完成35.03亿元；引进内资427.6亿元、增长44.7%，实际利用外资2.24亿美元、增长113.3%；新增各类市场主体17283户、增长52.3%，截至2017年12月底，新区自贸区范围内累计注册企业1333户，累计注册资本金918.6亿元人民币。

（二）实践效果

实施了“一处受理、全区通办”商事制度改革等十条构建开放型经济新体制综合试点创新举措，探索形成建设人力资源服务产业园和特色文化产业合作新模式向全国复制推广。

报送西咸新区自贸试验区首批创新案例11个，其中“微信办照”案例，被国务院作为典型经验予以通报表扬；“一站式”境外投资服务平台和“一带一路”沿线国家文物数字化交流合作平台体系创新模式入选陕西省最佳实践案例。

发布“1+4”招商引资优惠政策，重点支持航空物流、服务贸易、文化旅游、新兴金融等6个产业。

举办了全省服务贸易创新发展政策解读和理论知识专题培训班，顺利完成商务部组织的服务贸易创新发展试点预评估工作。西咸新区服务贸易企业240余家，较试点前同比增长85%。

案例8 贵州贵安新区“四破四立”创新市场监管新模式

贵安新区率先在全省全面整合工商、质监、食药监三局，组建成立市场监督管理局，坚持“四破四立”，不断创新市场监管模式，打造了一支“职能精专、决策科学、执行高效、监管有力”的市场监管队伍，全面强化事中事后监管，取得积极成效。

（一）打破小市场监管，建立大市场监管

坚持把“放管服”贯穿体制改革全过程，强化改革的系统集成。一是变“双职能”为“单职能”。贵安新区在全省率先实施“审管分离”改革，剥离市场监管局承担的原工商、质监、食药监的28项行政审批和4项行政服务职能至新区行政审批局，市场监管局实现了从行政许可、市场监管双职能向专司市场监管的单职能转变，职能更精专、力量更集中。二是变“分段式”为“全流程”。过去，工商、质监、食药监“九龙治水”，存在多头监管困局。改革之后，“大盖帽”由几顶合成一顶，形成大监管格局，打破了工商、质监、食药监各管一块，监管职能分散单一的格局，实现从源头到终端、从工厂到商场的全过程监管，严守食品从农田到餐桌、药品从生产到医院和药店的每一道防线，并在乡镇、社区、村寨设立食品协管员，让食品安全到村进户。三是变“小质量”为“大质量”。以质量兴区为

抓手，充分发挥质量兴区办公室的职能，不定期召开部门间联席会议，打破部门间权责阻隔，分析研判新区质量形势，从产品质量到工程质量，从服务质量到环境质量，变一部门小质量为多部门大质量，推动部门间质量监管同频共振，初步探索出一条贵安新区特色的大质量大市场监管模式。

（二）打破拍脑袋决策，建立大数据决策

以“聚通用”为原则，开发建设“市场监管贵安云平台”，建立以电子地图信息系统为载体，以监管对象综合数据信息为基础，以信用监管为核心，以云计算技术为支撑的“云在算、网互联、同互动、不留缝”的市场监督管理新体系，开启“智慧监管”新模式。一是聚数据、造指标。打破“数据孤岛”，全面梳理工商、质监、食药部门数据，分类、整理、聚合，构建标准统一的市场监管业务信息综合数据库，并建造579项指标，对市场、质量、信用、食品、药品、特种设备、隐患预警、投诉举报等各领域实时动态监管。目前，已收入18407条数据，其中实体类型数据13503条，许可类型数据2642条，服务类型数据873条，其他类型数据1389条。二是通信息、建流程。与省工商局、省质监局、省食药局进行数据交换，实现上下通联。与新区行政审批、行业主管部门之间数据对接，实现横向互联。解决数据碎片化、部门化，归集整合，优化流程，呈现企业多维全景影像，实现市场监管数据共享。三是用平台、强监管。制定市场监管云平台配套制度33项，从信息录入到任务监控，从工作提醒到督查督办，每一个环节都有相应的制度保障，确保云平台的高效使用。建立市场监管指挥大厅，专人专职，作为投诉举报指挥调度中心、突发事件应急指挥中心。监管任务信息实时下发到监管人员手机App端，执法人员现场检查信息实时通过手机端上传云平台，指挥中心全面监控执法全过程。云平台根据各人员任务办理情况、平台使用情况自动打分评级，以此作为年终个人绩效考核依据。

（三）打破重复性检查，建立集约化检查

发挥改革“倒逼”效应，主动提高综合能力素质，推动完善协同监管机制，加强监管合力，形成“一次出动、全面体检、综合会诊”的“集约化”检查机制，减少对企业的干预及行政成本，提高监管效能。一是集合监管资源，一次检查不惊扰。梳理“三局”检查事项“合并同类项”，共梳理涉企检查事项16大类183项，制订出对重点行业的标准化、一体化检查规程，一份检查表格涵盖每次检查所涉及的所有监管事项，实现市场检查次数、监管频次“双降”，进一步消除重复性检查，执法效能大幅提升。二是探索“全项彻查”，“全面体检”排问题。以发现和防控“深层次”安全隐患为重点，探索重点行业企业“全项彻查”模式，排查监管对象生产经营中存在的问题，实现对重点行业企业的检查方法“全覆盖”、检查环节“全过程”、检查项目“全方位”，履行市场监管全项职能职责。三是开展综合会诊，对症下药促整改。整合业务力量和资源，结合对重点行业企业进行“全面体检”排查出的相关问题，采取“一企一策”的方式，“会诊开方”，督促企业进行整改，确保新区市场秩序。

（四）打破重审批监管，建立重过程监管

进一步深化改革、融合资源、优化服务、强化监管、引领市场监管新形态，推进市场秩序治理体系和治理能力现代化。一是合理配置机构。将市场监管局机关内设机构由21个精简到14个，对应省直厅局的70余个处室。基层分局由3个扩充到4个，监管执法权限全面下放至基层分局，实现机关瘦身业务趋精专、基层扩容监管变充实。专业执法力量进一步增强，特种设备监察员由改革前的6人拓展到48人，药品GSP认证员由改革前的0人拓展到25人，食品监管人员由改革前的3人拓展到13人，市场管

控水平得到强化。二是打造专业执法。将市场监管领域的权力清单和责任清单进行归纳梳理，合并为权责清单，实现“两单合一”，梳理行政事项1784项并向社会公布，统一执法文书，原128种市场监管文书合并为50种。设立专门的法律法规处室、案件审理委员会、专业执法队伍，初步构建起处室精细指导、分局综合监管、稽查专业执法的三位一体的格局。处室、分局、稽查信息共享、实时互动，实现了处室分局集中精力谋监管、稽查全力以赴查违法的局面。三是探索共治监管。顺应政府与社会在市场监管领域共同治理的大趋势，加快形成企业主体、政府监管、行业自律、信用约束、法治保障、社会协同的市场秩序多元共治格局。一方面通过质量提升行动，以品牌创建、资金奖励、标准引领等措施激励企业做好自身质量管理；另一方面采取多种措施调动社会力量监督企业遵守市场秩序，营造良好市场环境。

案例9　青岛西海岸新区积极探索军民融合发展新模式

青岛西海岸新区以服务保障战略母港为突破口，强化使命担当，主动作为，先行先试，着力推进“三个创新”，加快建设“六大中心”，探索出了一条军民融合深度发展的新路子。

（一）聚焦“三个创新”，培育军民融合深度发展新动力

1.体制机制创新

与港区部队建立军地联席会议制度，下设联席会议办公室，与军民融合创新区管委合署办公，实行军地联合办公，负责军地对接、组织协调、工作落实。成立军民融合发展委员会，构建统一领导、军地协调、顺畅高效的组织管理体系。

2.政策制度创新

制定出台《关于加快推进军民融合创新区建设发展的实施意见》《军民融合产业发展导则》等一系列政策措施。《山东省青岛西海岸新区条例》中将军民融合发展专设一章，是全国首个将军民融合作出具体规定的地方性法规。

3.发展模式创新

创新投融资模式，设立总规模100亿元的军民融合发展基金，支持军

民融合发展。通过“参军”贴息、科研平台补助等措施，引导社会力量参与军民融合发展。通过引导国有平台公司、基金公司联合投资建设航空技术产业创新基地，建成国内首个轻型动力高空实验平台，形成“一分所四公司”创新基地格局。

（二）建设“六大中心”，搭建军民融合深度发展新平台

1.建设军民融合创新中心，在军民融合理论研究和制度、技术创新方面创新示范

以军民融合专家咨询委员会、军民融合理论研究院、海洋军民科技协同创新平台、国家军民两用技术交易（山东）中心“一委一院一平台一中心”为主体，统筹高端创新团队，协同推进军民融合理论研究、制度创新、技术创新。围绕七个领域共33项课题进行专题研究，已形成25项理论和创新实践成果。

2.建设技术装备保障中心，在军民协同靠前保障方面创新示范

立足靠前保障，打造军地校企研协同技术装备保障平台。设立军地需求对接、资源整合设计、技术保障调度、科技创新协作四个工作室，累计提供10万余人次保障服务。联合210家重点保障单位，建设涉军技术装备靠前保障站，靠前开展舰船技术保障服务，保障时间缩短2/3。建设特种装备维修维护中心，联合18家计量检测一级站共建国家军民融合计量检测基地，全面提升靠前保障效能。

3.建设军民融合产业发展中心，在军民协同创新发展方面创新示范

推动“民参军”“军转民”制度创新，搭建信息对接、技术交易、协同创新、产业促进、投融资等六大功能平台。建设中航工业、中国电科等军工产业基地，建成国家军民两用技术交易（山东）中心，开展线上线下

交易。联合建设中科院航空技术产业创新基地、中科院海洋大科学研究中心、海洋物探及勘探设备国家工程实验室等七大协同创新平台。

4.建设军队保障社会化服务中心，在军队服务保障社会化方面创新示范

配合军队保障社会化改革，创新建立综合保障服务、智慧医疗、市政管理、食品供应、社会事务、国防动员六个工作站，打造军队保障社会化服务平台，为驻军提供现代化后勤服务，军港70%以上食品蔬菜实现本土直供。建设了海军幼儿园、海军小学、海军中学，按照三级甲等医院标准建设军地医院。按照市场化运作模式建设军民文化体育馆和古镇口人才公寓。将军港内水电气暖及污水处理、垃圾处理纳入城市总体规划。

5.建设军地人才培养中心，在军地人才双向培养使用方面创新示范

创新双向培训常态化、定向培养专业化、高端培育科研化、资格互认一体化等人才培养机制，探索建立多主体、多渠道、多层次的军地人才培养新路径新模式。支持海洋大学、石油大学、青岛大学等高校开设国防课程，开展人工智能等新兴领域专业培养，年承训4000人次以上。

6.建设基础设施统筹规划建设中心，在军地基础设施共建共用方面创新示范

制定融合区发展规划、产业规划、基础设施规划，实现“四规合一”。研究制定军民融合基础设施建设规范标准大纲，拓展基础设施的军民兼容功能，推进重大基础设施共建共享。军地联手申报青连铁路修改规划，全线里程缩短40公里，节省投资10亿元。依托青岛前湾港、董家口港两个深水大港，为舰船靠前维修和应急应战提供重要支撑。推进海西湾船舶与海洋工程基地靠前开展舰船维修维护。

案例10 大连金普新区信息化创新“互联网+政务服务”模式

金普新区公共行政服务中心推进“互联网+政务服务”，开通了“金普新区行政服务”微信公众平台，实现了实体政务大厅向网上办事大厅、再进一步向指尖办事大厅的延伸，形成线上线下功能互补、相辅相成的政务服务新模式。

（一）主要做法

1.规范网上政务服务事项，实现政务服务标准化

中心将进驻的308项审批服务事项（其中151项是行政审批事项）全部纳入新区行政审批系统，并在管委会网站对所有事项的申报材料、办理流程、办理依据等办事指南进行公示。审批服务事项全部实现网上办理，网上办理率100%。2017年，中心先后三次组织指导35个窗口部门对所有事项的办事指南按《全国互联网政务服务检查指标》进行更新完善，做到了同一事项、同一标准，实现了审批服务事项实时更新、动态管理。

2.规范网上政务服务流程，实现政务服务精准化

中心于2017年5月推出了“容缺受理”和“企业承诺制”。“容缺受理”打破了原来“材料不齐不能办”的传统，避免了办事人往返奔波，节

省了办理时间，为企业、群众打开了一扇审批服务的“便利之门”。企业承诺制开启了“政策性条件引导、企业信用承诺、监管有效约束”的审批模式，强调了事中事后的服务监管，变部门审批把关为企业信用约束。交通局、民政局、市场监管局等5个进驻部门12个事项率先实行“企业承诺制”，共减少申报材料20件，压缩审批环节11个，缩减审批时限86个工作日。截至目前，按照“企业承诺制”共办理审批事项82件，大大提高了政府行政效能。

3.推进全程在线审批，提高政务服务便捷化

进驻中心的206项行政审批事项中的53项实现了全程在线审批，全程在线审批率为25.72%，开通“金普新区行政服务”微信公众平台，实现网上办事大厅向指尖办事大厅延伸，8个部门12个事项可通过微信办理。中心更换了审批系统服务器，并对审批系统和电子监察系统进行升级。

4.宣传引导政务服务事项网上办理

一方面，通过报纸、网络、微信等渠道大力宣传，扩大宣传覆盖面，增强“互联网+政务服务”的主动性，不断提高“互联网+政务服务”的社会认知度和群众认同感。另一方面，各窗口变被动服务为主动服务，为申请人提供智能化、个性化服务，在办理过程中引导指导服务对象通过网上办事大厅和手机微信平台办理相关业务，提高了全程在线审批办件率。

（二）实践效果

截至目前，1150余位服务对象通过网上办事大厅办理了审批服务事项。微信平台关注人数2000余人，通过微信办结事项810件。“互联网+政务服务”新模式实现了让数据“多跑路”，百姓“少跑腿”，让政府服务更聪明，让企业和群众办事更方便、更快捷、更有效率。

案例11 四川天府新区政企共建“孵化器”

“孵化器”是指为创新、创业企业的成长而提供工作场所、仪器设备、资金、中试、信息咨询等服务的专门机构或企业。在西方国家，这些服务大多数是由盈利性企业提供的。但是在中国，由于民间资源的缺乏，早期的“孵化器”多是由政府设立的一种有形设施。由于当下政府资源有限，受资金、信息、体制等限制，而且对进入这种“孵化器”的对象要作资格审查，由政府建立的“孵化器”的服务范围受到很大的限制，往往效果不佳，许多很有希望的项目、企业及人才失去了发展及壮大的机会。而很多企业建立的“孵化器”往往是做赔本生意。政府与企业联手建立“孵化器”，能有效培养人才、培育中小科技企业成功创业和迅速成长。

（一）具体做法

甲骨文（中国）软件系统有限公司全球职业教育项目在天府新区青龙区域的授权运营公司。经甲骨文（中国）软件系统有限公司同意并取得与四川天府新区所辖的四川彭山经济开发区管理委员会共建“Oracle（天府新区）技术人才创新创业基地”的授权，双方就甲骨文（中国）软件系统有限公司在天府新区青龙区域建立Oracle（天府新区）技术人才创新创业基地进行合作。双方将为该技术人才创新创业基地建设提供载体空间、政策扶持。甲骨文（中国）软件系统有限公司作为该技术人才创新创业基地的运营主体，负责管理、运作。基地设立“三个中心”、打造“六个平台”，其三个中心为：Oracle（天府新区）技术展示中心、Oracle（天府新区）创新创业人才实训与众创孵化中心、Oracle（天府新区）技术人才交流服务中心。其六个平台为创新创业项目众创孵化平台、信息产业人才供应支撑平台、传统企业“互联网+”解决方案应用平台、创新创业项目投融资平台、信息产业招商推介平台、中小微企业上市服务平台。

（二）初步成效

开发区与甲骨文（中国）软件系统有限公司“孵化器”建设的合作，可充分借助甲骨文（Oracle）公司领先的职业教育资源、服务外包技术、服务外包人才培养经验及客户渠道资源，通过共建联营，为西南地区乃至全国的科技创新孵化企业和园区产业转型升级提供一站式、全流程科技信息服务和诊断咨询服务平台；通过天府新区及周边地区工商业企业与甲骨文（Oracle）公司客户资源之间的互联互通，切实提升天府新区工商业企业的人才、技术、信息管理水平。

（三）推广前景

基地培养出来的人才优先提供给开发区内及周边的企业招聘选用，同时根据企业用工的需要，优先给开发区相关企业提供人才定制培养服务，有效地、有针对性地满足开发区的人才需求。孵化出来的企业优先入驻开发区。协助开发区进行招商和孵化工作，通过直接引进、在开发区所在地注册但在异地经营。为开发区创新孵化企业和产业升级提供一站式、全流程诊断咨询的科技信息服务平台。实现天府新区青龙区域及周边地区工商企业与甲骨文（Oracle）公司客户资源之间的互联互通，最终提升天府新区青龙区域及周边地区工商企业的信息管理和人才、技术实力。

（四）风险判断与控制

由于国家政策调整及不可抗力可能造成风险及损失，建议合作前进行充分商讨，在国家现行投资管理框架下，履行好各方义务。风险判断存在时应采取一切必要措施，以防止或减少不可抗力，应及时将事件的情况以书面形式通知另一方，将风险及损失减少和控制在最小的程度及范围内。

案例12 湖南湘江新区以基金撬动资本助推实体经济转型升级

湘江新区产业基金是湖南湘江新区采用"政府引导+市场运作"模式，按照公开招募基金管理人、募集社会资本组建、同股同权承担有限责任原则成立的，主要通过母基金加直投基金的扶持方式，计划通过五年左右时间，投入财政资金30亿元撬动社会资本300亿元，重点投向高端装备、新材料、新能源、军民融合、移动互联网、文化创意等优势新兴产业，旨在发挥财政资金撬动效应，促进金融资本与实体经济的深度融合。目前，基金由湖南湘江新区资产经营有限公司作为管理和运营主体，设立之初的首期财政资金5亿元带动社会资本130多亿元，支持了产业发展。

（一）母基金：放大撬动、集聚整合

母基金通过市场化的遴选比对，从全国1.2万家私募股权管理机构和2.7万支私募股权基金产品中择优筛选出有利于新区产业转型升级的子基金资源，凸显其资源性、杠杆性、开放性、广阔性等基本特征。目前，已深度推进、展开合作并处在不同阶段的子基金共23支，总规模150亿元；已完成合伙协议签订的子基金有6支，总规模42.82亿元；已完成出资的有4支子基金，完成投资额14.01亿元，其中母基金仅出资1.14亿元，财政资金撬动放大社会资本成效显著。

母基金本着“招优招强、引资引智”的基本原则，吸引了国内知名的景林投资、昆仲资本、元航资本、博伟投资等一流投资机构在新区落地并设立产业基金。后续小村资本、盈峰资本、贝森资本、尚心投资等一线投资机构也将入驻。母基金站在基金上游整合基金产业链，具备极强的金融招商功能，为湘江基金小镇和湖南金融中心带来了最优质的机构，极大地丰富了新区的金融要素。

母基金在招商引资方面发挥强大的集聚带动效应。互联网巨头美团点评、纳斯达克上市企业一嗨租车、A股上市企业完美世界、美的集团家族投资平台盈峰控股等具备深厚产业资源背景的机构在母基金的引导下，均在湘江新区设立了子基金，助推智能制造、医疗健康、文化创意等产业发展。母基金已在全国范围完成项目投资44个，并通过子基金直接或带动新区本地投资项目8个，所投项目涉及无人驾驶、航空航天、移动互联网等国内外前沿领域，吸引了长沙智能机器人研究院、小鹏汽车、景驰科技、速腾聚创、成长保、职优你等大批优秀创新型企业落户新区。

（二）直投基金：精准发力、重点突破

直投基金是围绕湖南湘江新区重点产业，以对行业的覆盖广度和研究深度为依托，选择行业发展空间巨大、产业地位突出、具有核心竞争能力以及高速成长潜力的企业为标的物，尤其对具有平台效应的企业进行重点投资，通过赋能式投资管理，形成相对完整的产业链、产业集群和产业生态。在设立半年多时间里，直投基金已成功投资20家企业，共计投资金额9.4亿元。在直投基金的运作过程中，充分体现监管引导职能，通过“资本+股权+招商”方式，针对有意落户新区的项目进行跟投，引导产业集聚，打造细分领域产业群。其中，在基因检测领域，基金投资国内基因检测产业的创新领导型企业——人和未来。经过初步对接，人和未来拟在新区布局总部大楼，并将拟上市主体迁至新区，同时利用自身资源优势，吸

引基因行业上下游优质企业聚集新区，打造百亿产值的基因产业聚集区；在智能制造领域，投资国内为数不多的本体机器人制造商——隆深机器人，该公司已落地新区，并计划将隆深机器人长沙基地打造成为川崎机器人华中中心，成为中国智能装备明星企业；在人工智能大数据领域，基金投资视觉伟业、树根物联等企业，通过扶持本地优质创新型企业，助推大数据产业集群发展。

案例13 南京江北新区以现代健康服务业为纽带打造大健康平台

新区通过以国际健康城项目为平台依托，整合全球资源，提升产业创新的能力和水平。国际健康城平台项目主要包括大健康产业成果转化平台、医学政策咨询平台、重大医疗设备共享平台、健康医疗大数据应用共享平台、医疗人才培训、智库论坛、商务配套等内容。该平台项目聚焦大健康产业，提供项目推介、投资人对接、知识产权评估、收并购、知识产权投融资、科技企业投融资、交易咨询、法律等服务，也为医疗机构提供医学公共政策、技术、相关法律等咨询服务，并依托健康城内的鼓楼医院江北分院、综合癌症中心（Comprehensive Cancer Center），把部分大型贵重设备与中美口腔医学中心、台湾建检中心等医疗机构对外共享，实现要素集约；依托已经挂牌的国家健康医疗大数据中心与产业园建设试点工程(南京园区)以及南京国际健康城的大量医疗机构的医疗数据，制定大数据应用标准制度，开展应用案例实践。

健康医疗大数据中心公共测序平台位于新区示范型科技载体——扬子科创中心。该平台是一个具备共享性的平台，来自国内外的基因行业龙头企业可以在此共享，而且在该平台产生和存储的基因大数据未来将实现互联互通。通过引进先进设备、先进技术、顶级人才等，建成国家健康医疗大数据存储中心一期工程，存储容量达52PB，并配置了2340TFLOPS的超算设备，江苏省8000万人的个人健康档案和电子病历及全省174家三级医院影像资料等健康医疗大数据将统一存储在该中心；建成了国家健康医疗大数据展示中心，面积约2300平方米，应用3D观影、触摸屏浏览、360度全息影院、全息人像、蓝牙导览等技术，呈现人类在健康医疗大数据研究与应用领域的发展过程及成果，普及健康医疗大数据应用的相关科学知识；建成了国家健康医疗大数据应用中心，以基因测序为特色，购置了50台基因检测设备，包括全球第一批Novaseq 6000和PacBio Sequel，目前是全亚洲最大的基因测序基地，年测序能力达40万～50万人次。

案例14 福州新区物联网产业发展改革

福州新区大力推动物联网产业发展，深化物联网产业链的技术创新，带动传统企业向物联网方向转型升级，着力加快新区创新发展和转型升级。

（一）政企联动，打造共享型发展模式

不断修正完善物联网产业发展的战略和方向，推动物联网应用向全方位、多领域发展，大力推动物联网孵化中心、物联网开放实验室、物联网产业促进中心等技术、服务共享平台的建设。

成立物联网协会、福建省海峡物联网应用促进中心、福建省物联网产业联盟等物联网公共服务机构，筹建福建省物联网行业协会，推进省电子产品监督检测中心等机构入驻工作。积极举办福建省首届物联网项目创新大赛暨2017物联中国福建赛区海选活动、中国计算机大会军民融合与物联网大数据论坛等活动，线上线下布局，加强区内企业在项目对接、技术合作、人才引进培育等方面的互动，促进企业间交流。

（二）注重规划，统筹长远型政策配套

1.优化物联网发展专项政策

及时对新区物联网产业扶持政策进行修订升级，出台《支持物联网产

业发展五条措施》，从支持产业集聚、开拓应用市场、吸引人才集聚、强化平台支撑、打造样板工程等五个方面，对经认定的物联网企业和公共服务机构进行全方位的扶持。

2.加速调整物联网产业规划

与赛迪研究院合作编制《中国福州物联网产业发展规划》和《经开区产业发展实施方案》，提出以中国物联网产业中心为发展目标，打造“一基地两中心”（国家物联网产业示范基地和低功耗广域网中心、物联网信息识别中心），明确未来发展目标和规划。

3.推动“走出去”招商引资

成立物联网项目招商小分队，多次组织企业参加各种推介、交流、座谈会，对参加物联网专业展会的企业给予全额补助。接洽意向物联网产业项目47项，有意入驻物联网产业促进中心的项目30多项，涉及智慧城市管理、通信芯片设计及智能家居解决方案等行业。

（三）聚焦尖端，搭建开放型产业平台

1.启用物联网开放实验室

对接中国科学院上海微系统所、华为公司等有关单位和专家，推动打造物联网核心技术的研发服务载体。全国首家物联网开放实验室——中国福州物联网开放实验室正式挂牌并投入运营，成为国内最先具备覆盖端到端的NB-IOT物联网产品商用测试和验证能力的实验室，预计五年内将成为全球物联网行业标准的推动者。

2.启用物联网产业促进中心

正式揭牌成立物联网产业促进中心，建设8000平方米的一期入驻场

所。吸引了包括福建省物联网产业联盟等省级协会机构和华为物联网云服务平台、三鑫隆智慧管网、益资智能烟感等15家优质物联网项目企业入驻，38家企业完成注册。

3.加快物联网产业孵化中心建设步伐

物联网产业孵化中心项目总投资17亿元，占地97.54亩，建筑总面积约26.9万平方米，成为集企业总部、科技研发、创新孵化、生产制造等功能于一体的高新技术产业创新孵化园区。

4.启动物联网应用商用转化进程

成立福水智联公司，承接窄带物联网规模化商用项目，进一步推动新一代智能水表的规模化商用。探索建设NB-IoT智慧小区样板工程，涵盖智能水表、智能井盖、智能停车、智能门禁、智能消防等13项窄带物联网技术应用场景。

（四）以人为本，打造引领型人才环境

1.发挥行业领军人才的带动作用

引进由王曦院士领衔、“千人计划”专家高腾博士和“万人计划”专家杨旸教授为核心、数名博士为基础的物联网行业高端人才团队，聚集一批专业技术强、创新能力强、综合素质高的物联网行业人才。

2.吸收掌握关键技术的外部力量

注重引进有潜力和有核心自主知识产权的企业，集聚一批掌握发展NB-IOT技术的物联网专才。

3.重视复合实用人才的梯队培养

依托物联网开放实验室多次开展物联网与传统产业升级等主题培训，探索开展全国物联网人才基地品牌申报。国脉科技投资设立海峡信息技术学院，飞毛腿电子设立飞毛腿电子工业技术学校，新大陆集团与福州大学合作设立福州大学物联网学院，区内企业与福建十六所高职院校签署了《福建省物联网人才培养校企合作协议书》，定向培养物联网产业高素质人才。

案例15 云南滇中新区着力体制机制创新打造审批改革滇中模式

云南滇中新区充分发挥先行先试的政策优势，在体制机制上大胆改革探索，着力建立“精简、规范、优质、高效”的行政审批及公共服务体系，扎实推进以“相对集中审批权、一颗印章管审批”为核心的行政审批制度试点改革，不断提高审批服务效率，实现了行政审批事项、审批流程、审批条件和申报材料压缩40%，审批效率总体提速50%以上，其中行政审批局相对集中行使的审批权提速75%以上，为新区开发建设营造一流的投资发展环境，全力打造行政审批改革试点“滇中模式”。

（一）全面深化行政审批制度综合改革

1.持续深入推进行政审批制度改革

积极组织推进完成了在“市区融合发展”新体制下的“相对集中审批权”行政审批制度改革。开展了简政放权、事项规范、“两集中、两到位”、审批流程再造，“多证合一”等十个方面的试点工作。

2.承上启下全面落实新区事新区办

向上，承接好省市级下放授权，将云南省政府授予滇中新区54项省级审批职权分别集中到行政审批局和政务大厅各派驻窗口行使，确保了省、市级审批职权在新区范围内的无缝对接和有效实施，真正落实新区事新区办，有效地保障了新区重点项目的落地建设。同时，深入推进简政放权，将涉及规划、建设等11项审批职权下放到市县区行使，逐步实现“赋权强区”。

3.完善体制机制建设提升服务效率

制定了《滇中新区政务服务大厅管理办法》《行政审批网上服务大厅工作规范》等系列规范性文件，从工作机制上强化配套支持，实行分级审批，提高审批效率，促进审批工作规范有序，有效提升了管理服务水平和服务效率。

4.紧扣核心深化投资审批制度改革

针对不同建设项目的审批特点，把建设项目审批流程主要划分为立项用地规划许可、工程建设许可、施工许可、竣工验收等四个阶段，明确各阶段牵头负责部门，建立一表告知、一表征询、一窗受理、一章审批的工作模式，实行承诺审批、审批协调、信息通报、全程代办、督查督办等工作机制。

5.实施证照分离深化商事制度改革

研究出台了《云南滇中新区“证照分离”改革试点工作实施方案》，通过取消部分行政审批、审批改为备案、实行告知承诺制、提升透明度和可预期性及强化市场准入管理方式清理规范各类许可。通过明确监管职责推动协同监管、实施联合惩戒强化信用监管、加强提示预警推动风险监管等方式切实加强事中事后监管。通过进一步完善昆明市场主体信用信息服务监管平台、国家企业信用信息公示系统（云南）等统一数据共享交换平台，加快推进公民、企事业单位和社会组织基本信息共享。

（二）着力制度创新优化提升营商环境

1.坚持市区融合，着力市区体制机制互联互通

深入推进以“相对集中审批权”为核心的行政审批制度改革，形成符合新区以经济工作特别是以招商引资和项目落地为核心的“前线指挥部”体制的项目审批保障模式。

2.强化专业服务，实施审批服务总协调人制度

围绕一支专业队伍负责招商引资、一支审批队伍负责项目审批落地、一支服务保障队伍负责全程帮办代办的要求，出台了《云南滇中新区重大招商引资项目审批服务总协调人工作制度》《云南滇中新区重大招商引资项目审批代办服务暂行办法（试行）》《云南滇中新区行政审批“最多跑一次”实施方案》等制度和方案，以项目总协调人制度为核心的五个制度设计，互为支撑、相互衔接、构建体系、形成合力。

3.打造示范窗口，全面落实一号一窗一网建设

新区政务服务大厅共设置有企业设立和投资项目2个综合接件窗口，以及工商、税务等11个业务办理窗口，增设排队叫号系统、自助服务终端、大厅触摸查询机、智能确认签字评价一体机、一体化高拍仪等设施，全面实施“一号申请、一窗受理、一网通办”。

4.以规范促公平，着力保障公共资源交易规范化

制定了《关于进一步明确新区招标投标监督管理有关事宜的通知》和《关于进一步规范新区中介超市运行管理的通知》，新区招投标工作依法依规、程序规范、透明高效，有效保障新区公共资源交易规范运行及监管水平不断提高。

案例16 哈尔滨新区创新合作模式提升对外合作承载功能

作为全国唯一以对俄合作为主题的国家级新区，为提高对俄合作层次、整合合作资源、拓宽合作领域，哈尔滨新区从完善服务体系、加快载体建设着手，构建对俄科技、信息、金融、国际贸易、跨境电商物流、特色国际文化旅游等高端服务和要素集聚平台，努力提升对外合作承载功能。

（一）创新金融合作方式：由“单一中资”向“中资+俄资”转变

哈尔滨银行与俄罗斯联邦储蓄银行牵头发起多家中俄金融机构组建中俄金融联盟，入驻哈尔滨新区，成立了全国首家中俄跨境金融服务中心。联盟成员创新性地开展了跨境同业银团贷款、中俄本币购售、卢布衍生产品交易、本币现钞跨境调运、人民币熊猫债投资、跨境电商在线支付等业务。2017年，联盟发起的百亿跨境银团实现首笔提款，提款金额5000万元人民币，中俄两国战略合作正由单一的资源互换发展为更深层次的资本及金融的相互投资。

（二）创新科技合作方式：科技成果由“境外引进”向“境外研发+境内转化”转变

哈尔滨新区订单式引进了俄罗斯门捷列夫化学科研院科研领军人才，与哈尔滨工业大学、哈尔滨工程大学等院校合作研发核废料处理项目；新区内的黑龙江多邦科技有限公司与白俄罗斯国立大学、俄罗斯哈巴罗夫斯克别尔利特新材料研发中心合作研发的石墨烯特种防火材料和飞机涂层实现科研成果落地转化；哈尔滨万鑫石墨谷有限公司与俄罗斯莫斯科大学签订合作协议，在哈生产军民两用特种防火涂料。

（三）创新人才交流方式：由“互派交流”向“工作+创业”转变

新区设立了哈尔滨科技创新城国家国际科技合作基地，与白俄罗斯国家科学院、白俄罗斯国立大学等机构建立合作关系，中国白俄罗斯技术转移创新中心、中国白俄罗斯科技合作平台等科技创新平台已入驻基地。引进俄罗斯等独联体国家专家来华工作、进行培训，带动一批创新人才在实践中成长。新区与哈尔滨工业大学、黑龙江大学、哈尔滨工程大学等院校签署了人才实训协议，建设在哈重点高校专业技术人才培训基地。科技合作基地内长期工作(3个月以上)的国际高端专家有5人，以互访、交流、培训等形式进行技术指导与合作的国际高级人才超百人。

哈尔滨新区将继续加强与俄罗斯在战略性新兴产业、生产型服务业和文化教育等领域合作，构建以对俄合作为重点、联通欧亚的国际物流大通道和门户枢纽，打造对俄科技、信息、金融、国际贸易、跨境电商物流、特色国际文化旅游等高端服务和要素集聚平台，逐步建成投资贸易便利、辐射带动功能突出的国家对俄合作中心城市重要承载区。

案例17 长春新区创新外籍人才政策体系助推高端人才创新创业

（一）基本情况

长春新区拥有外商投资企业270户，建成中俄科技园、长春海外学人创业园等一批国际科技合作园区，集聚各类外籍人才1868名，其中经国家认定的高层次人才就达225名；区内高校共有外籍教师268名、在读外籍留学生4314名。

2017年以来，长春新区会同省公安厅积极向公安部争取实施外籍人才优惠政策，公安部《关于支持长春新区建设发展实施有关出入境政策措施的批复》批准在长春新区实施七项吸引外籍人才的优惠政策。

（二）主要工作

七项外籍人才优惠政策涵盖签证、出入境、停居留、永久居留四个方面，涉及外籍高层次人才、外籍华人、外籍留学生和长期在华工作人员四类群体。主要包括授权长春新区管委会推荐外籍人才在华永久居留、建立永久居留资格认定的市场化渠道、放开外籍华人长期居留限制、开辟外籍华人永久居留特殊渠道、吸引外国留学生创新创业、为长期在华工作外籍人员提供居留便利、为外籍人才提供口岸签证便利共七项内容。

1.制定衔接配套的政策体系

借鉴北京中关村、上海科创中心和广东自贸区等地相关标准，与省市部门一道，研究制定了《长春新区外籍高层次人才认定标准》，将长春新区“长白慧谷”英才计划入选者，在吉林省认定的重点实验室、企业工程研究中心、新型科研机构等部门就职的高级管理或技术职务人员等，纳入了长春新区外籍高层次人才范围，制定出台加快高层次人才集聚和“长白慧谷”英才计划新政，对入选的高端领军人才、高层次创新创业人才及团队，给予最高5000万元资金支持或股权投资。

2.进一步拓展外籍人才引进渠道，促进高端人才集聚

先后确定了长春北湖科技园、长春海外学人创业园、中俄科技园3个特色园区为“侨梦苑”分苑；建成后，吉林省海外专家工作站、吉林省海外专家咨询委员会、海外院士工作站、吉林省侨商会将落户侨商大厦，3年内将引入高水平华侨企业20家以上；承办中国（长春）海外人才创新创业项目大赛，在3个产业领域促成6个项目签约落位，“海创联长春创业中心”落户新区。

3.不断创新外籍人才服务方式，营造优质人才环境

进一步完善服务制度，深化落实人才服务专员、节假日慰问、健康体检、高层次人才联谊等制度，全年组织创业论坛、项目路演、主题沙龙、私募对接、人才联谊等活动100余次。拓展服务范围，拿出100套住房作为人才公寓，给予人才更多的服务保障，协助人才企业解决子女入学等实际困难和问题50余个，为人才发展解决后顾之忧。指导项目申报，全年申报各级科技立项614项，争取资金4.8亿元；推荐4支团队申报第五批国务院重点华侨华人创业团队，有3支团队正式入选，为人才创新创业提供了有力支持。

（三）工作成果

1.政策影响力进一步提升

举行专题新闻发布会全面宣传推介七项优惠政策组织实施情况，通过全球505家媒体，向全球创新创业者发出邀请信，稿件总曝光量超过1亿多次；先后在一汽大众、吉林大学等地组织了3场政策推介会活动，百余名外籍人才参与活动并详细了解了政策内容及申办流程。

2.政策实施取得较为显著成效

政策实施以来，接受政策咨询百余次，受理政策申请11件（2个绿卡），正式发证5件（1个绿卡），在新区驻区单位及外籍人才当中引起较大反响。国家“千人计划”人才、美籍华人张珂获得永久居留身份证，通过高端人才的榜样和口口相传，使政策磁吸效应不断显现。

3.人才创新创业氛围日益浓厚

健全完善扶持人才创新创业的政策体系，有效激发人才创新创业热情，全区新引进的116个项目，集聚企业管理等高层次人才1000余人；新引进的240个孵化项目，带动1260多名高层次人才到新区创新创业。

外籍人才出入境政策的实施和落实，进一步优化了新区的人才服务环境，促进了高端人才到新区创业发展。政策实施1年内，新区外籍高层次人才规模有望从225名增长至700名左右；2年内，将吸引600余名外籍留学生开展创新创业活动；3年内，将再引进500名海外高端人才，使新区外籍高层次人才规模达到1000人以上。

案例18 江西赣江新区建体系、强创新、聚人才发挥金融引领作用推动绿色创新综合体建设

江西赣江新区坚持以创新链引领产业链，构建以绿色金融示范街、“双创”集市和人才服务中心为主要内容的绿色创新综合体，打造集技术、资金、人才、平台、科创园等为一体的现代产业体系。

（一）建设绿色金融示范街

创新金融服务模式，打造各类金融业态融合发展的绿色金融示范街，开展金融科技实验室、绿色信贷、供应链金融等项目，拓展双创投资资金供给渠道。相继制定绿色金融规划，出台促进绿色金融发展的实施意见，以政策和特色吸引、鼓励多业态的金融要素市场落户新区，打造全牌照金融体系，17家银行、5家保险公司、8家互联网金融公司、2家交易中心、14家投资基金入驻。成立新区产业引导基金、城市发展基金、科技创新基金，与兴业银行、工商银行等金融机构开展创新合作，建设腾讯金融科技实验室和人保财险绿色保险研究院、赣江金融学院，初步形成绿色金融发展生态圈。

（二）建设“双创”集市

集聚一批众创空间、孵化器和产业园区，打造“一站式”服务平台，

与中国科学院、中关村科技园区、北京理工大学等一流科研机构和单位深度合作，共建中科赣江（南昌）科创园、生物医药与装备技术研究院、曙光人社云计算大数据中心、北京理工大学赣江实验室、中国科学院微电子研究所；成立技术成果转移转化基金、科技型中小企业信贷风险补偿资金，共建技术协同创新园；与南昌大学、东华理工大学、华东交通大学等20所省内高校签订战略合作框架协议，新增2个国家级众创空间，荣获国家科技进步奖、国家自然科学奖二等奖各1项。

(三)建设人才服务中心

运用人社大数据云计算技术，整合新区各层次人才资源以及园区企业信息资源，出台人才引进和培育、深化人才发展体制机制改革、扶持科技创新发展等政策措施，推出招才引智的“赣江海智”“赣江创新”和“赣江创业”计划，在北京、上海、深圳成立人力资源公司，构建人才服务信息化平台，设立人才发展专项资金及江西人才服务银行，启动江西省金蓝领职业培训园（赣江新区科技城永修职教园）建设，打造可容纳10万名学制教育和职业学员的培训园区。

附录

4

国家级新区发展报告2018

附 表

表 4-1 国家级新区基本情况表

序号	新区名称	批准文件	批复时间	规划面积（km^2）	功能定位
1	上海浦东新区		1990 年 6 月 2 日	1210	围绕建设成为上海国际金融中心和国际航运中心核心功能区的战略定位，努力建设成为科学发展的先行区、“四个中心”（国际经济中心、国际金融中心、国际贸易中心、国际航运中心）的核心区、综合改革的试验区、开放和谐的生态区
2	天津滨海新区	国发〔2006〕20 号	2006 年 5 月 26 日	2270	我国北方对外开放的门户、高水平的现代制造业和研发转化基地、北方国际航运中心和国际物流中心
3	重庆两江新区	国函〔2010〕36 号	2010 年 5 月 5 日	1200	统筹城乡综合配套改革试验的先行区，内陆重要的先进制造业和现代服务业基地，长江上游地区的经济中心、金融中心和创新中心等，内陆地区对外开放的重要门户，科学发展的示范窗口
4	浙江舟山群岛新区	国函〔2011〕77 号	2011 年 6 月 30 日	陆地 1440 海域 2.08 万	浙江海洋经济发展的先导区、海洋综合开发试验区、长江三角洲地区经济发展的重要增长极

续表

序号	新区名称	批准文件	批复时间	规划面积（km^2）	功能定位
5	兰州新区	国函〔2012〕104号	2012年8月20日	806	西北地区重要的经济增长极、国家重要的产业基地、向西开放的重要战略平台和承接产业转移示范区
6	广州南沙新区	国函〔2012〕128号	2012年9月6日	803	粤港澳优质生活圈和新型城市化典范、以生产性服务业为主导的现代产业新高地、具有世界先进水平的综合服务枢纽、社会管理服务创新试验区，打造粤港澳全面合作示范区
7	陕西西咸新区	国函〔2014〕2号	2014年1月6日	882	富有历史文化特色的现代化城市、我国向西开放的重要枢纽、西部大开发的新引擎和中国特色新型城镇化的范例
8	贵州贵安新区	国函〔2014〕3号	2014年1月6日	1795	探索欠发达地区后发赶超路子的重要举措，加快推进体制机制创新、西部地区重要的经济增长极、内陆开放型经济新高地和生态文明示范区
9	青岛西海岸新区	国函〔2014〕71号	2014年6月3日	陆地2096 海域5000	海洋科技自主创新领航区、深远海开发战略保障基地、军民融合创新示范区、海洋经济国际合作先导区、陆海统筹发展试验区，为探索全国海洋经济科学发展新路径发挥示范性作用

续表

序号	新区名称	批准文件	批复时间	规划面积（km^2）	功能定位
10	大连金普新区	国函〔2014〕76 号	2014 年 6 月 23 日	2299	我国面向东北亚区域开放合作的战略高地、引领东北地区全面振兴的重要增长极、老工业基地转变发展方式的先导区、体制机制创新与自主创新的示范区、新型城镇化和城乡统筹的先行区
11	四川天府新区	国函〔2014〕133 号	2014 年 10 月 2 日	1578	建设成为以现代制造业为主的国际化现代新区，打造成为内陆开放经济高地、宜业宜商宜居城市、现代高端产业集聚区、统筹城乡一体化发展示范区
12	湖南湘江新区	国函〔2015〕66 号	2015 年 4 月 8 日	490	探索创新驱动发展路径，打造成为高端制造研发转化基地和创新创意产业集聚区、产城融合城乡一体的新型城镇化示范区、全国“两型”社会建设引领区、长江经济带内陆开放高地
13	南京江北新区	国函〔2015〕103 号	2015 年 6 月 27 日	788	逐步建设成为自主创新先导区、新型城镇化示范区、长三角地区现代产业集聚区、长江经济带对外开放合作重要平台
14	福州新区	国函〔2015〕137 号	2015 年 8 月 30 日	800	两江交流合作重要承载区、扩大对外开放重要门户、东南沿海重要现代产业基地、改革创新示范区和生态文明先行区

续表

序号	新区名称	批准文件	批复时间	规划面积（km^2）	功能定位
15	云南滇中新区	国函〔2015〕141 号	2015 年 9 月 7 日	482	打造我国面向南亚东南亚辐射中心的重要支点、云南桥头堡建设重要经济增长极、西部地区新型城镇化综合试验区和改革创新先行区
16	哈尔滨新区	国函〔2015〕217 号	2015 年 12 月 16 日	493	积极扩大面向东北亚开放合作，探索老工业基地转型发展的新路径，为促进黑龙江经济发展和东北地区全面振兴发挥重要支撑作用
17	长春新区	国函〔2016〕31 号	2016 年 2 月 3 日	499	深化图们江区域合作开发，为促进吉林省经济发展和东北地区全面振兴发挥重要支撑作用
18	江西赣江新区	国函〔2016〕96 号	2016 年 6 月 6 日	465	打造成为长江中游新型城镇化示范区、中部地区先进制造业基地、内陆地区重要开放高地、美丽中国“江西样板”先行区
19	河北雄安新区		2017 年 4 月 1 日	远期控制区 2000	北京非首都功能疏解集中承载地，绿色生态宜居新城区、创新驱动发展引领区、协调发展示范区、开放发展先行区，建设成为高水平社会主义现代化城市、京津冀世界级城市群的重要一极、现代化经济体系的新引擎、推动高质量发展的全国样板

注：各新区功能定位依据党中央、国务院相关文件或批复，其中河北雄安新区依据《河北雄安新区规划纲要》（2018 年 4 月 21 日）；上海浦东新区依据浦东新区“十三五”规划。

表 4-2　2017 年国家级新区主要经济指标表

序号	新区名称	地区总产值			固定资产投资		地方一般公共预算收入	
		总额（亿元）	占所在省（市）比重（%）	增速（%）	总额（亿元）	增速（%）	总额（亿元）	增速（%）
1	上海浦东新区	9651	31.4	8.7	1904	9.1	996	8.5
2	天津滨海新区	7106	37.6	6.0	2297	—	1060	−19.1
3	重庆两江新区	2533	12.8	10.2	2167	12.4	315	9.0
4	浙江舟山群岛新区	1219	2.6	8.8	1450	15.0	126	10.6
5	兰州新区	176	6.9	15.6	271.8	−44.7	13	10.0
6	广州南沙新区	1392	1.6	10.5	745	24.2	71	14.5
7	陕西西咸新区	293	3.9	—	2094	15.3	35	40.6
8	贵州贵安新区	350	2.6	42.6	620	—	16	38.6
9	青岛西海岸新区	3213	4.4	11.0	2262	15.0	231	9.1
10	大连金普新区	2343	9.2	7.5	465	21.9	152.5	−8.6

续表

序号	新区名称	地区总产值			固定资产投资		地方一般公共预算收入	
		总额（亿元）	占所在省（市）比重（%）	增速（%）	总额（亿元）	增速（%）	总额（亿元）	增速（%）
11	四川天府新区	2385	5.7	8.6	2301	42.3	203.1	18
12	湖南湘江新区	2209	6.4	11.2	2313	16.3	346	10.8
13	南京江北新区	2218	2.6	9.1	1632.9	4.9	217	9.3
14	福州新区	1648	4.8	10.1	1360	18.4	226	9.9
15	云南滇中新区	574	3.5	12.8	731	2.0	56.9	16.5
16	哈尔滨新区	764	5.0	7.6	744	12.2	50	26.7
17	长春新区	889	5.4	8.7	714	14.7	13.4	14.0
18	江西赣江新区	667	3.0	9.5	1161	17.4	52	12.9
19	河北雄安新区	—	—	—	—	—	—	—

注：数据来源自各国家级新区，其中河北雄安新区数据暂缺。

附 图

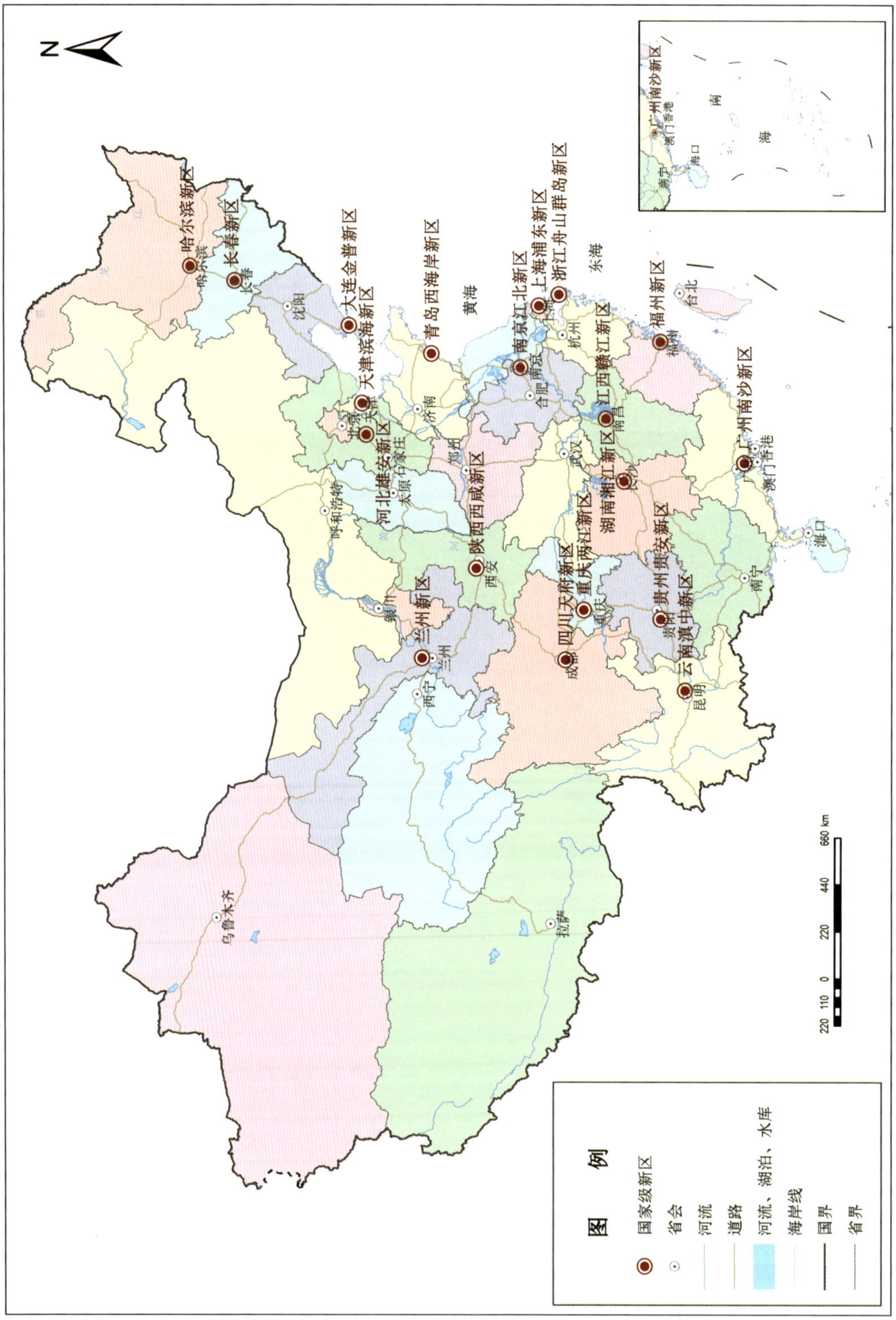

图 4-1 国家级新区地理位置图

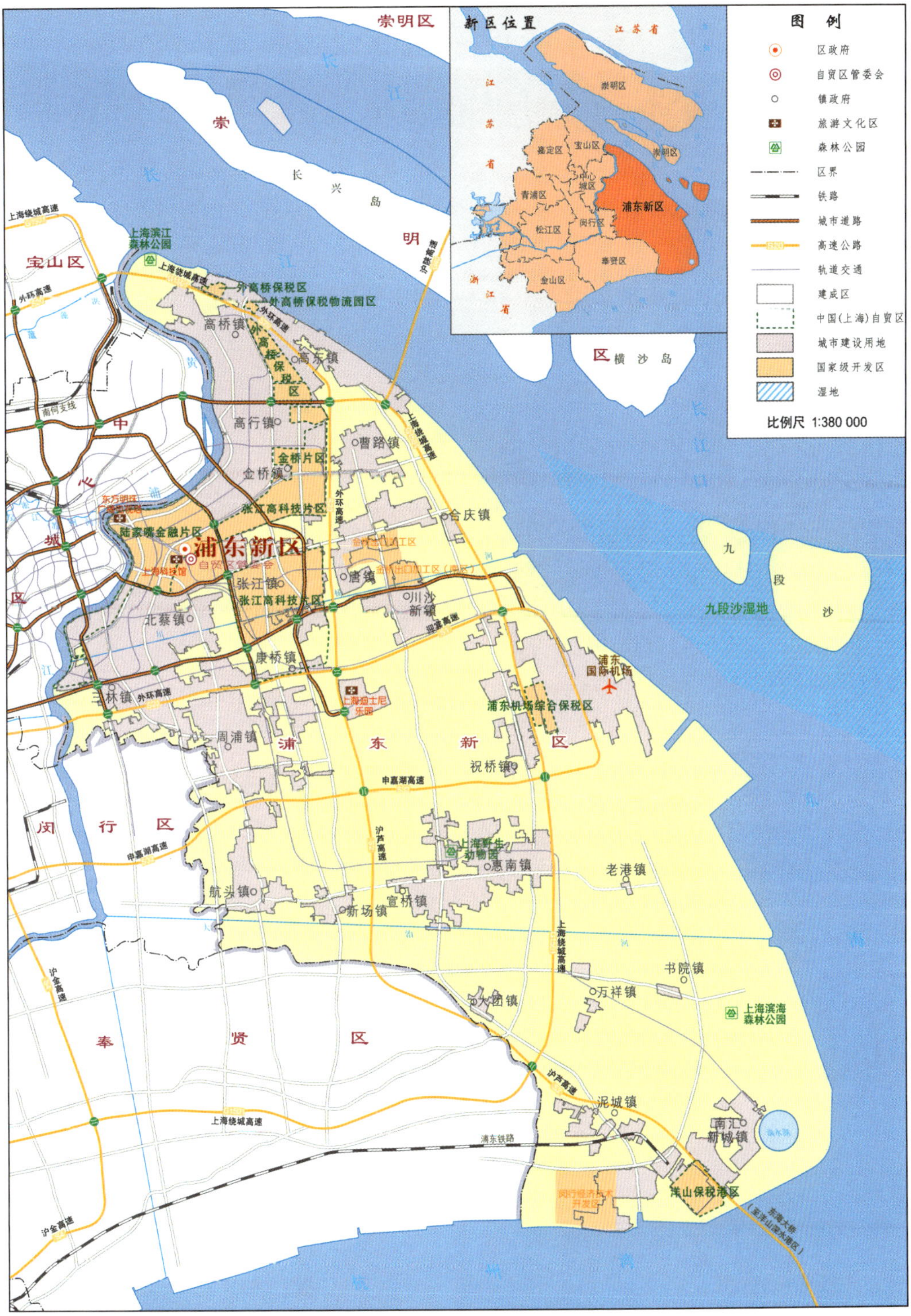
崇明区
新区位置
江苏省
崇明区
嘉定区
宝山区
中心城区
青浦区
浦东新区
松江区
闵行区
奉贤区
金山区
浙江省
图 例
区政府
自贸区管委会
镇政府
旅游文化区
森林公园
区界
铁路
城市道路
高速公路
轨道交通
建成区
中国(上海)自贸区
城市建设用地
国家级开发区
湿地
比例尺 1:380 000
崇
长兴岛
明
区
横沙岛
九段沙湿地
九
段
沙
宝山区
上海绕城高速
外环高速
南何支线
上海滨江森林公园
外高桥保税区
外高桥保税物流园区
高桥镇
外高桥保税区
高东镇
高行镇
曹路镇
金桥片区
金桥镇
张江高科技片区
合庆镇
东方明珠广播电视塔
陆家嘴金融片区
浦东新区
自贸区管委会
上海科技馆
唐镇
川沙新镇
张江镇
张江高科技片区
北蔡镇
康桥镇
浦东国际机场
浦东机场综合保税区
三林镇
上海迪士尼乐园
周浦镇
浦
东
新
区
祝桥镇
申嘉湖高速
闵
行
区
沪芦高速
上海野生动物园
惠南镇
老港镇
航头镇
新场镇
宣桥镇
上海绕城高速
书院镇
万祥镇
大团镇
上海滨海森林公园
奉
贤
区
沪芦高速
泥城镇
南汇新城镇
上海绕城高速
浦东铁路
洋山保税港区
沪金高速

图 4-2 上海浦东新区

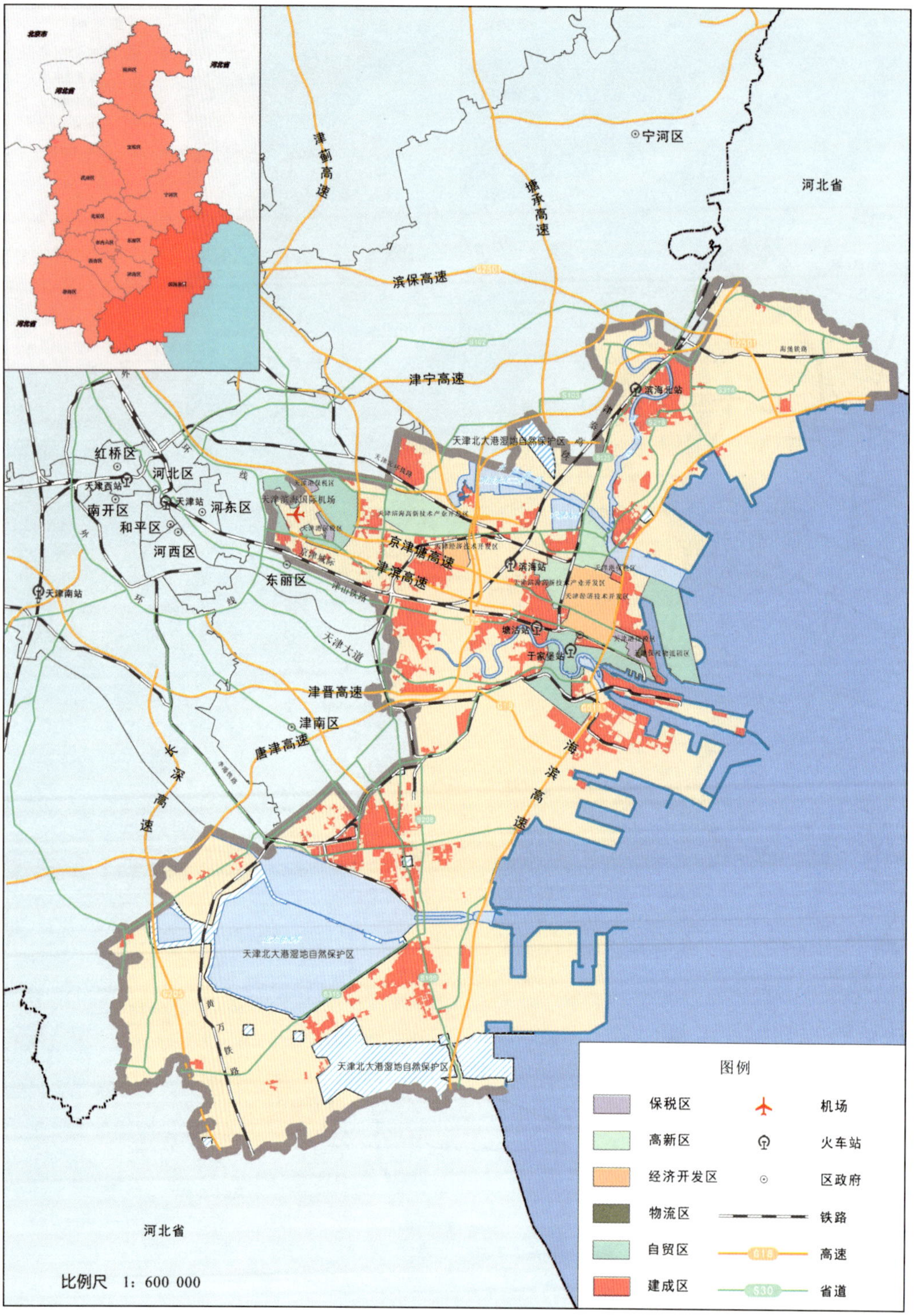
宁河区
河北省
津蓟高速
塘承高速
滨保高速
津宁高速
滨海北站
天津北大港湿地自然保护区
红桥区
河北区
天津西站
天津站
河东区
南开区
和平区
河西区
东丽区
天津南站
京津塘高速
津滨高速
滨海站
天津大道
塘沽站
于家堡站
津晋高速
津南区
唐津高速
长深高速
海滨高速
天津北大港湿地自然保护区
黄万铁路
天津北大港湿地自然保护区
河北省
比例尺 1：600 000
图例
保税区
机场
高新区
火车站
经济开发区
区政府
物流区
铁路
自贸区
高速
建成区
省道

图 4-3 天津滨海新区

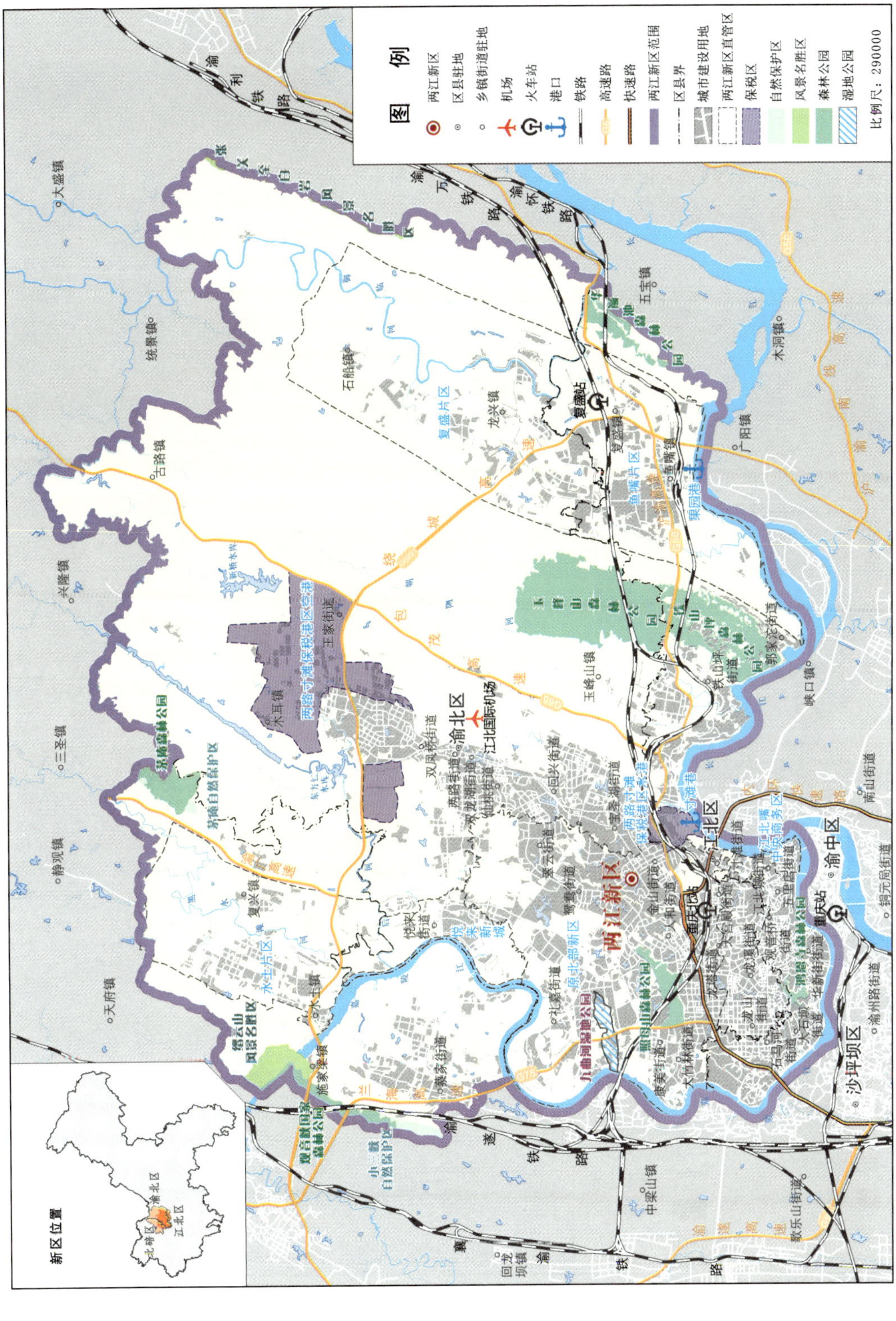
图 例
两江新区
区县驻地
乡镇街道驻地
机场
火车站
港口
铁路
高速路
快速路
两江新区范围
区县界
城市建设用地
两江新区直管区
保税区
自然保护区
风景名胜区
森林公园
湿地公园
比例尺：290000
新区位置
两江新区
渝北区
江北区
北碚区
江北国际机场
重庆站
重庆北站

图 4-4 重庆两江新区

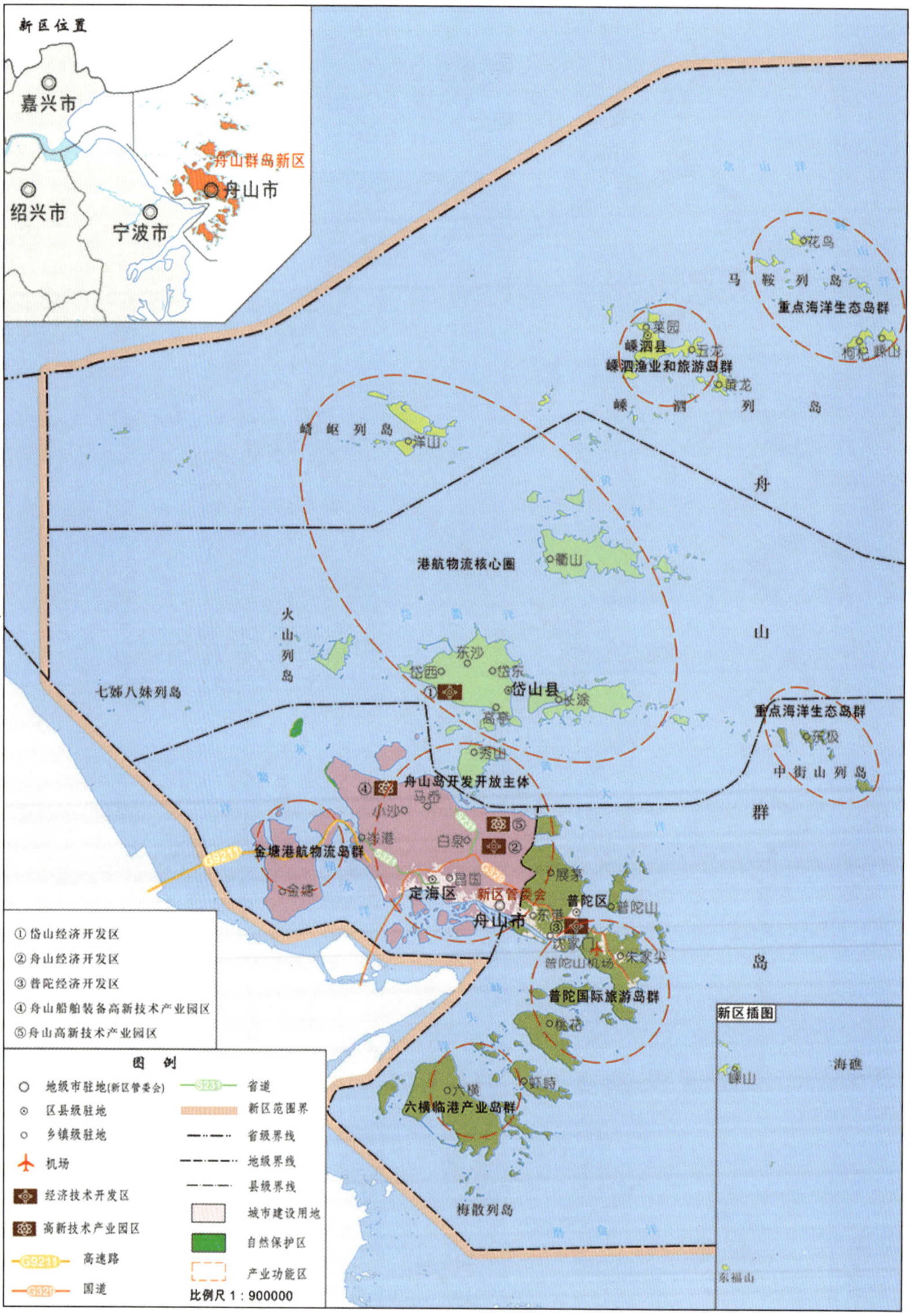

图 4-5　浙江舟山群岛新区

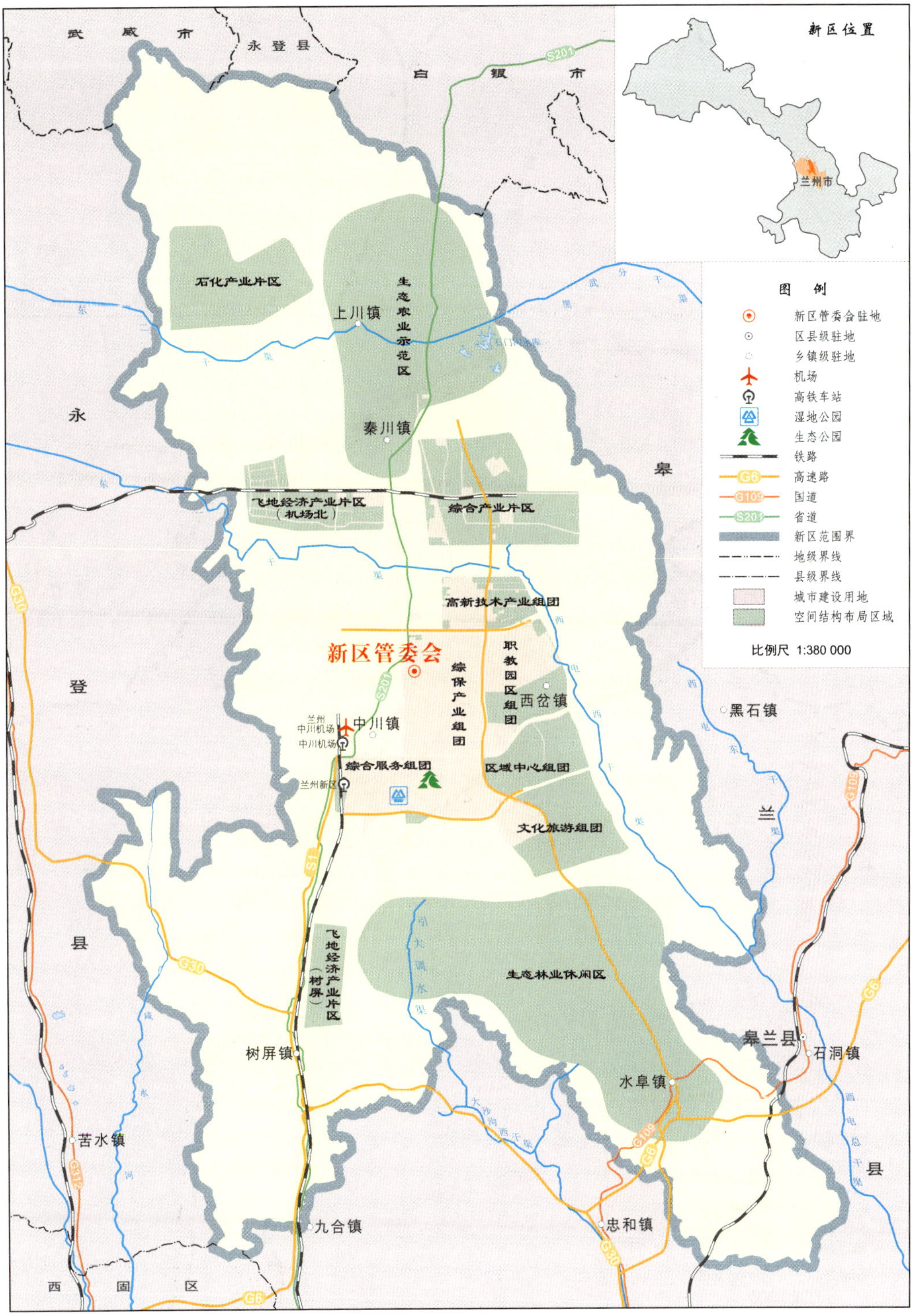
武 威 市
永登县
白 银 市
新区位置
兰州市
S201
石化产业片区
生态农业示范区
上川镇
秦川镇
永
登
县
皋
兰
县
飞地经济产业片区
（机场北）
综合产业片区
高新技术产业组团
新区管委会
综保产业组团
职教园区组团
西岔镇
黑石镇
兰州中川机场
中川机场
中川镇
兰州新区
综合服务组团
区域中心组团
文化旅游组团
飞地经济产业片区（树屏）
生态林业休闲区
树屏镇
皋兰县
石洞镇
水阜镇
苦水镇
九合镇
忠和镇
西 固 区
G30
G6
G109
G312
S1
图 例
新区管委会驻地
区县级驻地
乡镇级驻地
机场
高铁车站
湿地公园
生态公园
铁路
高速路
国道
省道
新区范围界
地级界线
县级界线
城市建设用地
空间结构布局区域
比例尺 1:380 000

图 4-6 兰州新区

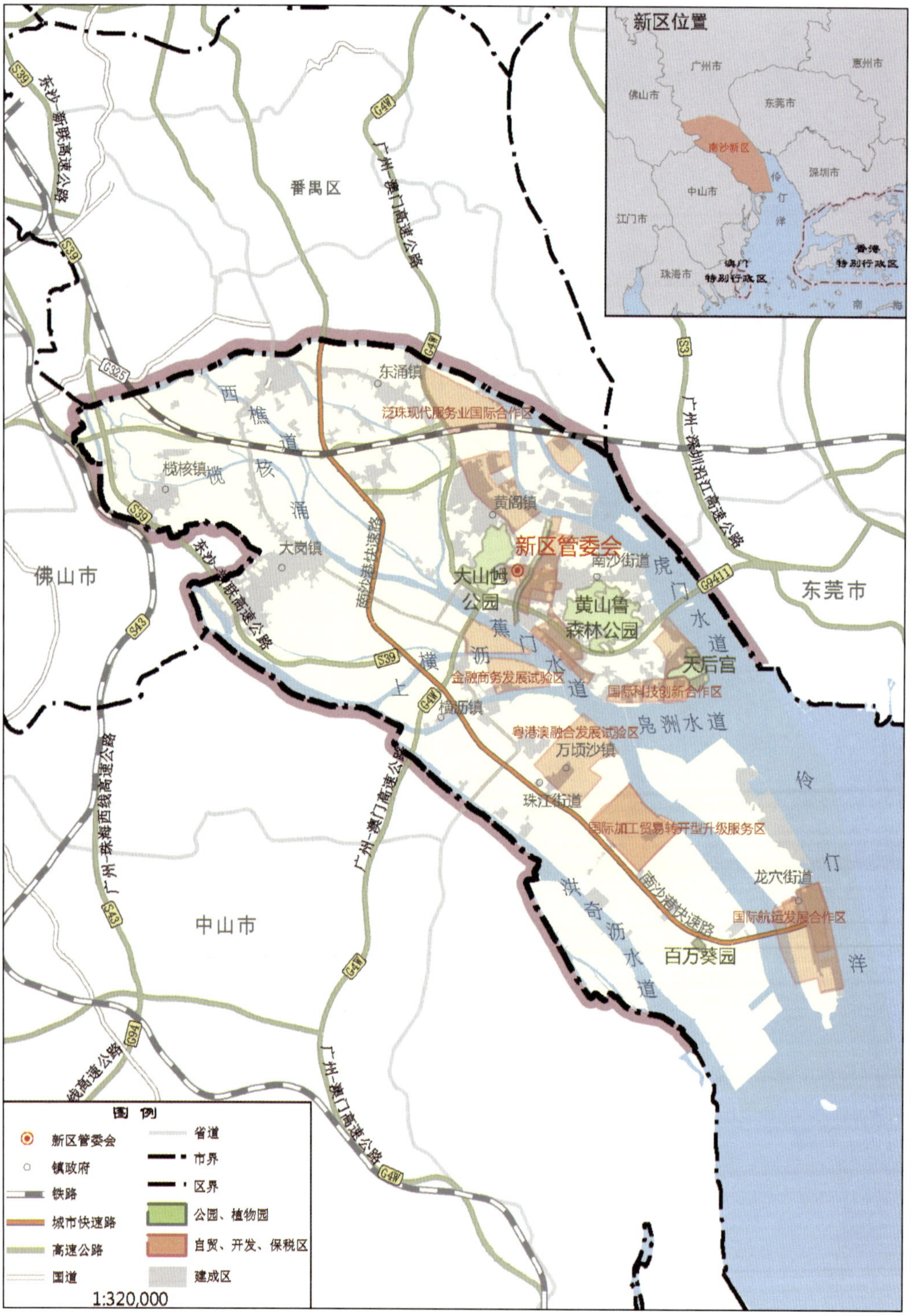
新区位置
广州市
惠州市
佛山市
东莞市
南沙新区
深圳市
中山市
伶
仃
洋
江门市
香港
特别行政区
珠海市
澳门
特别行政区
南
海
番禺区
东沙-新联高速公路
广州-澳门高速公路
东涌镇
泛珠现代服务业国际合作区
西
樵
道
榄核镇
榄
核
涌
黄阁镇
大岗镇
新区管委会
南沙街道
虎
门
水
道
广州-深圳沿江高速公路
佛山市
大山乸
公园
黄山鲁
森林公园
东莞市
蕉
门
水
道
天后宫
横
沥
金融商务发展试验区
上
横沥镇
国际科技创新合作区
凫洲水道
粤港澳融合发展试验区
万顷沙镇
珠江街道
国际加工贸易转型升级服务区
广州-珠海西线高速公路
龙穴街道
洪
奇
沥
水
道
南沙港快速路
国际航运发展合作区
中山市
百万葵园
图例
新区管委会
镇政府
铁路
城市快速路
高速公路
国道
省道
市界
区界
公园、植物园
自贸、开发、保税区
建成区
1:320,000

图 4-7 广州南沙新区

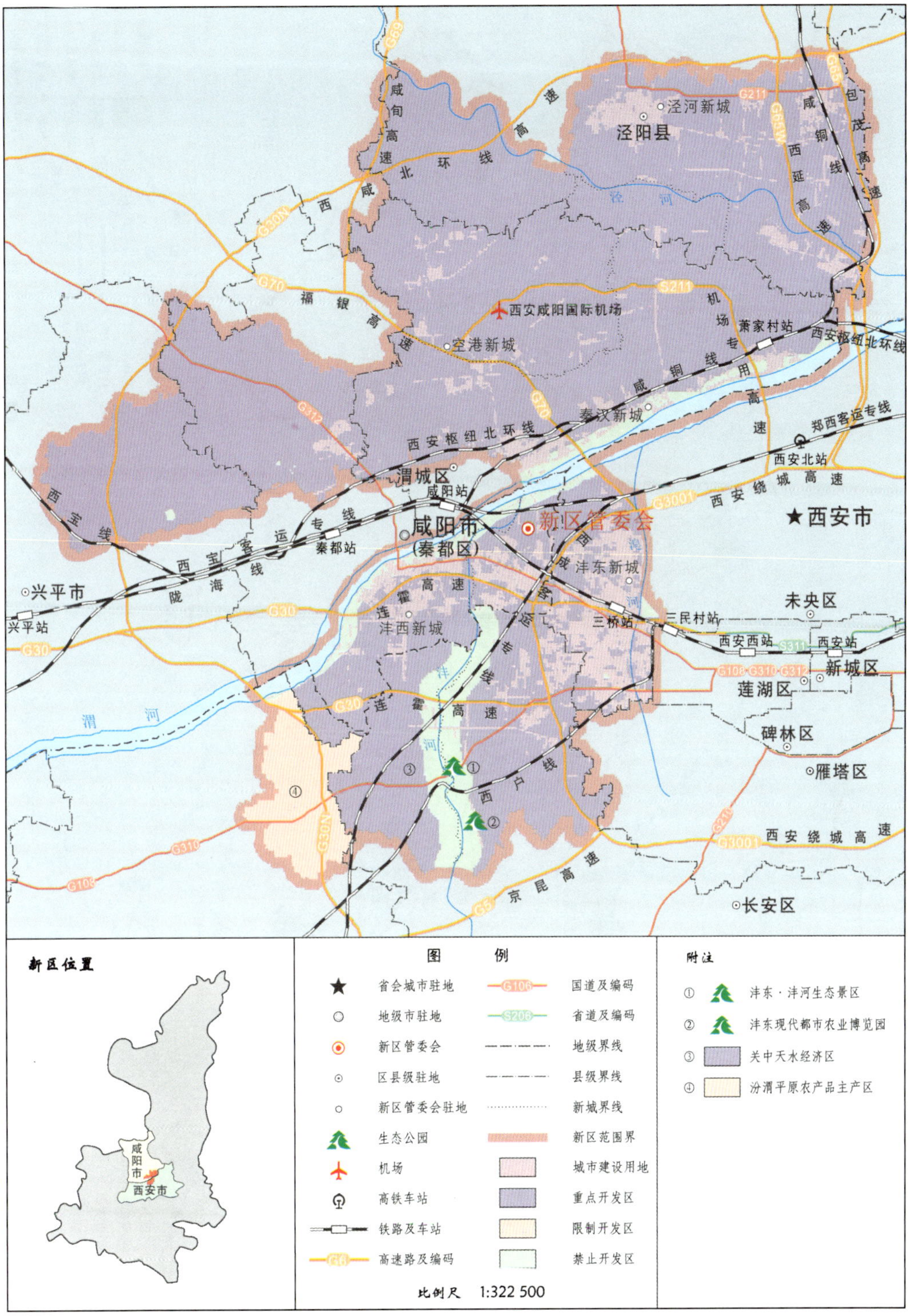

泾河新城
泾阳县
咸旬高速
北环线
西咸北环线高速
包茂高速
咸铜西延高速
泾河
福银高速
西安咸阳国际机场
空港新城
机场专用高速
萧家村站
西安枢纽北环线
咸铜线
秦汉新城
西安枢纽北环线
郑西客运专线
渭城区
咸阳站
西安北站
西安绕城高速
西宝线
咸阳市
(秦都区)
新区管委会
★西安市
西宝客运专线
秦都站
西成客运专线
沣东新城
兴平市
陇海线
连霍高速
沣西新城
未央区
三民村站
三桥站
兴平站
西安西站
西安站
新城区
莲湖区
渭河
碑林区
雁塔区
沣河
西户线
西安绕城高速
京昆高速
长安区
G69
G211
G65
G85W
G30N
G70
S211
G312
G3001
G30
G108
G310
G312
S311
G210
G5
G108
G310
①
②
③
④
新区位置
咸阳市
西安市
图 例
省会城市驻地
地级市驻地
新区管委会
区县级驻地
新区管委会驻地
生态公园
机场
高铁车站
铁路及车站
高速路及编码
G106 国道及编码
S208 省道及编码
地级界线
县级界线
新城界线
新区范围界
城市建设用地
重点开发区
限制开发区
禁止开发区
G6
比例尺 1:322 500
附注
① 沣东·沣河生态景区
② 沣东现代都市农业博览园
③ 关中天水经济区
④ 汾渭平原农产品主产区

图 4-8 陕西西咸新区

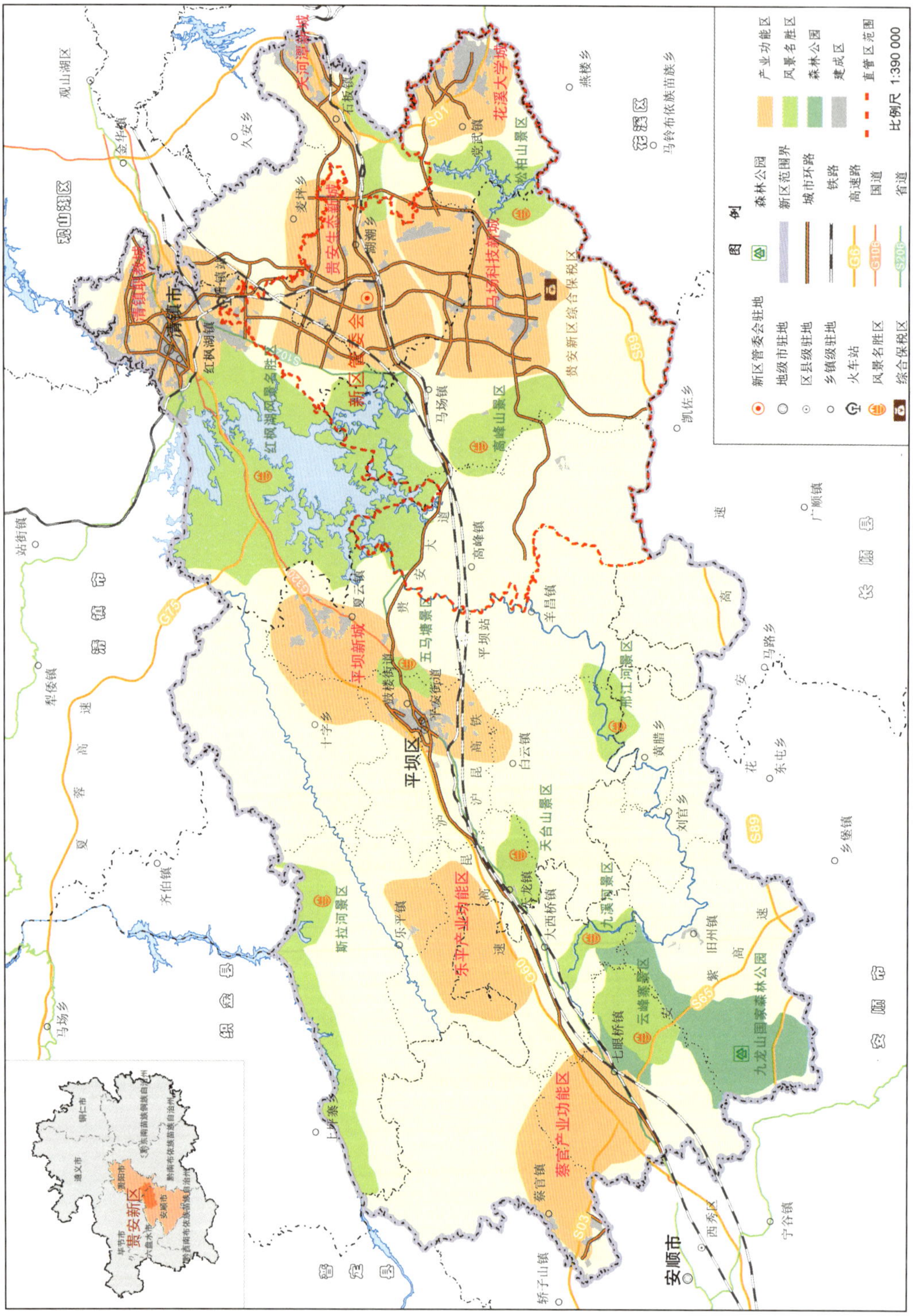
图例
新区管委会驻地
地级市驻地
区县级驻地
乡镇级驻地
火车站
风景名胜区
综合保税区
森林公园
新区范围界
城市环路
铁路
高速路
国道
省道
产业功能区
风景名胜区
森林公园
建成区
直管区范围
比例尺 1:390 000

图 4-9 贵州贵安新区

图 4-10 青岛西海岸新区

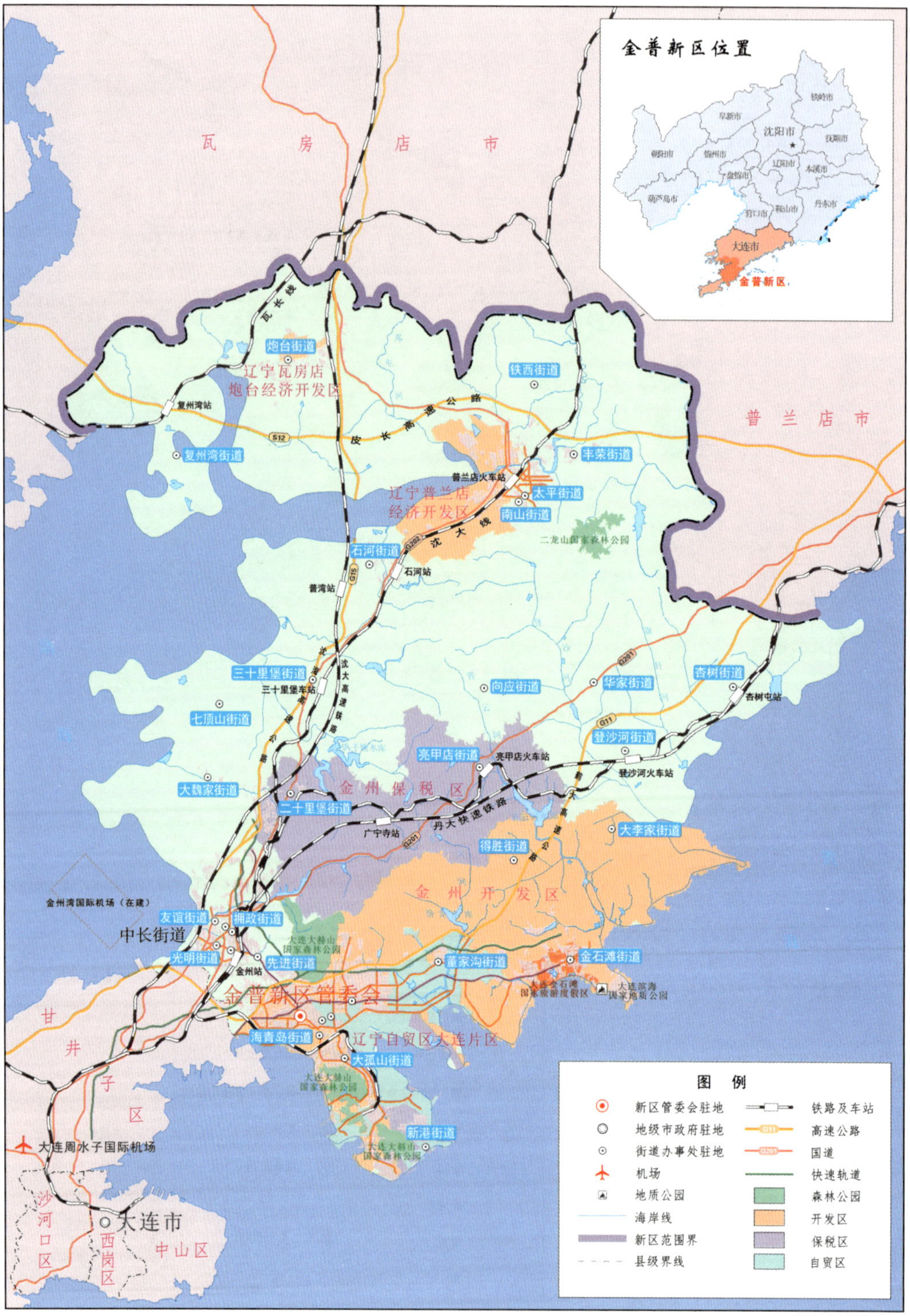

金普新区位置
铁岭市
阜新市
沈阳市
抚顺市
朝阳市
锦州市
辽阳市
本溪市
盘锦市
葫芦岛市
鞍山市
丹东市
营口市
大连市
金普新区
瓦房店市
普兰店市
瓦长线
炮台街道
辽宁瓦房店炮台经济开发区
复州湾站
复州湾街道
S12
铁西街道
皮长高速公路
丰荣街道
普兰店火车站
太平街道
辽宁普兰店经济开发区
南山街道
沈大线
G202
二龙山国家森林公园
石河街道
石河站
G15
普湾站
三十里堡街道
三十里堡车站
沈大高速铁路
七顶山街道
向应街道
华家街道
G201
杏树街道
杏树屯站
G11
登沙河街道
亮甲店街道
亮甲店火车站
登沙河火车站
大魏家街道
金州保税区
二十里堡街道
丹大快速铁路
广宁寺站
大李家街道
得胜街道
金州开发区
金州湾国际机场（在建）
友谊街道
拥政街道
中长街道
大连大赫山国家森林公园
光明街道
先进街道
金州站
董家沟街道
金石滩街道
大连金石滩国家旅游度假区
大连滨海国家地质公园
金普新区管委会
海青岛街道
辽宁自贸区大连片区
大孤山街道
甘井子区
新港街道
大连周水子国际机场
大连市
沙河口区
西岗区
中山区
图例
新区管委会驻地
地级市政府驻地
街道办事处驻地
机场
地质公园
海岸线
新区范围界
县级界线
铁路及车站
高速公路
国道
快速轨道
森林公园
开发区
保税区
自贸区

图 4-11 大连金普新区

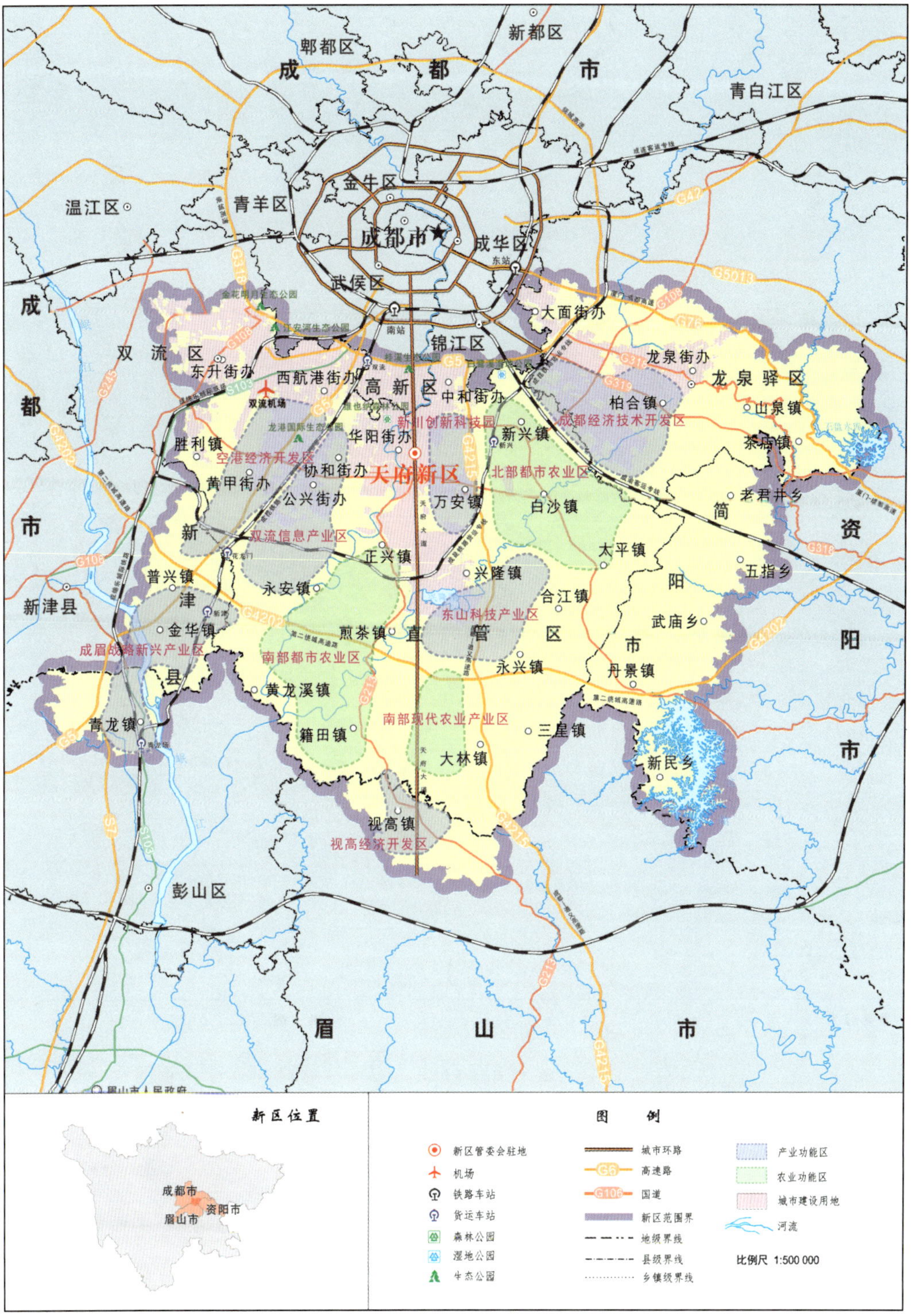
郫都区
新都区
成都市
青白江区
温江区
青羊区
金牛区
成都市
成华区
武侯区
锦江区
双流区
成都市
东升街办
西航港街办
高新区
中和街办
双流机场
新川创新科技园
华阳街办
胜利镇
空港经济开发区
协和街办
天府新区
黄甲街办
公兴街办
万安镇
北部都市农业区
白沙镇
新兴镇
大面街办
龙泉街办
龙泉驿区
柏合镇
山泉镇
成都经济技术开发区
茶店镇
老君井乡
简阳市
资阳市
五指乡
太平镇
双流信息产业区
正兴镇
兴隆镇
合江镇
普兴镇
永安镇
东山科技产业区
武庙乡
新津县
新津县
金华镇
煎茶镇
直管区
成眉战略新兴产业区
南部都市农业区
永兴镇
丹景镇
黄龙溪镇
青龙镇
籍田镇
南部现代农业产业区
三星镇
大林镇
新民乡
视高镇
视高经济开发区
彭山区
眉山市
新区位置
成都市
资阳市
眉山市
图例
新区管委会驻地
机场
铁路车站
货运车站
森林公园
湿地公园
生态公园
城市环路
高速路
国道
新区范围界
地级界线
县级界线
乡镇级界线
产业功能区
农业功能区
城市建设用地
河流
比例尺 1:500 000

图 4-12 四川天府新区

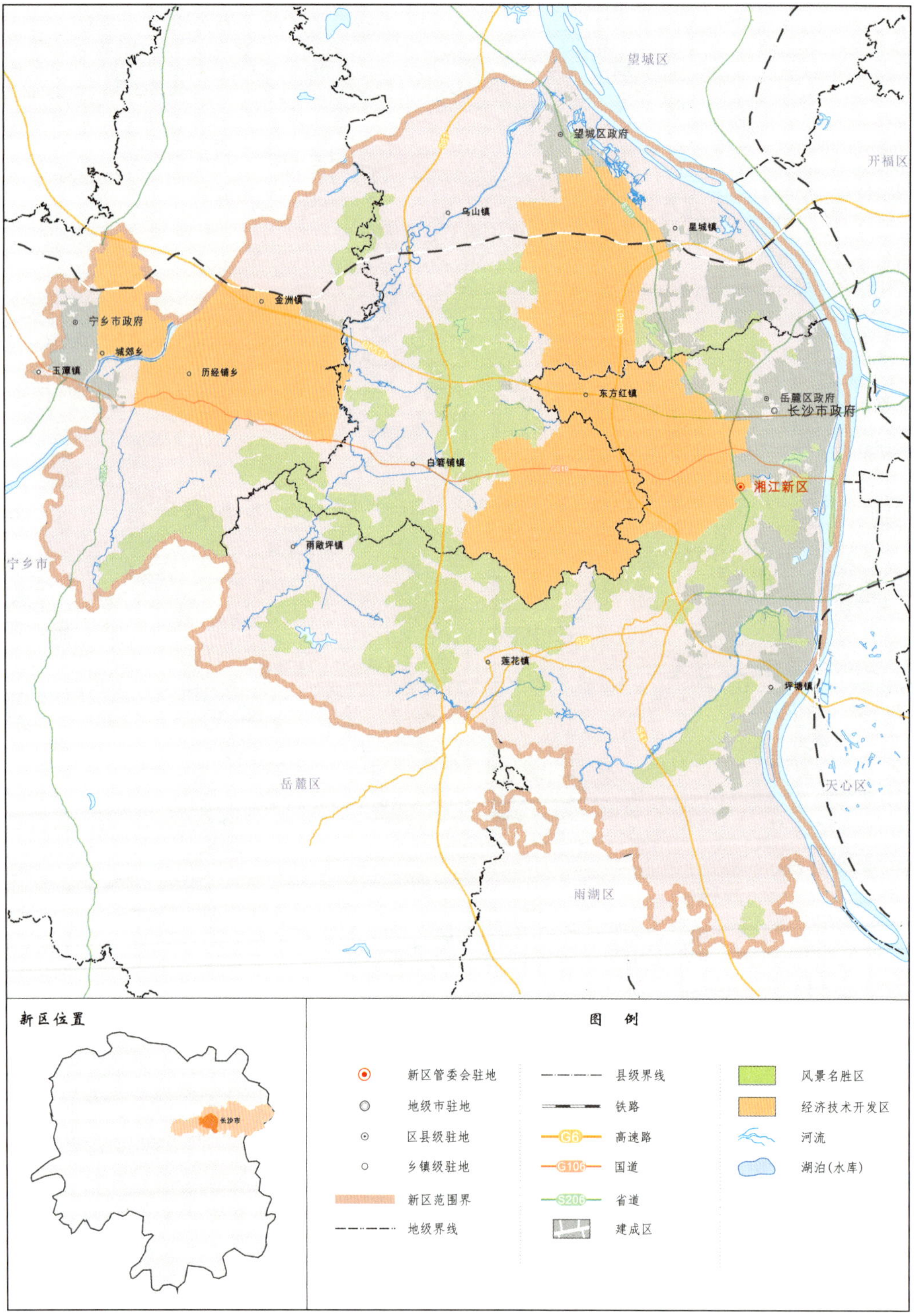
望城区
望城区政府
开福区
乌山镇
星城镇
金洲镇
宁乡市政府
城郊乡
玉潭镇
历经镇乡
东方红镇
岳麓区政府
长沙市政府
白箬铺镇
湘江新区
雨敞坪镇
宁乡市
莲花镇
坪塘镇
岳麓区
天心区
雨湖区
新区位置
长沙市
图 例
新区管委会驻地
地级市驻地
区县级驻地
乡镇级驻地
新区范围界
地级界线
县级界线
铁路
高速路
国道
省道
建成区
风景名胜区
经济技术开发区
河流
湖泊(水库)

图 4-13 湖南湘江新区

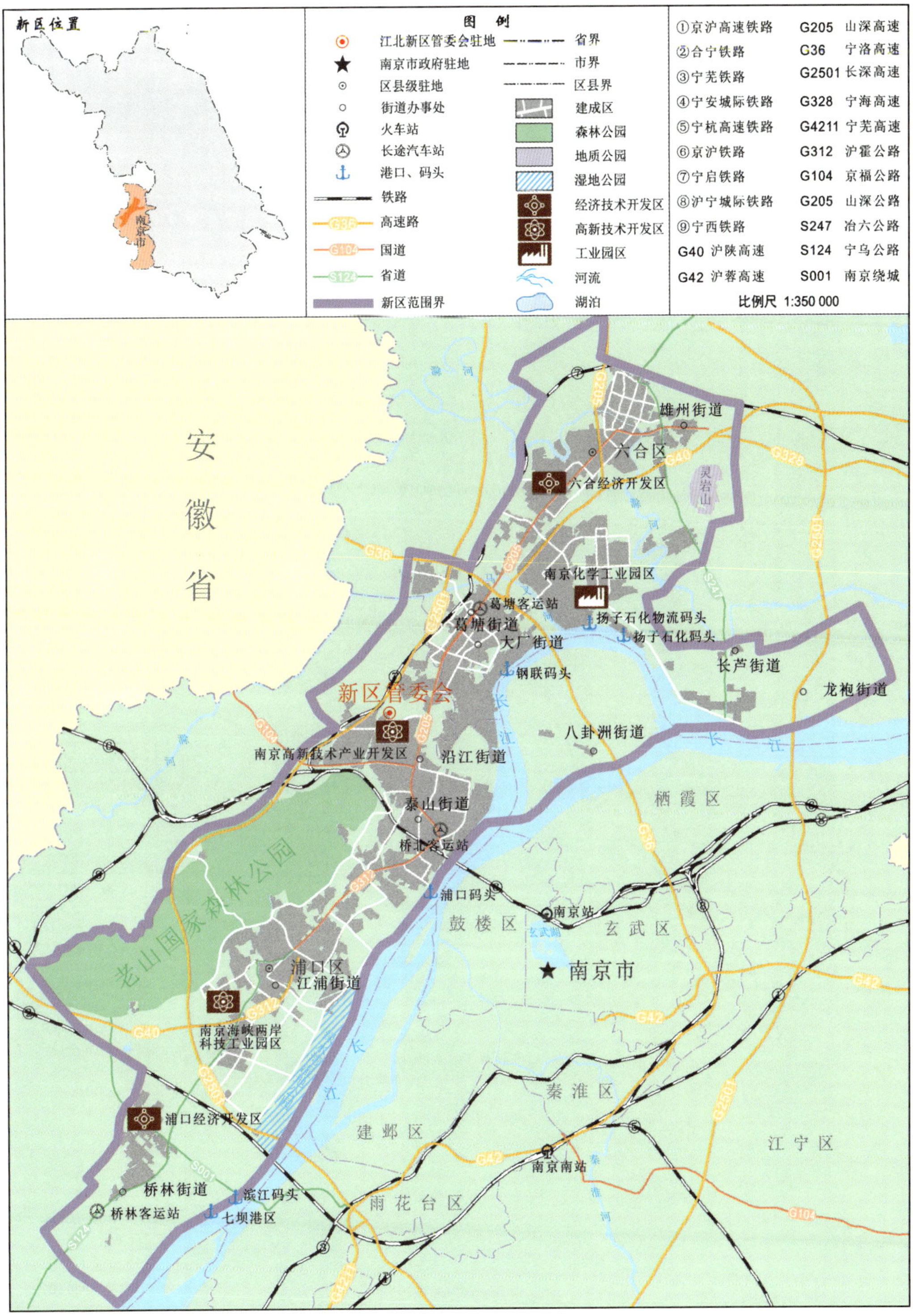
新区位置
南京市
图 例
江北新区管委会驻地
南京市政府驻地
区县级驻地
街道办事处
火车站
长途汽车站
港口、码头
铁路
高速路
国道
省道
新区范围界
省界
市界
区县界
建成区
森林公园
地质公园
湿地公园
经济技术开发区
高新技术开发区
工业园区
河流
湖泊
①京沪高速铁路
②合宁铁路
③宁芜铁路
④宁安城际铁路
⑤宁杭高速铁路
⑥京沪铁路
⑦宁启铁路
⑧沪宁城际铁路
⑨宁西铁路
G40 沪陕高速
G42 沪蓉高速
G205 山深高速
G36 宁洛高速
G2501 长深高速
G328 宁海高速
G4211 宁芜高速
G312 沪霍公路
G104 京福公路
G205 山深公路
S247 冶六公路
S124 宁乌公路
S001 南京绕城
比例尺 1:350 000
安徽省
雄州街道
六合区
六合经济开发区
灵岩山
南京化学工业园区
葛塘客运站
葛塘街道
大厂街道
扬子石化物流码头
扬子石化码头
长芦街道
龙袍街道
钢联码头
新区管委会
南京高新技术产业开发区
沿江街道
八卦洲街道
栖霞区
泰山街道
桥北客运站
老山国家森林公园
浦口码头
南京站
鼓楼区
玄武区
玄武湖
南京市
浦口区
江浦街道
南京海峡两岸科技工业园区
秦淮区
浦口经济开发区
建邺区
江宁区
南京南站
桥林街道
滨江码头
桥林客运站
七坝港区
雨花台区
长江

图 4-14　南京江北新区

新区位置
福州市
连江县
晋安区
北部片区
琅岐镇
亭江镇
温福铁路
新区管委会
福马铁路
罗星街道
马尾站
马尾区
仓山区
福州火车南站
长乐市
福建闽江河口湿地国家级自然保护区
梅花港
梅花镇
文岭镇
金峰镇
长乐大鹤海滨省级森林公园
湖南镇
福州长乐国际机场
漳港街道
闽侯县
文武砂镇
福建长乐国家森林公园
古槐镇
永泰县
中部片区
江田镇
松下镇
福州松下码头
福清市
海口镇
城头镇
海口港
福厦铁路
南部片区
平潭县
龙田镇
东港
三山镇
显江港
新厝镇
西港
高山镇
北埝港
江阴镇
沙埔镇
东瀚镇
平潭小山东码头
莆田市
图例
新区管委会驻地
区县级政府驻地
乡镇级政府驻地
机场
高铁站
港口及码头
自然保护区
森林公园
铁路及车站
高速路
国道
省道
新区范围界
地市级界
县级界
城市建设用地
开发区
保税区
比例尺 1:480 000

图 4-15 福州新区

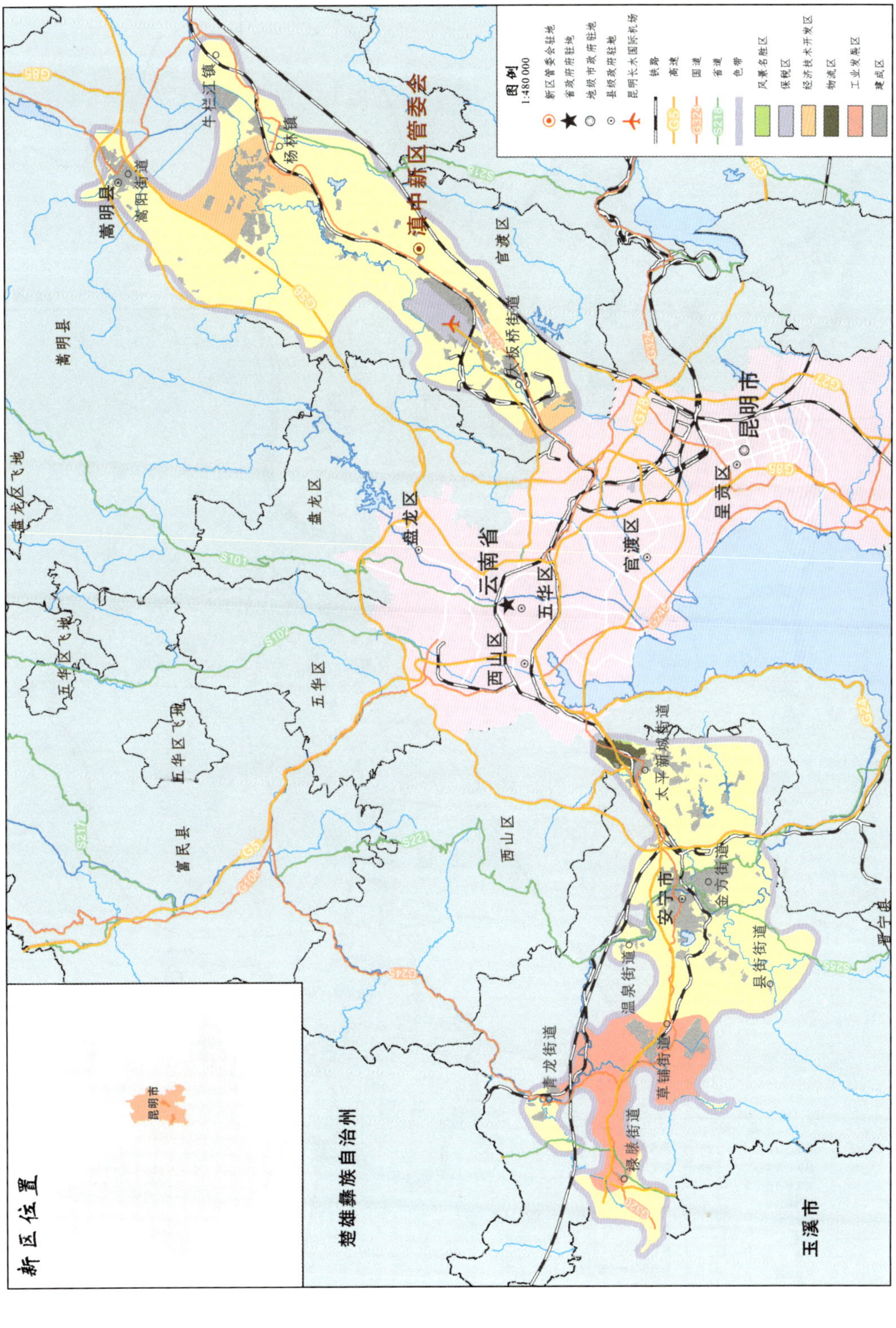
图例
1:480 000
新区管委会驻地
省政府驻地
地级市政府驻地
县级政府驻地
昆明长水国际机场
铁路
高速
国道
省道
色带
风景名胜区
保税区
经济技术开发区
物流区
工业发展区
建成区
滇中新区管委会
牛栏江镇
杨林镇
嵩明县
嵩阳街道
嵩明县
官渡区
大板桥街道
昆明市
呈贡区
官渡区
盘龙区
盘龙区
盘龙区飞地
云南省
五华区
五华区
五华区飞地
五华区飞地
西山区
西山区
富民县
太平新城街道
安宁市
金方街道
县街街道
温泉街道
草铺街道
青龙街道
禄脿街道
晋宁县
楚雄彝族自治州
玉溪市
新区位置
昆明市

图 4-16 云南滇中新区

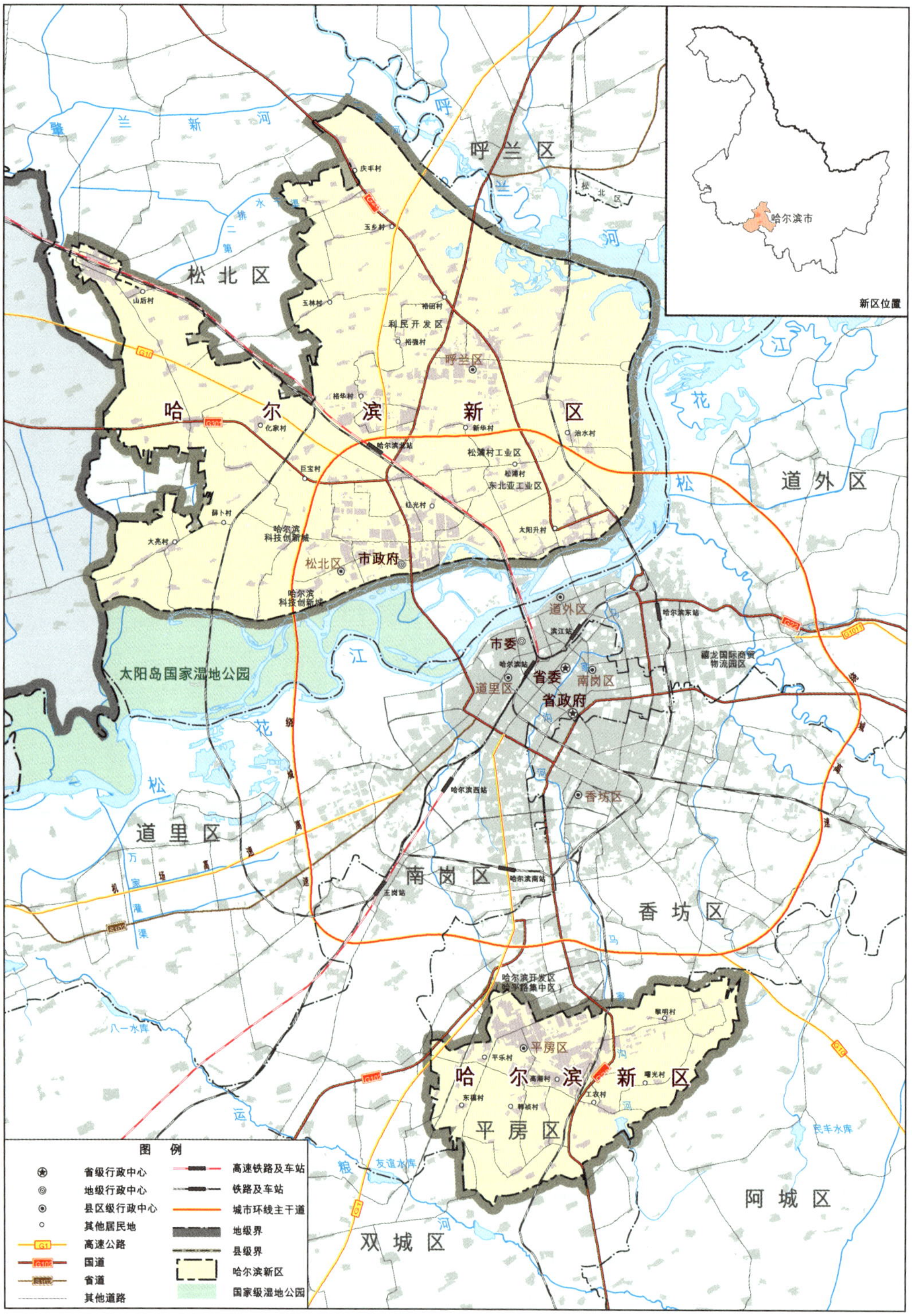
呼兰区
松北区
哈尔滨新区
利民开发区
呼兰区
松浦村工业区
东北亚工业区
哈尔滨科技创新城
松北区
市政府
哈尔滨科技创新城
太阳岛国家湿地公园
道外区
市委
省委
省政府
道里区
南岗区
香坊区
哈尔滨北站
哈尔滨东站
哈尔滨西站
哈尔滨南站
哈尔滨开发区（哈平路集中区）
平房区
哈尔滨新区
平房区
阿城区
双城区
哈尔滨市
新区位置
图例
省级行政中心
地级行政中心
县区级行政中心
其他居民地
高速公路
国道
省道
其他道路
高速铁路及车站
铁路及车站
城市环线主干道
地级界
县级界
哈尔滨新区
国家级湿地公园

图 4-17 哈尔滨新区

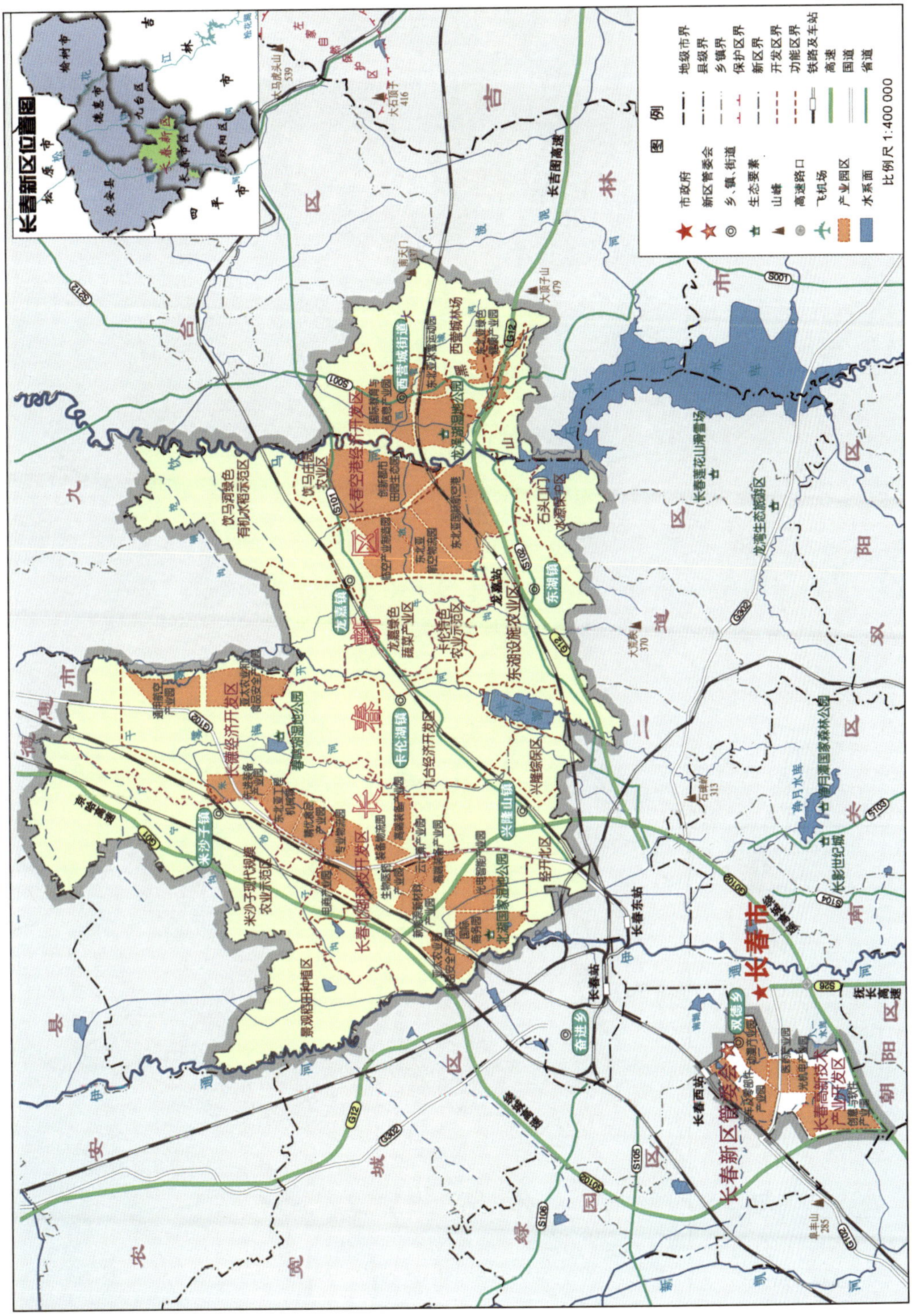
长春新区位置图
图例
市政府
新区管委会
乡、镇、街道
生态要素
山峰
高速路口
飞机场
产业园区
水系面
地级市界
县级界
乡镇界
保护区界
新区界
开发区界
功能区界
铁路及车站
高速
国道
省道
比例尺 1:400 000
长春新区管委会
长春市
长春站
长春西站
长春东站
长春高新技术产业开发区
长春空港经济开发区
长春北湖科技开发区
长德经济开发区
米沙子镇
龙嘉镇
东湖镇
卡伦湖镇
兴隆山镇
西营城街道
奋进乡
双德乡
饮马河绿色有机水稻示范区
米沙子现代物流农业示范区
景观稻田种植区
东湖设施农业区
龙嘉绿色蔬菜产业区
卡伦湖湿地公园
北湖国家湿地公园
长春莲花山滑雪场
净月潭国家森林公园
长影世纪城
新立城水库
石头口门水库

图 4-18 长春新区

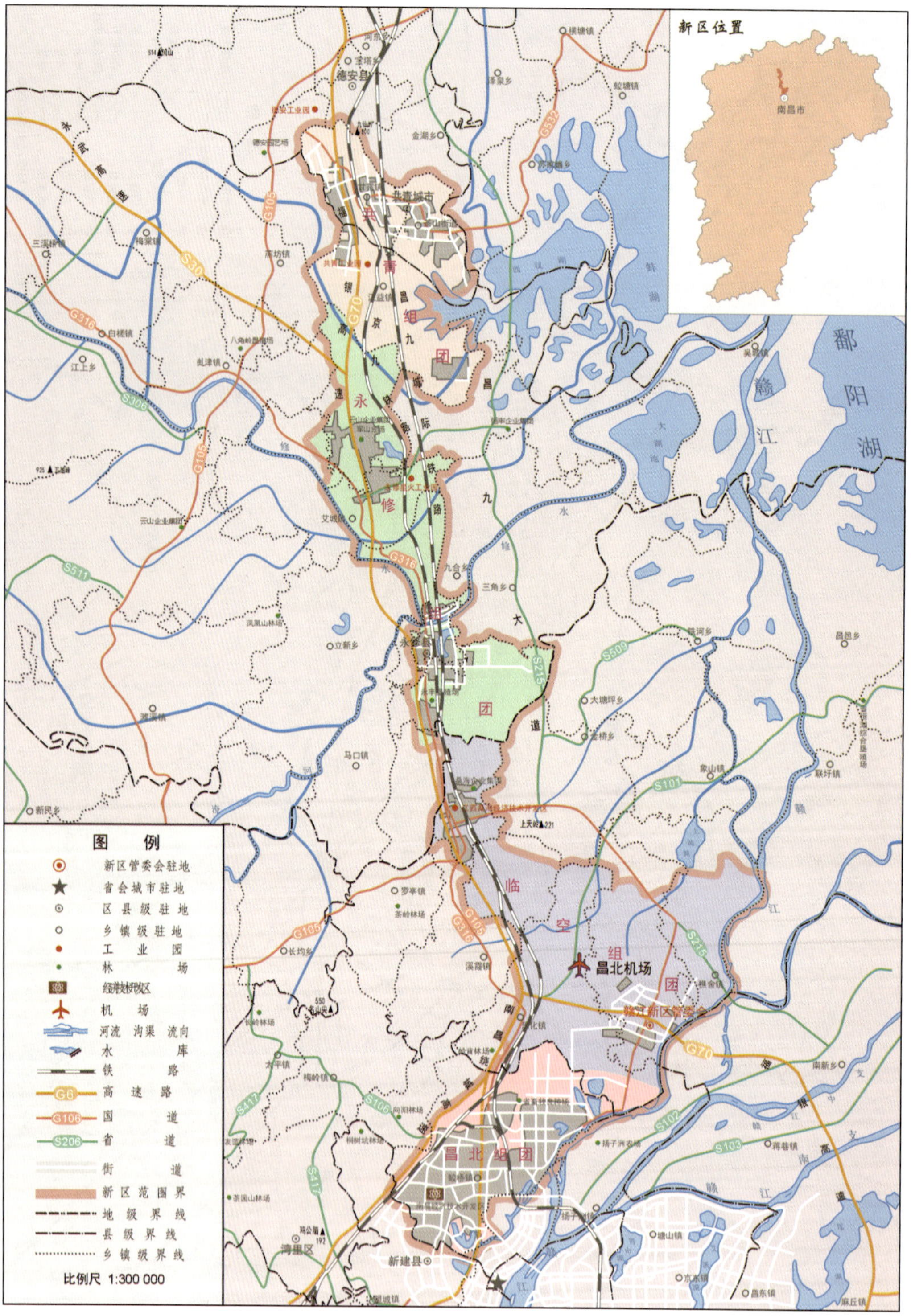
新区位置
南昌市
鄱阳湖
赣江
德安县
共青组团
永修组团
临空组团
昌北组团
昌北机场
赣江新区管委会
新建县
图例
新区管委会驻地
省会城市驻地
区县级驻地
乡镇级驻地
工业园
林场
机场
河流 沟渠 流向
水库
铁路
高速路
国道
省道
街道
新区范围界
地级界线
县级界线
乡镇级界线
比例尺 1:300 000

图 4-19 江西赣江新区

有关文件目录

党的十八大以来地方出台的支持新区建设发展的部分文件目录

文件名称	文号	发布日期
一、上海浦东新区		
浦东新区人民政府印发《关于持永久居留身份证外籍高层次人才创办科技型企业试行办法》的通知	浦府综改〔2018〕1号	2018年4月
浦东新区人民政府关于印发《浦东新区政府质量奖管理办法》的通知	浦府规〔2017〕1号	2018年1月
浦东新区人民政府关于延长《浦东新区工业用地全生命周期管理实施细则》有效期的通知	浦府〔2016〕27号	2016年3月
关于印发《关于社会中介机构参与浦东新区政府投资项目服务的考核管理办法》的通知	沪浦发改投〔2015〕796号	2016年1月
二、天津滨海新区		
中共滨海新区区委 滨海新区人民政府关于支持滨海新区企业上市融资加快发展有关政策		2016年2月
中共滨海新区区委 滨海新区人民政府关于推进科技小巨人升级发展的实施意见		2016年2月
滨海新区出台加快民营经济发展实施意见		2015年7月

续表

文件名称	文号	发布日期
三、重庆两江新区		
重庆两江新区管理委员会关于印发重庆两江新区产业发展专项资金管理办法的通知	渝两江管发〔2017〕4号	2017年3月
四、浙江舟山群岛新区		
关于明确新区建设改革创新容错免责启动程序流程的通知	浙舟新办发〔2017〕14号	2017年11月
关于印发《浙江舟山群岛新区招商引资绩效考核办法》的通知	浙舟新办发〔2017〕8号	2017年4月
五、兰州新区		
甘肃省人民政府关于加快兰州新区发展的政策意见	甘办发〔2017〕16号	2017年3月
甘肃省人民政府关于支持兰州新区引进高层次人才政策的意见	甘政发〔2014〕28号	2014年3月
六、广州南沙新区		
广东南沙、横琴新区跨境人民币贷款业务试点管理暂行办法		2015年7月
广东省人民政府关于支持广州南沙新区加快开发建设的若干意见	粤府〔2015〕49号	2015年4月
广州市南沙新区条例		2014年9月
《广东省第一批调整由广州南沙新区管理机构实施的省级管理权限事项目录》《广东省第一批向广州南沙新区开通“绿色通道”的省级管理事项目录》	广东省人民政府令（第180号）	2013年1月

续表

文件名称	文号	发布日期
七、陕西西咸新区		
西安市人民政府关于印发《大西安（西安市—西咸新区）国民经济和社会发展规划（2017—2021）》的通知	市政发〔2018〕15 号	2018 年 3 月
陕西省人民政府印发《关于深入推进西咸一体化的若干政策措施》的通知	陕政发〔2017〕24 号	2017 年 7 月
中共陕西省委　陕西省人民政府《关于促进西咸新区进一步加快发展的意见》	陕发〔2017〕3 号	2017 年 1 月
中共陕西省委办公厅　陕西省人民政府办公厅关于印发《促进西咸新区进一步加快发展有关配套文件》的通知	陕办字〔2017〕6 号	2017 年 1 月
八、贵州贵安新区		
关于印发《贵安新区雇员管理办法实施细则（试行）》的通知	黔贵安委办发〔2018〕18 号	2018 年 4 月
关于支持干部干事创业容错纠错实施办法（试行）		2017 年 10 月
关于印发贵安新区推广“块数据”促进数据共享开放实施方案的通知	黔贵安管办发〔2017〕61 号	2017 年 10 月
关于印发贵安新区企业设立登记申报承诺制和实名认证制“1+1”改革试点实施方案的通知	黔贵安管办发〔2017〕45 号	2017 年 8 月
关于印发贵安新区直管区农村土地承包经营权流转管理办法（试行）的通知		2015 年 10 月

续表

文件名称	文号	发布日期
九、青岛西海岸新区		
关于服务实体经济防控金融风险深化金融改革的实施意见	青西新管发〔2018〕29 号	2018 年 6 月
关于印发《青岛西海岸新区在市场体系建设中建立公平竞争审查制度实施方案》的通知	青西新管发〔2018〕28 号	2018 年 5 月
关于印发青岛西海岸新区关于加快大数据发展的实施意见的通知	青西新管发〔2018〕5 号	2018 年 1 月
十、大连金普新区		
关于印发《金普新区河(库)长制会议管理办法(试行)》等 6 项制度的通知	大金普管办发〔2018〕20 号	2018 年 3 月
关于印发金普新区利用闲置厂房(仓库)发展科技孵化载体管理办法(试行)的通知	大金普管发〔2018〕4 号	2018 年 3 月
关于深入推行科技特派员制度促进农村创新创业的实施意见	大金普管办发〔2018〕14 号	2018 年 2 月
关于印发金普新区推进海绵城市建设工作方案的通知	大金普管办发〔2017〕69 号	2017 年 11 月
十一、四川天府新区		
关于建设内陆开放经济高地的实施意见(第一版)	天成委发〔2018〕12 号	2018 年 3 月
关于印发深入推进城市执法体制改进城市管理工作实施意见的通知	天成委发〔2017〕28 号	2017 年 12 月

续表

文件名称	文号	发布日期
关于印发天府新区体制机制改革总体方案的通知	天成委发〔2017〕18 号	2017 年 8 月
关于设立成都天府新区直管区总河长区级河长及区级河长制办公室的通知	天成委办函〔2017〕6 号	2017 年 4 月
十二、湖南湘江新区		
湖南湘江新区实施“最多跑一次”改革试行方案	湘新管发〔2018〕10 号	2018 年 5 月
湖南湘江新区“多规合一”改革实施工作方案	湘新管发〔2018〕2 号	2018 年 1 月
湖南湘江新区行政审批“两集中三到位”改革工作实施方案	湘新管发〔2017〕12 号	2017 年 8 月
湖南湘江新区绿色建筑管理办法	湘新管发〔2017〕2 号	2017 年 1 月
十三、南京江北新区		
南京江北新区知识产权促进与保护办法（试行）	宁新区管发〔2017〕129 号	2017 年 12 月
关于开展企业投资项目“信用承诺制不再审批严格监管”试点工作的实施方案	宁新区审改〔2017〕1 号	2017 年 12 月
省政府办公厅关于赋予南京江北新区直管区部分省级管理事项权限的通知	苏政办发〔2017〕139 号	2017 年 11 月
关于批准《南京市人民代表大会常务委员会关于南京江北新区行政管理事项的决定》的通知	苏人发〔2017〕41 号	2017 年 7 月
中共南京市委　南京市人民政府关于进一步完善南京江北新区管理体制的意见	宁委发〔2017〕18 号	2017 年 5 月

续表

文件名称	文号	发布日期
十四、福州新区		
福州市人民政府关于印发福州新区管委会行使的省级行政审批事项清单的通知	榕政综〔2017〕795号	2017年5月
福建省人民政府关于印发下放福州新区省级经济管理权限目录的通知	闽政文〔2016〕128号	2016年4月
中共福建省委宣传部等部门印发《关于省市共同推进福州新区文化产业加快发展的实施方案》的通知	闽委宣联〔2016〕22号	2016年3月
中共福州市委　福州市人民政府关于加快福州新区发展的实施意见	榕委发〔2016〕5号	2016年2月
福州海关关于报送支持福州新区建设发展的20条措施的函	福关办函〔2015〕271号	2015年12月
十五、云南滇中新区		
云南省人民政府关于授予滇中新区管委会行使部分省级行政职权等事项的决定	云政发〔2016〕39号	2016年5月
中共云南省委办公厅　云南省人民政府办公厅关于云南滇中新区管理体制的意见	云办发〔2015〕30号	2015年10月
十六、哈尔滨新区		
黑龙江省人民政府法制办关于同意哈尔滨新区松北高新技术片区开展行政执法公示、行政执法全过程记录、重大执法决定法制审核及行政裁量权基准制度试点工作的复函		2017年11月

续表

文件名称	文号	发布日期
黑龙江省政府关于下放给哈尔滨新区一批省级行政许可事项的决定	省人民政府第 6 号令	2017 年 10 月
黑龙江省人民政府关于哈尔滨新区服务贸易创新发展试点实施方案的批复	黑政函〔2016〕111 号	2016 年 10 月
十七、长春新区		
长春新区打造一流营商环境“二十条”措施	长新党字〔2018〕23 号	2018 年 5 月
吉林省公安机关执行公安部支持长春新区建设发展有关出入境政策措施的实施细则		2017 年 12 月
中共长春市委　市政府关于支持长春新区创新发展的实施意见	长发〔2016〕20 号	2016 年 8 月
中共吉林省委　省政府关于支持长春新区创新发展的若干意见	吉发〔2016〕16 号	2016 年 5 月
十八、江西赣江新区		
关于印发《赣江新区关于深化人才发展体制机制改革的若干意见》和《赣江新区关于激励人才创新创业的若干举措（试行）》的通知	赣新发〔2017〕23 号	2017 年 12 月
江西省人民政府关于由赣江新区行使部分省级经济社会管理权限的决定	省政府令第 229 号	2017 年 12 月
省委办公厅　省政府办公厅关于赣江新区相对集中行政许可权改革试点方案的批复	赣厅字〔2017〕67 号	2017 年 11 月
省委、省政府印发《关于支持赣江新区加快发展的若干意见》的通知	赣办发〔2017〕10 号	2017 年 5 月